普通高等教育"十二五"规划教材（高职高专教育）

土力学与地基基础

主　编　马时强

副主编　梁胜增　江俊松

编　写　杨创奇　冯　研

主　审　罗明远

U0264608

中国电力出版社

CHINA ELECTRIC POWER PRESS

内 容 提 要

本书为普通高等教育"十二五"规划教材（高职高专教育）。全书共分 11 章，主要内容包括土的物理性质与工程分类、地基应力、地基土的变形、土的抗剪强度、土压力与土坡稳定、岩土工程勘察、天然地基上的浅基础设计、桩基础、地基处理、特殊土与区域性地基、土力学与岩土工程师及附录土工试验指导书。全书以现行最新规范为主要依据，用最通俗的语言阐释了相关原理，并注重理论和概念的准确性和完整性。书中部分例题选用了近年来注册岩土工程师考试的题目，最后一章采用问答的形式对新规范中相对较新的知识进行了说明，编写中以"小贴士"的形式增加了补充知识，以激发学生的学习兴趣，同时深刻理解基本概念、原理。

本书可作为高职高专院校建筑工程技术等专业的教材，也可作为应用型本科土木工程等专业的教材，同时对参加注册岩土工程师考试的考生以及相关专业工程技术人员也有一定的参考价值。

图书在版编目（CIP）数据

土力学与地基基础/马时强主编. —北京：中国电力出版社，2014.6

普通高等教育"十二五"规划教材. 高职高专教育

ISBN 978-7-5123-5491-3

Ⅰ.①土⋯　Ⅱ.①马⋯　Ⅲ.①土力学-高等职业教育-教材②地基-基础（工程）-高等职业教育-教材　Ⅳ.①TU4

中国版本图书馆 CIP 数据核字（2014）第 013282 号

中国电力出版社出版、发行

（北京市东城区北京站西街 19 号　100005　http://www.cepp.sgcc.com.cn）

汇鑫印务有限公司印刷

各地新华书店经售

＊

2014 年 6 月第一版　2014 年 6 月北京第一次印刷

787 毫米×1092 毫米　16 开本　17.25 印张　421 千字

定价 36.00 元

前　言

　　土力学与地基基础是建筑工程技术、工程造价、市政工程技术等专业的一门主要专业课程。该课程要求阐明土力学的基本原理和主要概念，以及地基基础设计与分析的基本方法，并简要介绍与本专业相关的地基勘察的主要方法。

　　"实用为主，够用为度"是高职教育广为提倡和贯彻的原则。为突出"实用"，本书首先在绪论中阐述了学习本课程的实用性，进而从根本上激发学生学习的兴趣。其次在课程的应用部分增加大量实用例题进行讲解，以突出学以致用。最后介绍土力学与岩土工程师，专门讨论土力学在实际工程中的应用并对课程知识在工程应用中遇到的一些困惑进行了讨论。但"够用"似乎显得只针对岗位群的需求培养学生，并且这个"度"尚缺乏深入认识，这对学生的长远发展以及将来的可持续发展难以兼顾。作者认为"够用为度"应当用发展的思维，与时俱进地理解并具有一定的前瞻性，能为学生毕业后的就业留有较为宽裕的选择和发展空间。其次，不能片面地把"够用"认为是对知识的一知半解，不是对传统本科知识的机械删减与重组，必要的理论知识还是要求学生一定要扎实、精通，以便学生将来有自我发展的基础。比如土力学中最根本的原理之一"有效应力原理"就必须讲透，此原理不掌握，学生对固结沉降的理解永远都是一知半解。因此，本书主张在尽可能回避烦琐数学推导的前提下，采用比喻、类比等手段将土力学的重要原理、概念讲透。让学生对土体这种材料的物理力学性质有更为客观和正确的理解，从而更为合理地发挥和利用这些性质为工程建设服务。四川省已经率先开始了对"应用型本科"的探索，由四川省部分省属本科院校与国家级示范性高等职业院校、国家大型骨干企业联合试点培养适应社会经济需求的应用型本科已于2013年开始招生。在此背景下，本书在"应用型本科"层面也有一定探索。集中表现在对基本概念、原理的深入剖析，并注重培养学生运用所学知识并结合相应规范解决工程问题的能力，这些能力包括处理问题的思路、方法和理念。总之，本书将学生的可持续发展作为"够用为度"的终极目标进行编写。

　　全书以现行最新有关规范［例如：《建筑地基基础设计规范》（GB 50007—2011）、《建筑基坑支护技术规范》（JGJ 120—2012）等］为主要依据，用最通俗的语言阐释相关原理的内涵，注重理论和概念的准确性和完整性。同时教材的部分例题选用了近年来注册岩土工程师考试的题目，在最后一章采用问答的形式对新规范中诸如"变刚度调平设计"、"地基回弹再压缩变形量计算"等相对较新的知识进行了说明。本书编写中以"小贴士"的形式增加了补充知识，或是形象比喻，或是画龙点睛，或是解疑释惑，以激发学生的学习兴趣，同时深刻理解基本概念、原理。

　　本书可作为高职高专院校建筑工程技术等专业的教材，也可作为应用型本科土木工程等专业的教材，同时对参加注册岩土工程师考试的考生以及相关专业工程技术人员也有一定的参考价值。

　　本书的编者以具有注册岩土工程师执业资格的双师型教师为主，各章编写分工如下：绪论，第 1、2、3、4、5、11 章及附录由四川建筑职业技术学院马时强编写，第 6、9 章由西华大学江俊松编写，第 7 章由四川建筑职业技术学院梁胜增编写，第 8 章由四川建筑职业技术学院杨创奇编写，第 10 章由四川建筑职业技术学院冯研编写。全书由马时强统稿、修改。四川建筑职业技术学院罗明远教授审阅了全书，并提出很多宝贵意见，在此表示感谢！

由于时间仓促及限于编者水平，书中难免有疏漏之处，欢迎读者批评指正。联系邮箱：msqswfc99@163.com。

编　者

2014 年 2 月

目　　录

绪　　论

　　土力学与地基基础是高职高专建筑工程技术等专业的必修专业课程。在学习这门课程之前，首先需要搞清楚：为什么要学习本课程，本门课程学什么，怎么学好本门课程，弄清以上三个问题才能从根本上激发学习的兴趣。因此，接下来以回答以上三个问题来作为绪论。

0.1　国内外地基基础工程成败实例

　　土的强度、变形和渗流是土的三大工程问题。其中强度问题是土力学的核心问题，地基破坏引起的建筑物倒塌，挡土墙滑移与倾覆，工程边坡的失稳，地质灾害的滑坡与泥石流，地震液化等都属于强度问题。土的变形也会带来诸如建筑物倾斜开裂，地基湿陷、膨胀、冻融等工程问题。另外土的渗流问题也可能导致堤坝溃决、基坑倒塌等事故。下面将介绍有关土的这三类工程问题的成败实例，以此来回答为什么要学习本课程。

一、强度问题

1. 加拿大特朗斯康谷仓

　　该谷仓平面呈矩形，南北向长 59.44m，东西向宽 23.47m，高 31.00m，容积 36 368m³。谷仓为圆筒仓，每排 13 个，5 排共计 65 个圆筒仓。谷仓基础为钢筋混凝土筏板基础，厚度 61cm，埋深 3.66m，如图 0-1 所示。

图 0-1　加拿大特朗斯康谷仓

　　谷仓于 1911 年动工，1913 年秋完工。谷仓自重 20 000t，占装满谷物后满载总重量的 42.5%。1913 年 9 月装谷物，10 月 17 日当谷物装到 31 822m³ 时，发现 1 小时内竖向沉降达 30.5cm。结构物向西倾斜，并在 24 小时内谷仓倾倒，倾斜度离垂线达 26°53′，谷仓西端下沉 7.32m，东端上抬 1.52m。好在谷仓整体性强，谷仓完好无损。

　　谷仓地基土事先没有进行调查研究，而是根据临近结构物基槽开挖试验结果，计算得到地基承载力为 352kPa，并应用到此谷仓。1952 年经勘察试验与计算，谷仓地基实际承载力为 194～277kPa，远小于谷仓破坏时发生的压力 329.4kPa，因此，谷仓地基因超载发生强度破坏而滑动。由此可以看出进行地基勘察，科学地评估地基承载力（本质是强度问题）对工程的重要性。那么，如何评价地基承载力？地基承载力与哪些因素有关呢？这些问题都将在课程中讲解。

2. 香港宝城滑坡

1972 年 7 月某日清晨，香港宝城路附近两万立方米残积土从山坡上下滑。巨大滑动体正好冲过一幢高层住宅——宝城大厦，顷刻间宝城大厦被冲毁倒塌并砸毁相邻一幢大楼一角约五层住宅，死亡 67 人，如图 0-2 所示。

滑坡的原因在于：山坡上残积土本身强度较低，加之雨水入渗使其强度进一步降低，土的自重增加，使得土体中的剪应力超过土的抗剪强度，该点破坏，当这些破坏点连成面后，滑坡便出现了。因此土体滑坡的本质是强度问题。那么，如何定量评价土质边坡的稳定性，边坡稳定性与哪些因素有关呢？这些问题也将在该课程讨论。

3. 日本新泻地震地基液化

1964 年日本新泻地震，发生了严重的地基液化，导致该地区建筑物整体沉降、倾斜甚至倾倒（图 0-3）。一旦发生液化，地基土抗剪强度完全丧失，地基承载力也完全丧失，地基土成为流体，建筑物便失稳倾倒，如同海上覆舟。因此，地基液化的本质还是地基土的强度问题。

图 0-2　香港宝城滑坡　　　　　　图 0-3　新泻地震中液化地区建筑物倾倒

为了弄清地基液化本质并避免其影响，需要弄清地基液化的机理、影响地基液化的因素、如何评价和预估其发生的可能，以及如何避免或消除地基液化等问题，这些问题也将在课程中得到讨论。

以上几个工程实例，可归结为与土强度相关的问题。强度是材料抵抗破坏的能力。换言之，材料中的应力超过其相应的强度，材料就破坏从而失去继续承载的能力。对土体而言，如果发生强度破坏，则土体丧失承载能力，并且这种破坏是短时间的，甚至是瞬间的，其后果往往也是灾难性的。解决此类问题的基本思路是：弄清土体强度的本质，通过勘察科学地评价土体的强度，进而合理地进行地基基础设计或者对土体进行加固补强来满足工程需要。这些问题的讨论都将贯穿于整本教材。

二、变形问题

1. 意大利比萨斜塔

该斜塔因伽利略 1590 年的自由落体试验而举世闻名。几百年来因地基不均匀沉降，几经修复加固，始终斜而不倒，成为意大利的观光景点，如图 0-4 所示。

该塔 1173 年动工，1178 年修至 4 层，高约 29m，因倾斜停工；1272 年复工，历经 6 年，至 7 层，高 48m，再次停工；1360 年，再复工，至 1370 年竣工，全塔共 8 层，高度为 55m。目前，塔向南倾斜，南北两端沉降差 1.8m，塔顶离中心线已达 5.27m，倾斜 5.5°。斜塔地基持力层为粉砂，但下面为粉土和黏土层，压缩模量较低，变形较大，变形持续时间之长。同时由于基础埋深不够，加之用大理石砌筑，塔身极重，达 1.42 万 t。这些都是造成严重不均匀沉降的原因。沉降发生后，先后采取了挖环形基坑卸荷、基坑灌浆加固、塔身加固、压重取土等一系列处理措施，目前已向游客开放。

2. 关西国际机场

日本关西国际机场是当时世界上最大的人工岛，1986 年开工，1990 年完成人工岛填筑，1994 年机场开始营运，如图 0-5 所示。人工岛面积达 4370m×1250m，填筑量达 $180×10^6 m^3$，平均厚度 33m。

图 0-4　意大利比萨斜塔

图 0-5　关西国际机场

该人工岛设计时预计沉降 5.7～7.5m，实际上，1990 年填筑完成时沉降就达到了 8.1m，且仍以 5cm/月的速度下沉，预计主固结完成需要 20 年。由此可以看出，精确预测地基的沉降量以及沉降随时间的变化关系是困难的。

3. 住宅楼严重开裂与倾斜事故

某厂生活区内建造了 14 幢 7 层砖混结构住宅楼，其中有 10 幢为 3～4 个单元的条形住宅楼，4 幢为 "Y" 形点式住宅楼，标准层高 2.8m，底层架空地板，建筑总高度 21m。建设前由勘察单位对各住宅楼进行了详勘阶段的岩土工程勘察，勘探孔按建筑物的周边线布置，孔距 17m，进行了钻探取样、土工试验及标准贯入试验等技术工作。住宅楼于 1993～1994 年相继动工兴建，于 1995～1996 年竣工。建成后经质量验评，上部结构施工质量较好，大多被评为优良工程。建成一年后人员尚未入住，便发现其中的 6 幢条形住宅楼从一层至七层出现严重的"八"字形裂缝或单向斜裂缝兼山墙外倾，3 幢点式住宅楼虽无裂缝，但倾斜超过允许值。经对窗台水平线测量，九幢住宅楼均产生了严重的不均匀沉降，有的沉降差达160mm 以上。建筑物事故发生后，原勘察单位对其中的五幢住宅楼沿基础外围又作了一次勘察，除上述勘察手段外，增加了轻型动力触探 N10 测试。两次勘察报告对土层的空间分布、建议的承载力和变形指标等差异很大，如原详勘报告内淤泥质土层的地基承载力标准值和压缩模量分别为 100kPa、4.0MPa，而后一次报告内降至 50kPa、1.7MPa，分别降至原建议值的 50% 和 42.5%，且淤泥质土层在空间分布毫无规律，忽上忽下，时断时续，完全没有意识到存在有古河道。详勘时有的住宅楼两侧的工程地质剖面图上地基土层很均匀，地基内无淤泥质土层，理应不会有问题，但也产生了严重地开裂与山墙外倾。由于两次勘察结果出入很大，建设单位对其勘察质量引起怀疑，遂委托第三方对 14 幢住宅楼地基作了一次全面检测，作为事故建筑物加固和判定其他建筑物地基是否存在安全隐患的依据。检测采用单链式静力触探—取土两用仪进行。通过 180 多个孔的原位测试，查清了场地内有一条古河道通过。

　　图 0-6 为其中一栋住宅楼的北侧在详勘和检测时的工程地质剖面图比较，上部为详勘时的工程地质剖面图，下部为检测后所作的工程地质剖面图，两者差别很大。从检测图上可以看出，该住宅楼下存在有古河道，因而出现墙体开裂和山墙倾斜事故是必然的。从检测图上可以看出，该古河道的原始河道较宽，后来河道逐渐变窄。为与老的古河道部分区别起见，将变窄后的河道称为近代沟谷，在近代沟谷中沉积了厚层淤泥，上覆 2m厚的可塑状黏性土和填土。在近代沟谷外的古河道部分，底部沉积了 2m 多厚的淤泥质粉质黏土层，在其上部沉积的黏性土层呈可塑状态。而古河道以外的黏性土层，沉积年代较早，呈硬塑～坚硬状态，具弱膨胀性。从详勘时的地层剖面看，基底受力层非常均匀，不可能会出现较大的不均匀沉降。但从检测结果看，住宅楼地基内的黏性土层从流塑至坚硬状态均有，且在短距离内变化较大，虽然详勘时勘探点的间距小于规范要求，作了钻探、取了土样，进行了土工试验和标准贯入试验，但由于没有进行像静力触探试验那样的连续测试，难以进行准确的工程地质分层。该古河道在住宅区内呈 Z 字形通过。其中近代沟谷中沉积的淤泥层厚度大，承载力低，压缩性高，是产生地基变形的主要土层，14 幢住宅楼中有 9 幢楼横跨或一端位于近代沟谷上。条形住宅楼当横跨时便产生严重的"八"字形裂缝，当一端位于其上时便产生单向斜裂缝，并伴有山墙外倾，点式住宅楼便产生向古河道方向的严重倾斜，建筑物的破坏特征与地基土的测试结果完全吻合。在古河道外的建筑物和构筑物均未出现问题。沿着近代沟谷走向的一端，穿过住宅区围墙后为另一单位的学校教学楼。据了解该教学楼的基坑挖了 6～7m 深，淤泥层内挖出了大量朽木，也说明了这一古河道的实际存在，而在一墙之隔的住宅楼勘察报告内建议的基础埋深仅 1.0m，因而地基事故的发生是必然的。

　　以上几个工程实例，可归结为与土的变形相关的工程问题。土的变形宏观体现为地基沉降，地基沉降（尤其是不均匀沉降）对上部结构的影响是巨大的。针对沉降，需要搞清楚两个问题，其一是地基的最终沉降量的预测；其二是地基沉降与时间的关系问题。当然要弄清这些问题，必须依赖于可靠的地基勘察与评价以及实用的计算模型。这些问题同样都会在本书中详细阐述。

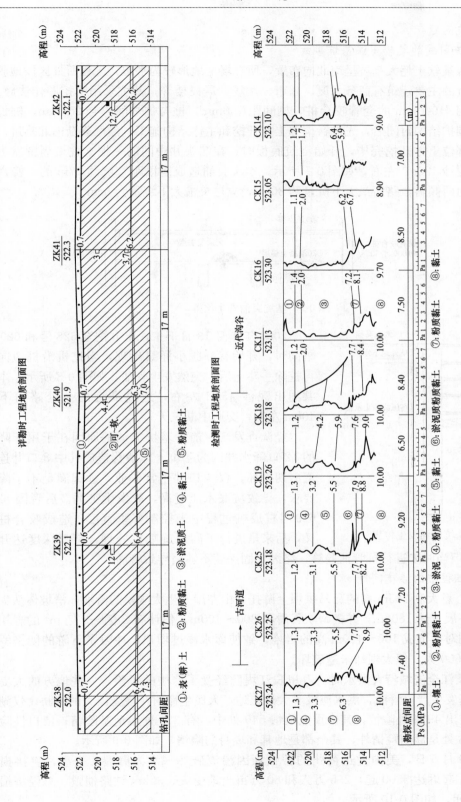

图 0-6　详勘和检测时的工程地质剖面图比较

三、渗流问题

1. 由渗流引发的某软土深基坑事故

南京地区某软土超大基坑呈南北向布置，所在场地地形较为平坦，工程所处区段地貌形态单一。附近的主要建筑有商务大厦、超市、卖场、居民楼等。基坑采用明挖顺作法施工，围护结构选用 $\phi1000mm$ 的套管咬合桩，桩间距 750mm，桩与桩之间咬合 250mm，桩长平均为 31m。围护结构封闭后，先进行南部土方开挖和主体结构施工，然后逐渐向北推进。当南部端头井部位土方开挖完毕，开始浇筑底板时，在端头井中间的一根立柱桩周围发生突涌，共涌出泥沙 120m³ 左右，如图 0-7 所示。本次突涌造成南段距基坑约 17m 的一幢六层点式居民楼向西倾斜，路面最大下沉量约 30cm，立柱桩最大下沉量为 6cm。

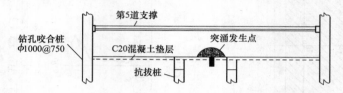

图 0-7　基坑突涌发生位置

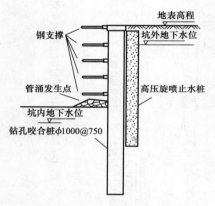

图 0-8　基坑管涌发生位置

2007 年 1 月 13 日下午，土方挖至 628 号和 629 号桩间时，开始有一股小涌泉出现，当挖机沿桩边向下再挖除一斗土后，突然发生管涌，如图 0-8 所示。本次共涌出泥沙 45m³ 左右，造成最近的一处路面下沉 40cm 左右，交通中断三天。

经调查发现：前者基坑突涌的原因在于用于降水的 12 口降水井因为基坑土体滑移造成其中 8 口井连续遭剪切破坏，仅 4 口井正常作业，远远满足不了降水要求，导致坑底水压过高，故发生突涌。后者因 628、629 号桩成桩过程中未控制好垂直度，造成咬合桩开叉，后来虽进行了高压旋喷桩处理，旋喷深度达开挖面以下 3m，但当时未进行抗管涌验算，终因加固深度不够而导致管涌。

2. 水利工程中的渗流问题

1963 年，意大利 265m 高的瓦昂拱坝上游托克山左岸发生大规模的滑坡，滑坡体从大坝附近的上游扩展长达 1800m，并横跨峡谷滑移 300～400m，估计有 2 亿～3 亿 m³ 的岩块滑入水库，冲到对岸形成 100～150m 高的岩堆，致使库水漫过坝顶，冲毁了下游的朗格罗尼镇，死亡约 2500 人，但大坝却未遭破坏。

1998 年长江全流域特大洪水时，万里长江堤防经受了严峻的考验，一些地方的大堤垮塌，大堤地基发生严重管涌，洪水淹没了大片土地，人民生命财产遭受巨大的威胁。仅湖北省沿江段就查出 4974 处险情，其中重点险情 540 处中，有 320 处属地基险情；溃口性险情 34 处中，除 3 处是涵闸险情外，其余都是地基和堤身的险情，如图 0-9 所示。

1976 年 6 月 5 日，美国爱达荷州的蒂顿坝因渗流破坏（水力劈裂）失事，直接损失 8000 万美元，起诉达 5500 起，2.5 万人和 60 万亩土地受灾，32km 铁路损毁，总经济损失高达 20 亿美元，如图 0-10 所示。

图 0-9　长江九江大堤决口　　　　　　　　图 0-10　蒂顿坝失事现场

　　以上几个工程实例，可归结为与土的渗流相关的工程问题。与建筑工程密切相关的主要是基坑工程中的渗流破坏。而渗流破坏的两种主要形式流土和管涌分别在本书中给予了详细阐述。

　　以上提到的与土相关的工程案例主要以失败的教训为主，以此来说明学习本门课程的重要性。当然，在充分认识了土体的工程性质后，将土作为建筑材料修建构筑物、作为建筑地基支撑建筑物、作为建（构）筑物的场地环境的成功案例就不胜枚举了，如图 0-11～图 0-13 所示。

图 0-11　土作为建筑材料修建的构筑物

图 0-12　土作为建筑地基支撑建筑物　　　　　图 0-13　土作为建（构）筑物的场地环境

前面提到土工结构物或地基存在强度问题、变形问题以及渗流问题，而本门课程就是在弄清土的强度特性、变形特性，以及渗流特性的基础上来解决以上工程实践问题的学科，这也正是本课程存在的价值以及学习的目的。

0.2 本课程的基本概念及知识体系

一、土

土是岩石经过物理、化学、生物等风化作用的产物，是由矿物颗粒组成的集合体。土由三相组成，包括固体颗粒（土粒）、水和气体。土最主要的特征是它具有散粒性、多孔性、复杂性与易变性，以及特殊自然地理条件形成一些具有明显区域性的特殊性质。

二、土力学

土力学是用力学的基本原理和土工测试技术，研究土的物理性质，以及所受作用发生变化时土的应力、变形、强度和渗流等特性及其规律的一门学科，即研究土的工程性质和在力系作用下土体性状的学科。一般认为，土力学是力学的一个分支，但由于土具有复杂的工程特性，因此，目前在解决土工问题时，尚不能像其他力学学科一样具备系统的理论和严密的数学公式，而必须借助经验、现场试验以及室内试验辅以理论计算。所以，土力学是一门强烈依赖实践的学科。

三、地基

地基为支撑基础的土体或岩体。进一步讲，岩土体受到建筑物的荷载作用后，其内部原有的应力状态就会发生变化。工程上把受建筑物影响其应力发生变化，从而引起物理、力学性质发生可感变化的那一部分岩土层称为地基。

按地质情况分，地基可分为土基和岩基。按设计施工情况分，可分为天然地基和人工地基。前者是不需要人为加固的天然岩土层；后者是需经人工加固处理后才能作为建筑物的地基。

四、基础

基础是将结构所承受的各种作用传递到地基上的结构组成部分。进一步讲，基础是建筑物向地基传递荷载的下部结构，位于上部结构和地基之间，起着把上部结构的作用合理、有效地传递到地基中去的作用。因此，建筑物地基为支撑基础的岩土体，基础则为传递各种作用的结构组成部分。当地基由两层以上土层组成时通常将直接与地基接触的土层称为持力层，其下的土层称为下卧层。上部结构、基础与地基的相互关系如图 0-14 所示。

过去常根据基础的埋置深度将其划分为浅基础和深基础，但这种分类方法没有反映深基础和浅基础的本质区别，尤其在当代工程规模条件下，这种分类方法已不再适用了。因此，分别从基础的施工和设计两方面来认识浅基础和深基础比较合理。浅基础采用敞开开挖基坑的方法，浇筑基础后再回填侧面的土。因此，从设计上讲，

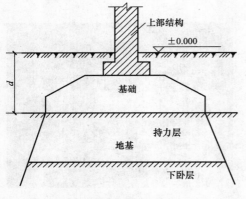

图 0-14 上部结构、基础与地基

不能考虑侧向填土土层对基础侧面的摩阻力，不考虑其对地基承载力的贡献。而深基础采用挤压成孔或成槽的方法，然后浇筑混凝土或者采用挤压的方法将深基础直接置入土中，即使采用人工挖土的方法，也是通过在形成的孔中直接浇筑混凝土这种施工方法时桩（墙）壁与侧面天然土体直接接触，侧向土层的制约作用非常明显。因此，从设计上讲，深基础的侧面土层对基础侧面有摩阻力，可以发挥对承载力的贡献。常见的浅基础包括柱下独立基础、墙下条形基础、十字交叉基础、筏板基础以及箱型基础等。常见的深基础包括桩基础、墩基础、地下连续墙、沉井以及沉箱等类型。

为了保证建筑物的安全和正常使用，地基与基础设计应满足以下基本要求。

（1）地基承载力要求：应使地基具有足够的承载力（不小于基础底面的压力），在荷载作用下地基不发生剪切破坏或失稳。

（2）地基变形要求：不使地基产生过大的沉降和不均匀沉降（小于建筑物的允许变形值），保证建筑的正常使用。

（3）基础结构本身应具有足够的强度和刚度，在地基反力作用下不会发生强度破坏，并且具有改善地基沉降与不均匀沉降的能力。

五、课程知识体系

学以致用是目的，但要真正达到此目的，必先弄清课程的知识体系，只有将知识形成体系，才能灵活运用知识解决工程问题。

本课程可以分为两大部分来认识，第一部分是土力学，这部分是将土体当作一种力学材料来研究其物理力学特性，其核心是讨论土的强度特性、变形特性以及渗流特性，在讨论这些特性之前需要熟悉土体这种材料的物理性质以及土中应力的分布情况。另外在掌握了上述土的特性的基础上将地基承载力、土压力、土坡稳定、沉降计算、渗流破坏判断等问题作为土力学知识的应用进行讲解。第二部分是地基基础部分，这部分是以现行规范为准绳讲解如何进行地基基础设计。下面给出构建课程知识体系的思路。

既然世间没有空中楼阁，那么建筑物建于地基之上，必然对地基有某些方面的基本要求。主要是三方面要求，其一是地基承载力的要求。地基承载力问题的本质是土的强度问题。其二是变形的要求。关于变形需要弄清两个问题，一是总变形量（沉降量），二是变形随时间的变化规律。前者又需要弄清地基中附加应力的分布规律，以及表征土体压缩变形性质的一些参数。后者便是土的渗流固结理论。其三是渗流问题。因为渗流造成的渗透变形会造成堤坝溃决、基坑倒塌、隧道矿井失事的主要原因。

在确保满足以上三方面基本要求的前提下进行地基基础设计。一般情况下，优先考虑采用天然地基浅基础，当不适于做天然地基浅基础时，可综合技术经济等因素考虑采用地基处理或者以桩基础为代表的深基础方案。当然在进行地基基础设计之前，需要通过工程勘察以掌握土层性质。因此教材通过五章来分别介绍了土体的基本性质、工程勘察、天然地基浅基础、地基处理以及桩基础等方面的知识。

在进行建筑物基础施工时，还将遇到哪些与土力学理论相关的问题呢？主要是基坑边坡的稳定性问题、基坑支护问题以及降水问题。这些问题与土力学中边坡稳定性分析、土压力理论和渗流理论密切相关。

通过以上问题的思考可以基本建立起该门课程的知识体系。

0.3 本课程的学习建议

本课程与水力学、材料力学、结构力学、弹性力学、工程地质、建筑材料、施工技术等学科有密切关系，又涉及高等数学、物理、化学等知识。因此，建议在学习本课程时既要注意与其他学科的联系，又要注意仅仅抓住强度和变形这一核心问题来分析和处理基础工程问题，注意搞清概念，掌握原理，抓住重点，理论联系实际，学会设计计算，重在工程应用。

土力学作为力学分支，需要数学语言的抽象与推导，地基基础设计需要培养以规范为准绳的设计计算思路的理性学习，但同样应该看到土工试验、工程实践甚至是与土相关的游戏等感性学习的重要性。没有土工试验，土力学将寸步难行，没有力学原理，土力学将失去支撑，没有工程条件，土力学只能纸上谈兵。

第 1 章　土的物理性质与工程分类

1.1　土　的　成　因

　　地球的年龄，已有 46 亿年左右，按其构造大致分为 4 层，从表层向下，分别称为地壳、地幔、外核与内核。把地球最外层的坚硬固体物质称为地壳，其厚度一般为 30～60km，人类生存与活动的范围仅限于地壳表层。在漫长的地质年代中，由于内动力地质作用和外动力地质作用，地壳表层的岩石经历风化、剥蚀、搬运、沉积等过程后，所形成的各种疏松沉积物，在土木工程领域统称为土。这比农业上所关心的土壤（地表的有机土层）的范畴要广得多。这是土的狭义的概念，广义的概念是将整个岩石也包括在内。但一般都使用土的狭义概念。

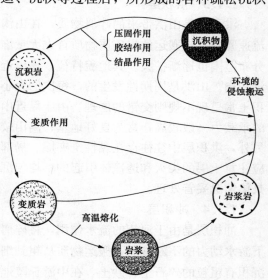

图 1-1　土与岩石相互转化的关系

　　从地质年代来讲，目前所见到的土大都是第四纪沉积层，一般都呈松散状态。第四纪是约 250 万年至今的相当长的时期。一般沉积年代越长，上覆土层重量越大，土压得越密实，由孔隙水中析出的化学胶结物也越多（图 1-1）。因此，老土层比新土层的强度、变形模量要高，甚至由散粒体经过成岩作用又变成整体岩石，如砂土成为砂岩，黏土变成页岩等。第四纪早期沉积的和近期沉积的土，在工程性质上就有着相当大的区别。这种影响，对黏性土尤为明显。

【小贴士】

　　岩土在漫长的地质历史进程中，处于不停的变化中，或是缓慢地固结，或是逐渐地风化。浑浊的泥浆状的洪水到江河下游，泥沙沉积固结，逐渐成为洪积土和沉积土，由液相变成固相；在漫长的地质年代过程中，它又被压缩、固化成为沉积岩；岩石暴露于地表，经过风雨冰霜的风化作用，有微风化—中风化—强风化又变成残积土，在风、水、重力的作用下，被搬运沉积，经历一个循环。这就造成岩与土之间的互相转化，这何尝不是一个漫长的生命过程。从这个意义上讲，土是有生命的。在以后的章节中，将更加生动地解读土的生命。

　　根据岩屑搬运和沉积的情况不同，沉积层分为以下几种类型：残积层、坡积层、洪积层、冲积层、海相沉积层和湖沼沉积层等。

1.1.1　残积层

母岩经风化、剥蚀，未被搬运，残留在原地的岩石碎屑，称为残积层。其中较细碎屑已被风或雨水带走。残积层主要分布在岩石出露的地表，经受强烈风化作用的山区、丘陵地带与剥蚀平原。

残积层的组成物质，为棱角状的碎石、角砾、砂粒和黏性土。残积层的裂隙多，无层次，平面分布和厚度不均匀。如以此作为建筑物地基，应当注意不均匀沉降和土坡稳定性问题。

1.1.2　坡积层

坡积土是残积土经水流搬运，顺坡移动堆积而成的土。其成分与坡上的残积土基本一致。由于地形的不同，其厚度变化大，新近堆积的坡积土，土质疏松，压缩性较高。如作为建筑物地基，应注意不均匀沉降和地基稳定性。

1.1.3　洪积层

洪积土是山洪带来的碎屑物质，在山沟的出口处堆积而成的土。山洪流出沟谷后，由于流速骤减，被搬运的粗碎屑物质首先大量堆积下来，离山渐远，洪积物的颗粒随之变细，其分布范围也逐渐扩大。其地貌特征，靠山近处窄而陡，离山较远宽而缓，形如锥体，故称为洪积扇。山洪是周期性发生的，每次的大小不尽相同，堆积下来的物质也不一样，因此，洪积土常呈现不规则交错的层理。由于靠近山地的洪积土的颗粒较粗，地下水位埋藏较深，土的承载力一般较高，常为良好地基；离山较远地段较细的洪积土，土质软弱而承载力较低。另外，洪积层中往往存在黏性土夹层、局部尖灭和透镜体等产状。若以此作为建筑地基时，应注意土层的尖灭和透镜体引起的不均匀沉降。为此，需要精心进行工程地质勘察，并针对具体情况妥善处理。

1.1.4　冲积层

冲积层是由于河流的流水作用，将碎屑物质搬运堆积在它流经的区域内，随着从上游到下游水动力的不断减弱，搬运物质从粗到细逐渐沉积下来，一般在河流的上游以及出山口，沉积有粗粒的碎石土、砂土，在中游丘陵地带沉积有中粗粒的砂土和粉土，在下游平原三角洲地带，沉积了最细的黏土。冲积土分布广泛，特别是冲积平原是城市发达、人口集中的地带。对于粗粒的碎石土、砂土，是良好的天然地基，但如果作为水工建筑物的地基，由于其透水性好会引起严重的坝下渗漏；而对于压缩性高的黏土，一般都需要处理地基。

1.1.5　海相沉积层

海相沉积层是由水流挟带到大海沉积起来的堆积物，其颗粒细，表层土质松软，工程性质较差。海相沉积层按分布地带不同，可分为以下几类。

1. 滨海沉积物

海水高潮与低潮之间的地区，称为滨海地区。此地区的沉积物主要为卵石、圆砾和砂土，有的地区存在黏性土夹层。

2. 大陆架浅海沉积物

海水的深度从 $0 \sim 200\mathrm{m}$，平均宽度 $75\mathrm{km}$ 的地区，称为大陆架浅海区。此地区的沉积物主要是细砂、黏性土、淤泥和生物沉积物。离海岸越近，颗粒越粗；离海岸越远，沉积物的颗粒越细。此种沉积物具有层理构造，密度小，压缩性高。

3. 陆坡沉积物

浅海区与深海区的过渡带，称为陆坡地区或次深海区，水深可达 3000m。此地区的沉积物主要是有机质软泥。

4. 深海沉积物

海水深度超过 3000m 的地区，称为深海区。此地区的沉积物为有机质软泥。

1.1.6　湖沼沉积层

1. 湖沼沉积层

湖泊沉积物称为湖相沉积层。湖相沉积层由两部分组成：

（1）湖边沉积层：以粗颗粒土为主。

（2）湖心沉积层：为细颗粒土，包括黏土和淤泥，有时夹粉细砂薄层的带状黏土。通常湖心沉积层的强度低、压缩性高。

2. 沼泽积层

湖泊逐渐淤塞和陆地沼泽化，演变成沼泽。当然沉积物即沼泽土，主要由半腐烂的植物残余物一年年积累起来形成的泥炭组成。泥炭的含水率极高，透水性很小，压缩性很大，不宜作为永久建筑物的地基。

除了以上提到的几种沉积层类型，还有冰川的地质作用形成的冰碛层和有风的地质作用形成的风积层，因工程所见不多，故不赘述。

1.2　土的组成及其结构与构造

1.2.1　土的组成

土是一种松散的颗粒堆积物。它是由固体颗粒、液体和气体三部分组成。土的固体颗粒一般由矿物质组成，有时含有胶结物和有机物，该部分构成土的骨架。土的液体部分是指水和溶解于水中的矿物质。空气和其他气体构成土的气体部分。土骨架间的孔隙相互连通，被液体和气体充满。土的三相组成决定了土的物理力学性质。

1. 土的固体颗粒

土骨架对土的物理力学性质起决定性的作用。分析研究土的状态，就要研究固体颗粒的状态指标，即粒径的大小及其级配、固体颗粒的矿物成分、固体颗粒的形状。

（1）固体颗粒的大小与粒径级配。土中固体颗粒的大小及其含量，决定了土的物理力学性质。颗粒的大小通常用粒径表示。实际工程中常按粒径大小分组，粒径在某一范围之内的分为一组，称为粒组。粒组不同其性质也不同。常用的粒组有：砾石粒、砂粒、粉粒、黏粒、胶粒。以砾石和砂粒为主要组成成分的土称为粗粒土。以粉粒、黏粒和胶粒为主的土，称为细粒土。土的工程分类见本章第六节。各粒组的具体划分和粒径范围见表 1-1。

表 1-1　　　　　　　　　　　土的粒组划分方法和各粒组土的特性

粒组统称	粒组划分	粒径范围 d/mm	主要特征
巨粒组	漂石（块石）	$d>200$	透水性很大，无黏性、无毛细水，不易压缩
	卵石（碎石）	$200 \geqslant d>60$	

粒组统称	粒组划分		粒径范围 d/mm	主要特征
粗粒组	砾粒	粗砾	$60 \geqslant d > 20$	透水性大，无黏性，不能保持水分，毛细水上升高度很小，压缩性较小
		中砾	$20 \geqslant d > 5$	
		细砾	$5 \geqslant d > 2$	
	砂粒	粗砂	$2 \geqslant d > 0.5$	易透水，无黏性，毛细水上升高度不大，饱和松砂在振动荷载作用下会产生液化，一般压缩性较小，随颗粒减小，压缩性增大
		中砂	$0.5 \geqslant d > 0.25$	
		细砂	$0.25 \geqslant d > 0.075$	
细粒组	粉粒		$0.075 \geqslant d > 0.005$	透水性小，湿时有微黏性，毛细水上升高度较大，有冻胀现象，饱和且很松时在振动荷载作用下会产生液化
	黏粒		$d \leqslant 0.005$	透水性差，湿时有黏性和可塑性，遇水膨胀、失水收缩，其性质受含水量影响较大，毛细水上升高度大

土中各粒组的相对含量称土的粒径级配。土粒含量的具体含义是指一个粒组中的土粒质量与干土总质量之比，一般用百分比表示。土的粒径级配直接影响土的性质，如土的密实度、土的透水性、土的强度、土的压缩性等。要确定各粒组的相对含量，需要将各粒组分离开，再分别称重。这就是工程中常用的颗粒分析方法，实验室常用的有筛分法和密度计法。

筛分法适用粒径大于 0.075mm 的土。利用一套孔径大小不同的标准筛子，将称过质量的干土过筛，充分筛选，将留在各级筛上的土粒分别称重，然后计算小于某粒径的土粒含量。

密度计法适用于粒径小于 0.075mm 的土。基本原理是颗粒在水中下沉速度与粒径的平方成正比，粗颗粒下沉速度快，细颗粒下沉速度慢。根据下沉速度就可以将颗粒按粒径大小分组（详见土工试验书籍）。

当土中含有颗粒粒径大于 0.075mm 和小于 0.075mm 的土粒时，可以联合使用密度计法和筛分法。

工程中常用粒径级配曲线直接了解土的级配情况。曲线的横坐标为土颗粒粒径的对数，单位为 mm；纵坐标为小于某粒径土颗粒的累积含量，用百分比（%）表示，如图 1-2 所示。

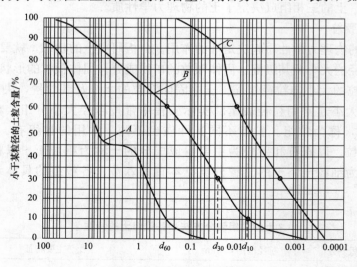

图 1-2　土的颗粒级配曲线

A，B，C—代表不同土样的级配曲线

　　颗粒级配曲线在土木、水利水电等工程中经常用到。从曲线中可直接求得各粒组的颗粒含量及粒径分布的均匀程度，进而估测土的工程性质。其中一些特征粒径，可作为选择建筑材料的依据，并评价土的级配优劣。特征粒径有：

　　d_{10} 为土中小于此粒径的土的质量占总土质量的 10%，也称有效粒径；

　　d_{30} 为土中小于此粒径的土的质量占总土质量的 30%；

　　d_{50} 为土中小于此粒径的土的质量和大于此粒径的土的质量各占 50%，也称平均粒径，用来表示土的粗细；

　　d_{60} 为土中小于此粒径土的质量占总土质量的 60%，也称限制粒径。

　　以上特征粒径均从绘出的级配曲线中查得。

　　粒径分布的均匀程度由不均匀系数 C_u 表示

$$C_u = d_{60}/d_{10} \qquad (1-1)$$

　　C_u 愈大，土愈不均匀，也即土中粗、细颗粒的大小相差愈悬殊。

　　若土的颗粒级配曲线是连续的，C_u 愈大，d_{60} 与 d_{10} 相距愈远，则曲线愈平缓，表示土中的粒组变化范围宽，土粒不均匀；反之，C_u 愈小，d_{60} 与 d_{10} 相距愈近，曲线愈陡，表示土中的粒组变化范围窄，土粒均匀。工程中，把 $C_u>5$ 的土称为不均匀土，$C_u \leqslant 5$ 的土称为均匀土。

　　若土的颗粒级配曲线不连续，在该曲线上出现水平段，如图 1-2 曲线 A 所示，水平段粒组范围不包含该粒组颗粒。这种土缺少中间某些粒径，粒径级配曲线呈台阶状，土的组成特征是颗粒粗的较粗，细的较细，在同样的压实条件下，密实度不如级配连续的土高，其他工程性质也较差。

　　土的粒径级配曲线的形状，尤其是确定其是否连续，可用曲率系数 C_c 反映

$$C_c = \frac{d_{30}^2}{d_{60} \times d_{10}} \qquad (1-2)$$

　　若曲率系数过大，表示粒径分布曲线的台阶出现在 d_{10} 和 d_{30} 范围内。反之，若曲率系数过小，表示台阶出现在 d_{30} 和 d_{60} 范围内。经验表明，当级配连续时，C_c 的范围大约在 1～3。因此，当 $C_c<1$ 或 $C_c>3$ 时，均表示级配曲线不连续。

　　由上可知，土的级配优劣可由土中土粒的不均匀系数和粒径分布曲线的形状曲率系数衡量。我国《土的分类标准》(GBJ 145—1990) 规定：对于纯净的砂、砾石，当实际工程中，C_u 大于或等于 5，且 C_c 等于 1～3 时，它的级配是良好的；不能同时满足上述条件时，它的级配是不良的。

　　(2) 固体颗粒的成分。土中固体颗粒的成分绝大多数是矿物质，或有少量有机物。颗粒的矿物成分一般有两大类，一类是原生矿物，它是由岩石经过物理风化生成的，其矿物成分与母岩相同，常见的有石英、长石和云母等；粗大颗粒（砾石和砂）的矿物成分主要由原生矿物组成，这类土的性质较稳定。另一类是次生矿物，它是由岩石经过化学风化后所形成的新矿物，其成分与母岩完全不同。土的次生矿物主要有黏土矿物，常见的黏土矿物主要有蒙脱石、伊利石和高岭石等。其中蒙脱石亲水性最强，伊利石次之，高岭石最弱。土中含黏土矿物越多，则土的黏性、塑性及胀缩性也越大。

　　(3) 固体颗粒的形状。原生矿物的颗粒一般较粗，多呈粒状；次生矿物的颗粒一般较细，多呈片状或针状。土的颗粒愈细，形状愈扁平，其表面积与质量之比愈大。

对于粗颗粒，比表面积没有很大意义。对于细颗粒，尤其是黏性土颗粒，比表面积的大小直接反应土颗粒与四周介质的相互作用，是反映黏性土性质特征的一个重要指标。

2. 土的液体部分

如前所述，土中液体含量不同，土的性质就不同。土中的液体一部分以结晶水的形式存在于固体颗粒的内部，形成结合水；另一部分存在于土颗粒的孔隙中，形成自由水。

(1) 结合水。在电场作用力范围内，水中的阳离子和极性分子被吸引在土颗粒周围，距离土颗粒越近，作用力越大；距离越远，作用力越小，直至不受电场力作用。通常称这一部分水为结合水。特点是包围在土颗粒四周，不传递静水压力，不能任意流动。由于土颗粒的电场有一定的作用范围，因此结合水有一定的厚度，其厚度首先与颗粒的黏土矿物成分有关。在三种黏土矿物中，由蒙脱石组成的土颗粒，尽管其单位质量的负电荷最多，但其比表面积较大，因而单位面积上的负电荷反而较少，结合水层较薄；而高岭石则相反，结合水层较厚。伊利石介于二者之间。其次，结合水的厚度还取决于水中阳离子的浓度和化学性质，如水中阳离子浓度越高，则靠近土颗粒表面的阳离子也越多，极性分子越少，结合水也就越薄。

(2) 自由水。不受电场引力作用的水称为自由水。自由水又可分为毛细水和重力水。

毛细水分布在土颗粒间相互连通的弯曲孔道内。由于水分子与土颗粒之间的附着力和水、气界面上的表面张力，地下水将沿着这些孔道被吸引上来，而在地下水位以上形成一定高度的毛细管水带。它与土中孔隙的大小、形状、土颗粒的矿物成分以及水的性质有关。

毛细水的上升高度在粗粒土中很小，在细粒土中较大，在砾砂、粗砂层中的毛细水上升高度只有几个厘米，在中砂、细砂层中能上升几十厘米，而在黏性土中可以上升至几米高。这种毛细水上升对于公路路基土的干湿状态及建筑物的防潮有重要影响。

在重力或压力差作用下能在土中渗流的水称重力水。重力水能在土体中自由流动，具有溶解能力，能传递水压力，对于土颗粒和结构物都有浮力作用，在土力学计算中应该考虑这种渗流及浮力作用。

水是土的重要成分之一，一般认为水不能承受剪力，但能承受压力和一定的吸力；一般情况下，水的压缩量很小，可以忽略不计。

3. 土的气体部分

在非饱和土中，土颗粒间的孔隙由液体和气体充满。土中气一般以下面两种形式存在于土中：一种是四周被颗粒和水封闭的封闭气体，另一种是与大气相通的自由气体。

当土的饱和度较低，土中气体与大气相通时，土体在外力作用下，气体很快从孔隙中排出，则土的强度和稳定性提高。当土的饱和度较高，土中出现封闭气体时，土体在外力作用下，则体积缩小；外力减小，则体积增大。因此，土中封闭气体增加了土的弹性。同时，土中封闭气体的存在还能阻塞土中的渗流通道，减小土的渗透性。

【小贴士】

工程实际中土是级配均匀好，还是级配良好好呢？

在土工设计中需区别对待此问题，当作为一般压实填料时，希望级配良好；而用于反滤料时，则希望每层砂石料级配均匀。

1.2.2　土的结构与构造

土的结构主要是指土体中土粒的排列与连接。土的结构有单粒结构、蜂窝结构和絮状结构（图 1-3），蜂窝结构和絮状结构又称海绵结构。

1. 单粒结构

单粒结构是无黏性土的基本组成形式，由较粗土粒砾石、砂粒在重力作用下沉积而成。土粒排列成密实状态时，称为紧密的单粒结构，这种结构土的强度大，压缩性小，是良好的天然地基。反之当土粒排列疏松时，称为疏松的单粒结构，因其土的孔隙大，土粒骨架不

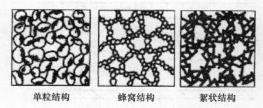

单粒结构　　蜂窝结构　　絮状结构

图 1-3　土的结构的基本类型

稳定，未经处理，不宜作建筑物地基。因此，以单粒结构为基本结构特征的无黏性土的工程性质主要取决于土体的密实程度。

2. 蜂窝结构

蜂窝结构主要是由较细的土粒（粉粒）组成的结构形式。其形成机理为：当粉粒在水中下沉碰到已经沉积的土粒时，由于粒间引力大于其重力，而停留在接触面上不再下沉，逐渐形成链环状单元。很多这样的链环联结起来，便形成孔隙较大的蜂窝结构。蜂窝结构是以粉粒为主的土所具有的结构形式。

3. 絮状结构

絮状结构是由黏粒集合体组成的结构形式。其形成机理为：黏粒能够在水中长期悬浮，不因重力而下沉，当悬浮液介质发生变化（如黏粒被带到电解质浓度较大的海水中），土粒表面的弱结合水厚度减薄，黏粒相互接近便凝聚成类似海绵絮状的集合体而下沉，并和已沉积的絮状集合体接触，形成孔隙较大的絮状结构。絮状结构是黏性土的主要结构形式。

蜂窝结构和絮状结构的土中存在大量孔隙，压缩性高，抗剪强度低，但土粒间的联结强度会由于压密和胶结作用而逐渐得到加强，称为结构强度。天然条件下，任何一种土类的结构并不是单一的，往往呈现以某种结构为主，混杂各种结构的复合形式。此外，当土的结构受到破坏和扰动时，在改变了土粒排列的同时，也不同程度地破坏了土粒间的联结，从而影响土的工程性质，对于蜂窝和絮状结构的土，往往会大大降低其结构强度。其结构强度降低越显著，称之为结构性越强。一般采用灵敏度 S_t 来表征其结构性强弱，土的灵敏度越高，其结构性越强，受扰动后土的强度降低就越明显。

$$S_t = \frac{q_u}{q_0} \tag{1-3}$$

式中　q_u——原状土的无侧限抗压强度，即单轴受压的抗压强度；

　　　q_0——具有与原状土相同的密度和含水量并彻底破坏其结构的重塑土的无侧限抗压强度。

按灵敏度的大小，黏性土可分为：

低灵敏 $S_t = 1 \sim 2$；

中灵敏 $S_t = 2 \sim 4$；

高灵敏 $S_t > 4$。

软黏土在重塑后甚至不能维持自己的形状，无侧限抗压强度几乎等于零，灵敏度很大。

对于灵敏度大的土，在基坑开挖时须特别注意保护基槽，使其结构不受扰动。

土的构造是指在同一土层剖面中，颗粒或颗粒集合体相互间的特征。土的构造最大特征

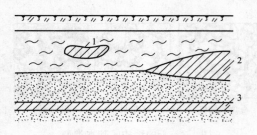

图 1-4 土的层理构造

1—淤泥夹黏土透镜体；

2—黏土尖灭层；3—砂土夹黏土层

就是成层性，即具有层理构造。这是由于不同阶段沉积土的物质成分、颗粒大小和颜色的不同，而使竖向呈现成层的性状。常见有水平层理和交错层理构造，带有夹层、尖灭和透镜体等（图 1-4）。土的构造的另一特征是土的裂隙性，即裂隙构造。土中裂隙的存在会大大降低土体的强度和稳定性，对工程不利。此外，也应注意到土中有无腐殖质、贝壳、结核体等包裹物，以及天然或人为的孔洞的存在。这些构造特征都会造成土的不均匀性，从而影响土的工程性质。

1.3 土的物理性质指标

如前所述土是三相体，是由土的固体颗粒、水和气体三相体组成，随着土中三相之间的质量与体积的比例关系的变化，土的疏密性、软硬性、干湿性等物理性质随之变化。为了定量了解土的这些物理性质，就需要研究土的三相比例指标。因此，所谓土的物理性质指标就是表示土中三相比例关系的一些物理量。图 1-5 为土的三相简图。

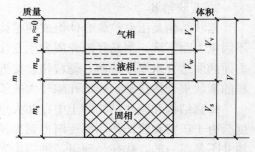

图 1-5 土的三相简图

图 1-5 中符号的意义如下：

m_s 为土粒质量；m_w 为土中水质量；m_a 为土中气体质量（$m_a \approx 0$）；m 为土的总质量，$m = m_s + m_w + m_a$；V_s 为土粒体积；V_w 为土中水体积；V_a 为土中气体积；V_v 为土中孔隙体积，$V_v = V_a + V_w$；V 为土的总体积，$V = V_a + V_w + V_s$。

1.3.1 土的三相基本指标

土的物理性质指标中土的天然密度、含水量和土粒的相对密度三项指标，是由实验室直接测定的，称为三相基本指标。其他物理性质指标可由这三项指标推算得到。

1. 土的天然密度 ρ 和天然重度 γ

单位体积天然土的质量，称为土的天然密度，简称土的密度，记为 ρ，单位为 g/cm^3。天然密度表达式

$$\rho = \frac{m}{V} \tag{1-4}$$

在计算土体自重时，常用到天然重度的概念，即 $\gamma = \rho g$，单位为 kN/m^3。

密度的测定方法：黏性土用环刀法，环刀内径和高度为已知数，因此，土样的体积是已知的。如先称空环刀的质量为 m_1，试样加环刀的质量为 m_2，则土的质量 $m = m_2 - m_1$，则土的密度为 $\rho = \dfrac{m_2 - m_1}{V} = \dfrac{m}{V}$。

砂和砾石等粗颗粒土，不能用环刀法，可采用灌水法或灌砂法，根据试样的最大粒径确定试坑尺寸，参见《土工试验方法标准》（GB/T 50123—1999），称出从试坑中挖出的试样的质量 m，在试坑中铺上塑料薄膜，灌水或砂测量试坑的体积 V。得到土的密度为 $\rho=\dfrac{m}{V}$。

天然状态下的土的密度变化范围较大，黏性土和粉土为 $1.8\sim2.0\mathrm{g/cm^3}$，砂性土为 $1.6\sim2.0\mathrm{g/cm^3}$。

2. 土颗粒的相对密度 d_s（G_s）

土颗粒的密度与 4℃纯水的密度之比，称为土颗粒的相对密度或比重，记为 d_s 或 G_s，为无量纲数值。

$$d_\mathrm{s}=\frac{\dfrac{m_\mathrm{s}}{V_\mathrm{s}}}{\rho_\mathrm{w}}=\frac{\rho_\mathrm{s}}{\rho_\mathrm{w}} \tag{1-5}$$

式中　ρ_w——4℃纯水的密度，$\rho_\mathrm{w}=1\mathrm{g/cm^3}$。

4℃纯水的密度为已知条件，故测定土颗粒的相对密度，实质就是测定土颗粒的密度。粒径小于 5.0mm 的土常用比重瓶法测定；粒径大于 5.0mm 的土，其中粒径大于 20mm 的颗粒含量小于 10%时，采用浮称法；粒径大于 5.0mm 的土，其中粒径大于 20mm 的颗粒含量大于等于 10%时，采用虹吸筒法。具体方法可参见《土工试验方法标准》（GB/T 50123—1999）。

同一种土，其土粒相对密度变化范围很小，砂土为 $2.65\sim2.69$，粉土为 $2.70\sim2.71$，黏性土为 $2.72\sim2.75$。当无条件进行实验时，可参考同一地区、同一种土的多年实测积累的经验数据。

3. 土的含水量 w

土中水的质量和土颗粒质量的比值称为含水量，也称含水率，用百分数表示，记为 w。

$$w=\frac{m_\mathrm{w}}{m_\mathrm{s}}\times100\% \tag{1-6}$$

含水量的试验方法通常用烘干法，用天平秤湿土 m 克，放入烘干箱内，控制温度为 $105\sim110℃$，恒温 8h 左右，称干土质量为 m_s 克，计算土的含水量。

$$w=\frac{m-m_\mathrm{s}}{m_\mathrm{s}}\times100\%$$

在野外没有烘干箱或需要快速测定含水量时，可用酒精燃烧法或红外线烘干法。

天然土层的含水量变化范围很大，与土的种类、埋藏条件及所处的自然地理环境有关。一般砂土的含水量为 $0\sim40\%$，黏性土大些，为 $20\%\sim60\%$，淤泥土含水量更大。黏性土的工程性质很大程度上由其含水量决定，并随含水量的大小发生状态变化，含水量越大的土压缩性越大，强度越低。

1.3.2　导出指标

测出上述三个基本试验指标后，就可根据三相图，计算出三相组成各自的体积和质量上的含量，根据其他相应指标的定义便可以导出其他的物理性质指标，即导出指标。

1. 反映土的松密程度的指标

（1）孔隙比 e。土中孔隙体积与固体土颗粒体积之比，以小数表示，记为 e。

$$e=\frac{V_\mathrm{v}}{V_\mathrm{s}} \tag{1-7}$$

孔隙比是评价土的密实程度的重要物理性质指标。

一般砂土的孔隙比为 0.5～1.0，黏性土和粉土为 0.5～1.2，淤泥土≥1.5。$e<0.6$ 的砂土为密实状态，是良好的地基；$1.0<e<1.5$ 的黏性土为软弱淤泥质地基。

（2）孔隙率 n。土中孔隙体积与总体积之比，即单位土体中孔隙所占的体积，用百分数表示，记为 n。

$$n = \frac{V_v}{V} \times 100\% \tag{1-8}$$

孔隙率也可用来表示同一种土的松、密程度，其值随土形成过程中所受的压力、粒径级配和颗粒排列的状况而变化。一般粗粒土的孔隙率小，细粒土孔隙率大。例如砂类土的孔隙率一般是 28%～35%；黏性土的孔隙率有时可高达 60%～70%。

2. 反映土中含水程度的指标

土中水的体积与孔隙总体积之比称为饱和度，记为 S_r，以百分数表示。

$$S_r = \frac{V_w}{V_v} \times 100\% \tag{1-9}$$

饱和度表示土孔隙内充水的程度，反映土的潮湿程度，如 $S_r = 0$ 时，土是完全干的；$S_r = 100\%$ 时，土是完全饱和的。

砂土与粉土以饱和度作为湿度划分的标准，分为稍湿的、很湿的与饱和的三种湿度状态。

$S_r \leqslant 50\%$，稍湿；

$50\% < S_r \leqslant 80\%$，很湿；

$S_r > 80\%$，饱和。

而对于天然黏性土，一般将 S_r 大于 95% 才视为完全饱和土。

3. 几种特定状态下的密度和重度

（1）干密度 ρ_d 和干重度 γ_d。单位体积土中固体颗粒的质量，记为 ρ_d，单位为 g/cm³。

$$\rho_d = \frac{m_s}{V} \tag{1-10}$$

单位体积土中固体颗粒的重力，称为土的干重度，记为 γ_d，单位为 kN/m³。

$$\gamma_d = \frac{m_s g}{V} = \rho_d g \tag{1-11}$$

干密度反映了土的密实程度，工程上常用来作为填方工程中土体压实质量的检查标准。干密度越大，土体越密实，工程质量越好。

【小贴士】

工程中常常需要对填土进行压实以获得良好的工程性质。例如建在填土上的房屋、路基回填以及土石坝回填等。那么用什么指标来衡量填土是否压实呢？前文虽提到，用土的干密度来作为检验标准，但对于某一种特定的土体需要有个判断的标准，这个标准就是针对该种土体通过标准击实试验所获得的最大干密度。例如填土的实际（现场）干密度与室内试验的最大干密度之比，称为压实系数 λ，显然 λ 越接近 1，填土的质量越好。实际工程中，只需规定 λ 值大于某个值为合格即可。影响填土压实后干密度的因素主要有：土体的颗粒级配、压实功及含水量等。在这三个因素中，通过标准击实试验找到达到最大干密度所对应的含水量（即最优含水率），并应用到实际压实中，是必要和经济的做法。

前面提到，从土体的形成来看，土体好比一个生命体。既是生命体，就得有生命力，土体的生命力就表现在其良好的工程性质。工程性质极差的土体也就是失去了生命力的病土，就是一堆荷载。其实，所有的岩土工程，都是为了保护、提高和充分利用岩土体的生命力，以便于更加经济、有效地为工程服务。对填土的压实，就是在提高土体的生命力（增加土体强度、减小压缩性）。

（2）饱和密度 ρ_{sat} 和饱和重度 γ_{sat}。土的孔隙中充满水时的单位体积质量，即土的饱和密度，记为 ρ_{sat}，单位为 g/cm^3。

$$\rho_{sat} = \frac{m_s + V_v \rho_w}{V} \tag{1-12}$$

一般土的饱和密度的范围为 $1.8 \sim 2.3 g/cm^3$。

土中孔隙完全被水充满时，单位体积土所受的重力即为土的饱和重度，记为 γ_{sat}。

$$\gamma_{sat} = \frac{m_s g + V_v \rho_w g}{V} = \rho_{sat} g \tag{1-13}$$

（3）有效重度（浮重度）γ'。地下水位以下的土，扣除水浮力后单位体积土所受的重力称为土的有效重度（浮重度），记为 γ'，单位 kN/m^3。

$$\gamma' = \frac{m_s g - V_s \rho_w g}{V} = \frac{m_s g - (V - V_v) \rho_w g}{V} = \gamma_{sat} - \gamma_w \tag{1-14}$$

式中　γ_w——水的重度，$\gamma_w = 10 kN/m^3$。

【小贴士】

在土力学中引入有效重度、浮重度甚至所谓浮密度等概念，其目的主要是为后续计算土的自重应力，而土的自重应力有总自重应力和有效自重应力两种提法。为方便计算有效自重应力而引入土的有效重度等概念。需要读者注意的是：追本溯源，显然这些概念本身的定义是有值得商榷的地方。单位体积土的重量定义为重度；由于地心引力作用，物体具有向下的力，这个力的大小称为重量。浮重度应当是指单位土体在水下的重量。难道在地球的同一海拔处，土在水下的重量就会减少吗？所谓的"浮重度"是单位体积的土骨架重量减去水对骨架的浮力，这是一个合力，称为浮重度显然有不妥之处。但在土力学中大家约定俗成地使用这一名词和概念，也就使它逐渐合法化。以下举例说明此概念运用不当便会造成错误。

在一个桶中装满饱和砂土，在计算该桶中土的重量时，用"水土合算"和"水土分算"两种方法算出的重量为何不一样呢？

（1）"水土合算"。

$$W_1 = \gamma_{sat} V$$

式中　γ_{sat}——饱和重度；

　　　V——桶的体积。

这无疑是正确的，因为直接用秤量出的重量便是如此。

（2）"水土分算"。

所谓"水土分算"就是将砂土中的水和土骨架分开来计算重量。其中水中的土骨架重量为 $\gamma'V$；其中土中孔隙水的重量为 $\gamma_w Vn$，其中 n 是土的孔隙率。因此土的总重量为

$$W_2 = \gamma'V + \gamma_w Vn = (\gamma_{sat} - \gamma_w)V + \gamma_w Vn = \gamma_{sat}V - \gamma_w V(1-n)$$

为何按"水土分算"土的重量就变轻了呢？其原因就是浮重度的定义使骨架在水下减少了重量。其实，问题的根源在于，如果把土骨架"变轻"的原因归于水的浮力，那么由于力的作用是相互的，土骨架也会给水施加一个反力，这个反力当然施加给了桶底。这个浮力分量正是 $\gamma_w V(1-n)$。

总之，读者要明白：有效重度、浮重度等概念可能不够严密，既然是约定俗成，也就用之。但在实际运用时要从本质上去思考问题，避免犯错。

1.3.3 三相指标的换算

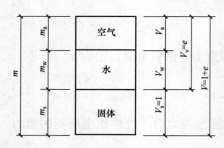

图 1-6 三相比例指标换算图

上面仅给出了导出指标的定义式，实际上都可以依据三个基本试验指标（土的密度 ρ、土粒相对密度 d_s、含水量 w）推导得出。

推导时，通常假定土体中土颗粒的体积 $V_s = 1$（也可假定其他两相体积为 1），根据各指标的定义可得到 $V_v = e$，$V = 1+e$，$m_w = w\rho_s$，$m_s = \rho_s d_s$，$m = (1+w)\rho_s$，如图 1-6 所示。具体的换算公式可查阅表 1-2，建议初学者根据定义，按照上述思路进行推导，以加深对各指标基本概念的理解。

表 1-2　　　　　　　　　　　　　　　土的三相比例指标常用换算公式

导出指标	符号	表达式	与试验指标的换算公式
干重度	γ_d	$\gamma_d = \dfrac{m_s g}{V} = \rho_d g$	$\gamma_d = \dfrac{\gamma}{1+w}$
饱和重度	γ_{sat}	$\gamma_{sat} = \dfrac{m_s g + V_v \rho_w g}{V} = \rho_{sat} g$	$\gamma_{sat} = \dfrac{\gamma(\rho_s g - \gamma_w)}{\gamma_s(1+w)} + \gamma_w$
有效重度	γ'	$\gamma' = \dfrac{m_s g - V_s \rho_w g}{V} = \gamma_{sat} - \gamma_w$	$\gamma' = \dfrac{\gamma_w(d_s-1)\gamma}{\rho_s(1+w)g}$
孔隙比	e	$e = \dfrac{V_v}{V_s}$	$e = \dfrac{\gamma_w d_s(1+w)}{\gamma} - 1$
孔隙率	n	$n = \dfrac{V_v}{V} \times 100\%$	$n = 1 - \dfrac{\gamma}{\rho_s g(1+w)}$
饱和度	S_r	$S_r = \dfrac{V_w}{V_v} \times 100\%$	$S_r = \dfrac{\gamma \rho_s g w}{\gamma_w[\rho_s g(1+w) - \gamma]}$

注　表中 g 为重力加速度，$g \approx 10\text{m/s}^2$。

【例 1-1】　某原状土样，经试验测得天然密度 $\rho = 1.67\text{g/cm}^3$，含水量 $w = 12.9\%$，土粒比重 $G_s = 2.67$，求孔隙比 e，孔隙率 n 和饱和度 S_r。

解　以下给出两种方法，方法一根据三相比例图，按照各导出指标的定义进行推导；方法二直接套用换算公式。

方法一：

（1）设土的体积 $V=1.0\text{cm}^3$

根据密度定义得

$$m=\rho V=1.67\times 1=1.67\text{g}$$

（2）根据含水量定义得

$$m_w=wm_s=0.129m_s$$

从三相图可知

$$m=m_a+m_w+m_s$$

因为 $m_a=0$，$m_w+m_s=m$，即 $0.129m_s+m_s=1.67$，所以

$$m_s=\frac{1.67}{1.129}=1.48\text{g}$$

$$m_w=1.67-1.48=0.19\text{g}$$

（3）根据土粒比重定义表达式，即

$$G_s=\frac{\dfrac{m_s}{V_s}}{\rho_w}=\frac{\rho_s}{\rho_w}$$

因为 $G_s=2.67$，$\rho_w=1$，$\rho_s=2.67\times 1=2.67\text{g/cm}^3$，所以

$$V_s=\frac{m_s}{\rho_s}=\frac{1.48}{2.67}=0.554\text{cm}^3$$

（4）$V_w=\dfrac{m_w}{\rho_w}=\dfrac{0.190}{1.0}=0.190\text{cm}^3$

（5）从三相可知

$$V=V_a+V_w+V_s=1\text{cm}^3$$

或 $V_a=1-V_w-V_s=1-0.554-0.190=0.256\text{cm}^3$，所以

$$V_v=V-V_s=1-0.554=0.446\text{cm}^3$$

（6）根据孔隙比定义，$e=\dfrac{V_v}{V_s}$ 得

$$e=\frac{V_a+V_w}{V_s}=\frac{0.256+0.19}{0.554}=0.805$$

（7）根据孔隙度定义，$n=\dfrac{V_v}{V}$ 得

$$n=\frac{V_a+V_w}{V}=\frac{0.256+0.19}{1}=0.446=44.6\%$$

（8）根据饱和度定义，$S_r=\dfrac{V_w}{V_v}$ 得

$$S_r=\frac{V_w}{V_a+V_w}=\frac{0.19}{0.256+0.19}=0.426=42.6\%$$

方法二：

查表可知各项导出指标与基本指标的换算公式如下

$$e=\frac{\gamma_w d_s(1+w)}{\gamma}-1=\frac{10\times 2.67\times(1+0.129)}{16.7}-1=0.805$$

$$n=1-\frac{\gamma}{\rho_s g(1+w)}=1-\frac{16.7}{2.67\times 10\times(1+0.129)}=0.446=44.6\%$$

$$S_r = \frac{\gamma \rho_s g w}{\gamma_w [\rho_s g(1+w) - \gamma]} = \frac{16.7 \times 2.67 \times 10 \times 0.129}{10 \times [2.67 \times 10 \times (1 + 0.129) - 16.7]}$$

$$= 0.428 = 42.8\% \text{(与方法一的偏差属于计算中四舍五入的累计误差)}$$

【小贴士】

因导出指标较多,导出指标之间也存在相互换算的关系,但工程中常用的是由三项试验基本指标换算导出指标。上述例题中的两种方法各有优缺点:法一无需记忆繁琐的换算公式,且基本概念清晰,但需要严密地推导,适合初学者;法二简洁明了,直接带入基本指标,但需查找相应换算公式,记忆困难,适合实际工程运用。

初学者可能对部分指标代号的记忆有困难,下面给出其英文全称以便理解记忆。

V_v (Volume of voids)　V_s (Volume of solids)　V_a (Volume of air)

V_w (Volume of water)　m_s (Mass of solids)　S_r (Saturation)

γ_d (dry)　　　　　　G_s (Specific gravity)

1.4 土的物理状态指标

1.4.1 黏性土(细粒土)的物理状态指标

1. 界限含水量

黏性土最主要的特征是它的稠度,稠度是指黏性土在某一含水量下的软硬程度和土体对外力引起的变形或破坏的抵抗能力。当土中含水量很低时,水被土颗粒表面的电荷吸着于颗粒表面,土中水为强结合水,土呈现固态或半固态。当土中含水量增加,吸附在颗粒周围的水膜加厚,土粒周围除强结合水外还有弱结合水。弱结合水不能自由流动,但受力时可以变形,此时土体受外力作用可以被捏成任意形状,外力取消后仍保持改变后的形状,这种状态称为塑态。当土中含水量继续增加,土中除结合水外已有相当数量的水处于电场引力范围外,这时,土体不能承受剪应力,呈现流动状态。实质上,土的稠度就是反映土体的含水量。而黏性土的含水量又决定其工程性质。土从一种状态转变成另一种状态的界限含水量,称为稠度界限。因此,根据含水量和该土的稠度界限可以定性判断其工程性质。工程上常用的稠度界限有液限和塑限。

液限指土从塑性状态转变为液性状态时的界限含水量,用 w_L 表示。

塑限指土从半固体状态转变为塑性状态时的界限含水量,用 w_P 表示。

我国采用锥式液限仪测定液限和塑限。测定时,将调成不同含水量的试样(制成 3 个不同含水量试样)先后分别装满盛样杯内,刮平杯口表面,将 76g 重圆锥(锥角 30°)放在试样表面中心,使其在重力作用下徐徐沉入试样,测定圆锥仪在 5s 时的入土深度。在双对数坐标纸上绘出圆锥入土深度和含水量的关系直线,在直线上查得圆锥入土深度为 10mm 所对应的含水量,即为液限。入土深度为 2mm 所对应的含水量,即为塑限。取值至整数。光电式液、塑限仪结构示意如图 1-7 所示。

2. 塑性指数

液限与塑限的差值称为塑性指数,即

$$I_P = w_L - w_P \qquad (1\text{-}15)$$

式中，w_L 和 w_P 用百分数表示，计算所得的塑性指数也应用百分数表示，但是习惯 I_P 不带百分号。如 $w_L = 35\%$、$w_P = 23\%$，$I_P = 35 - 23 = 12$。液限与塑限之差越大，说明土体处于可塑状态的含水量变化范围越大。也就是说，塑性指数的大小与土中结合水的含水量有直接关系。从土的颗粒大小来看，土粒越细，黏粒含量越高，其比表面积越大，则结合水越多，塑性指数也越大；从土的矿物成分讲，土中含蒙脱类越多，塑性指数也越大；此外，塑性指数还与水中离子浓度和成分有关。

可塑性是黏性土区别于砂性土的重要特征。由于塑性指数反映了土的塑性大小和影响黏性土特征的各种重要因素，因此，常用 I_P 作为黏性土的分类标准（表 1-3）

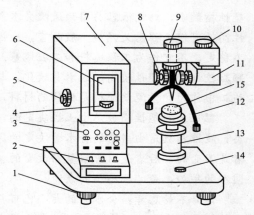

图 1-7　光电式液、塑限仪结构示意图
1—水平调节螺钉；2—控制开关；3—指示发光管；4—零线调节螺钉；5—反光镜调节螺钉；6—屏幕；7—机壳；8—物镜调节螺钉；9—电磁装置；10—光源调节螺钉；11—光源装置；12—圆锥仪；13—升降台；14—水平泡；15—盛样杯（内装试样）

表 1-3　　　　　　　　　　黏性土按塑性指数分类

土的名称	塑性指数
黏土	$I_P > 17$
粉质黏土	$10 < I_P \leqslant 17$

3. 液性指数

土的天然含水量与塑限之差再与塑性指数之比，称为土的液性指数，即

$$I_L = \frac{w - w_P}{I_P} = \frac{w - w_P}{w_L - w_P} \qquad (1\text{-}16)$$

由式（1-16）可知，当天然含水量小于 w_P 时，I_L 小于 0，土体处于固体或半固体状态；当 w 大于 w_L 时，$I_L > 1$，天然土体处于流动状态；当 w 在 w_P 和 w_L 之间时，I_L 在 0～1 之间，天然土体处于可塑状态。因此，可以利用液性指数 I_L 表示黏性土所处的天然状态。I_L 值越大，土体越软；I_L 值越小，土体越坚硬。

《建筑地基基础设计规范》（GB 50007—2011）按土的液性指数的大小将黏性土划分为坚硬、硬塑、可塑、软塑和流塑五种软硬状态（表 1-4）。

表 1-4　　　　　　　　　　黏 性 土 软 硬 状 态

液性指数	$I_L \leqslant 0$	$0 < I_L \leqslant 0.25$	$0.25 < I_L \leqslant 0.75$	$0.75 < I_L \leqslant 1$	$I_L > 1$
状态	坚硬	硬塑	可塑	软塑	流塑

【小贴士】

--------------------◎

塑性指数大，土的可塑性就越强。这好比用一块黏性土来塑像，这种土在塑像过程中不会因为吹风失水而很快变硬失去塑性或者因为稍微多加点水又变得失去可塑性。反之，如果

塑性指数小，则就很容易因为风吹失水或者加水变稀而失去塑性，也即可塑性差。那么可塑性高低有何工程意义呢？一般而言，塑性指数大的黏性土，往往具有明显的胀缩性，性质极不稳定，不宜作为工程填料和工程地基。事物都具有两面性，塑性指数大的黏性土，因为土颗粒较细，黏塑性较高，遇水易软化，与水搅拌后较均匀，不易沉淀，所以在水下灌注桩墙施工中作为护壁泥浆配料是极佳的材料。

黏性土的塑性指数是由土性决定的，是黏性土的固有属性，与状态无关，常用于土的分类；液性指数是由当前的含水量决定的，表明黏性土软硬的一种状态。对于一种黏性土，前者是不变的，后者是随含水量而改变的。塑性指数如同人的姓，这是不改变的。液性指数如同人的年龄，是"状态"的表述。

读者不妨思考：含水量的大小已可判断土的软硬状态，为何要引入液性指数来表征黏性土的软硬状态？原因在于，通过含水量来判断软硬，只能针对同一种土，而不同土类之间便不能只用含水量的大小来判断软硬了。需引入液性指数，由于该指数的表达式中包含了各土样的自身的界限含水率，因此不同土样就需要根据液性指数来判断其软硬状态了。

1.4.2 无黏性土（粗粒土）的物理状态指标

砂土、碎石土统称为无黏性土，无黏性土的密实程度是影响其工程性质的重要指标。当其处于密实状态时，结构较稳定，压缩性小，强度较大，可作为建筑物的良好地基；而处于疏松状态时（特别对细、粉砂来说），稳定性差，压缩性大，强度偏低，属于软弱土之列。如它位于地下水位以下，在动荷载作用下还可能由于超静孔隙水压力的产生而发生砂土液化。例如我国海城 1975 年 7.3 级地震，震中以西 25～60km 的下辽河平原，发生强烈砂土液化，大面积喷砂冒水，许多道路、桥梁、工业设施、民用建筑遭受破坏。2008 年汶川 8 级地震同样在德阳等地出现大量严重的砂土液化现象，液化震害对农田、公路、桥梁、建筑物及工厂、学校等造成较大影响。因此，弄清无黏性土的密实程度是评价其工程性质的前提。

1. 砂土的密实度

砂土的密实度可用天然孔隙比衡量，当 $e<0.6$ 时，属密实砂土，强度高，压缩性小。当 $e>0.95$ 时，属松散状态，强度低，压缩性大。这种测定方法简单，但没有考虑土颗粒级配的影响。例如同样孔隙比的砂土，当颗粒不均匀时较密实（级配良好），当颗粒均匀时较疏松（级配不良）。换言之，孔隙比用于同一级配的砂土密实度的判断，不适合用于不同级配砂土之间的密实度比较。

考虑土颗粒级配影响，通常采用砂土的相对密度 D_r 来划分砂土的密实度。

$$D_r = \frac{e_{max} - e}{e_{max} - e_{min}}$$ (1-17)

式中　D_r——砂土的相对密度；

e_{max}——砂土的最大孔隙比，即最疏松状态的孔隙比。其测定方法是将疏松的风干土样，通过长颈漏斗轻轻倒入容器，求其最小重度，进而换算得到最大孔隙比；

e_{min}——砂土的最小孔隙比，即最密实状态的孔隙比，其测定方法是将疏松的风干土样分几次装入金属容器，并加以振动和锤击，直到密度不变为止，求其最大重度，进而换算得到最小孔隙比；

e——砂土在天然状态下的孔隙比。

从上式可知，若砂土的天然孔隙比 e 接近于 e_{min}，D_r 接近 1，土呈密实状态；当 e 接近 e_{max} 时，D_r 接近 0，土呈疏松状态。按照 D_r 的大小将砂土分成下列三种状态：

密实：$1 \geqslant D_r > 0.67$；

中密：$0.67 \geqslant D_r > 0.33$；

松散：$0.33 \geqslant D_r > 0$。

相对密实度从理论上说是砂土的一种比较完善的密实度指标，反映了粒径级配、颗粒形状等因素，但由于测定 e_{max} 和 e_{min} 时，因人而异，平行试验反映出误差大，因此，在实际应用中有一定困难。此外，上述两种方法均需测得原状砂土的 e 值，但由于原状砂样难以取得（特别是地下水位以下的砂），这就一定程度上限制了上述两种方法的应用。

因此，《建筑地基基础设计规范》（GB 50007—2011）（以下均简称《地基规范》）和《岩土工程勘察规范》（GB 50021—2001）（以下简称《勘察规范》）用标准贯入试验锤击数来划分砂土的密实度，见表 1-5。标准贯入试验是将质量为 63.5kg 的重锤，从 76cm 高处自由落下，测得将贯入器击入土中 30cm 所需的锤击数来衡量砂土的密实度。

表 1-5　　　　　　　　　　砂 土 的 密 实 度

标准贯入试验锤击数 N	密实度
$N \leqslant 10$	松散
$10 < N \leqslant 15$	稍密
$15 < N \leqslant 30$	中密
$N > 30$	密实

2. 碎石土的密实度

碎石土既不易获得原状土样，也难于将贯入器击入土中。对这类土可根据《地基规范》和《勘察规范》要求，用重型动力触探击数来划分碎石土的密实度（表 1-6）。

表 1-6　　　　　　　　　　碎 石 土 的 密 实 度

重型圆锥动力触探锤击数 $N_{63.5}$	密实度	重型圆锥动力触探锤击数 $N_{63.5}$	密实度
$N_{63.5} \leqslant 5$	松散	$10 < N_{63.5} \leqslant 20$	中密
$5 < N_{63.5} \leqslant 10$	稍密	$N_{63.5} > 20$	密实

注　本表适用于平均粒径等于或小于 50mm，且最大粒径小于 100mm 的碎石土。对于平均粒径大于 50mm，或最大粒径大于 100mm 的碎石土，可用超重型动力触探或用野外观察鉴别。

1.5　土 的 渗 透 性

1.5.1　达西定律

土的渗透性（透水性）是指水流通过土中孔隙的难易程度。地下水的补给（流入）与排泄（流出）条件，以及土中水的渗透速度都与土的渗透性有关。在考虑地基土的沉降速率和地下水的涌水量时都需要了解土的渗透性指标。

为了说明水在土中渗流时的一个重要规律，可进行如图 1-8 所示的砂土渗透试验。试验时将土样装在长度为 l 的圆柱形容器中，水从土样上端注入并保持水头不变。由于土样两端存在着水头差 h，故水在土样中产生渗流。试验证明，水在土中的渗透速度与水头差 h 成正

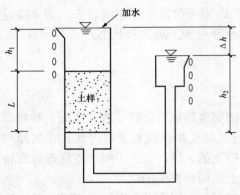

图 1-8　砂土渗透试验示意图

比，而与水流过土样的距离 l 成反比，亦即

$$v = k\frac{h}{l} = ki \qquad (1\text{-}18)$$

式中　v——水在土中的渗透速度，单位为 mm/s（s 为秒），它不是地下水在孔隙中流动的实际速度，而是在单位时间（s）内流过土的单位截面积（mm^2）的水量（mm^3）；

i——水力梯度，或称水力坡降，$i=h/l$，即土中两点的水头差 h 与水流过的距离 l 的比值；

k——土的渗透系数，mm/s，表示土的透水性质的常数。

在式（1-18）中，当 $i=1$ 时，$k=v$，即土的渗透系数的数值等于水力梯度为 1 时的地下水的渗透速度。k 值的大小反映了土透水性的强弱。

式（1-18）是达西（H. Darcy）根据砂土的渗透试验得出的，故称为达西定律，或称为直线渗透定律。土的渗透系数可以通过室内渗透试验或现场抽水试验来测定。各种土的渗透系数变化范围参见表 1-7。

表 1-7　　　　　　　　　　各种土的渗透系数参考值

土的名称	渗透系数（cm/s）	土的名称	渗透系数（cm/s）
致密黏土	$<10^{-7}$	粉砂、细砂	$10^{-2} \sim 10^{-4}$
粉质黏土	$10^{-6} \sim 10^{-7}$	中砂	$10^{-1} \sim 10^{-2}$
粉土、裂隙黏土	$10^{-4} \sim 10^{-6}$	粗砂、砾石	$10^{2} \sim 10^{-1}$

【小贴士】

达西定律 $v=ki$；欧姆定律 $I=U/R$。二者的物理机理却有类比之处：i 与 U（水力梯度与电压）都是一种"势"；$1/k$ 与 R（渗透系数的倒数与电阻）是一种阻；v 与 I（水流速与电流）是一种"流"。亦即"流"正比于"势"，反比于"阻"。

天然土体在竖直方向往往具有成层分布的特点。针对成层土中水在竖直方向和水平方向流动时土体的渗透系数计算问题，引入水平等效渗透系数 k_h 与垂直等效渗透系数 k_v。前者 $k_h = \dfrac{\sum H_i k_i}{\sum H_i}$，后者 $k_v = \dfrac{\sum H_i}{\sum \dfrac{H_i}{k_i}}$（公式推导略去）。其中 H_i——各土层厚度；k_i——各土层渗透系数。通过算例可以发现对于渗透系数差别很大的多层土，前者数量级往往由渗透系数最大的那层土控制；而后者基本上由渗透系数最小的那层土控制。例如如果 N 层土中，有一层极薄的完全不透水层（例如塑料膜），则垂直方向的水便无法渗透，等效垂直渗透系数 k_v 也就为 0，而在水平方向它就可以忽略了。形象地讲，k_h 似乎是各级官员开会，由官大的说了算；k_v 却似联合国常任理事国开会，实行一票否决制。

1.5.2　动水力及渗流破坏

地下水的渗流对土单位体积内的骨架所产生的力称为动水力，或称为渗透力。它是一种

体积力，单位为 kN/m³。动水力可按下式计算

$$j = \gamma_\mathrm{w} i \qquad\qquad (1\text{-}19)$$

式中　j——动水力，kN/m³；

　　　γ_w——水的重度；

　　　i——水力梯度。

当渗透水流自下而上运动时，动水力方向与重力方向相反，土粒间的压力将减少。当动水力等于或大于土的有效重度 γ' 时，土粒间的压力被抵消，于是土粒处于悬浮状态，土粒随水流动。这种现象称为流土。

动水力等于土的有效重度时的水力梯度叫做临界水力梯度 i_cr，$i_\mathrm{cr} = \gamma'/\gamma_\mathrm{w}$。土的有效重度 γ' 一般在 $8\sim12\mathrm{kN/m^3}$ 之间，因此 i_cr 可近似地取 1。

在地下水位以下开挖基坑时，如从基坑中直接抽水，将导致地下水从下向上流动而产生向上的动水力。当水力梯度大于临界值时，就会出现流土现象。这种现象在细砂、粉砂、粉土中较常发生，给施工带来很大的困难，严重的还将影响邻近建筑物地基的稳定。如果水自上而下渗流，动水力使土粒间应力即有效应力增加，从而使土密实。

防治流土的原则及措施：

（1）沿基坑四周设置连续的截水帷幕，阻止地下水流入基坑内。

（2）减小或平衡动水力，例如将板桩打入坑底一定深度，增加地下水从坑外流入坑内的渗流路线，减小水力梯度，从而减小动水力，也可采取人工降低地下水位，还可采用水下开挖的方法。

（3）使动水力方向向下，例如采用井点降低地下水位时，地下水向下渗流，使动水力方向向下，增大了土粒间的压力，从而有效地制止流土现象的发生。

（4）冻结法，对重要工程，若流土较严重，可考虑采用冷冻方法使地下水冻结，然后开挖。

当土中渗流的水力梯度小于临界水力梯度时，虽不致诱发流土现象，但土中细小颗粒仍有可能穿过粗颗粒之间的孔隙被渗流挟带而去，时间长了，在土层中将形成管状空洞。这种现象称为管涌或潜蚀。流土和管涌是土的两种主要的渗透破坏形式。其中流土的渗流方向是向上的，而管涌是沿着渗流方向发生的，不一定向上；流土一般发生在地表，也可能发生在两层土之间，而管涌可以发生在渗流逸出处，也可能发生在土体内部；不管黏性土还是粗粒土都可能发生流土，而管涌不会发生在黏性土中。我国工程界常将砂土的流土称为流砂，而将黏土的流土称为突涌。准确地讲，流砂的内涵更广一些，不限于流土。

1.6　土的工程分类

地基土的合理分类具有重要的工程实际意义。自然界土的成分、结构及性质千变万化，表现的工程性质也各不相同。如果能把工程性质接近的一些土归在同一类，那么就可以大致判断这类土的工程特性，评价这类土作为建筑物地基或建筑材料的适用性及结合其他物理性质指标确定该地基的承载力。对于无黏性土，同等密实度条件下，颗粒级配对其工程性质起着决定性的作用，因此颗粒级配是无黏性土工程分类的依据和标准；而对于黏性土，由于它与水作用十分明显，土粒的比表面积和矿物成分在很大程度上决定这种土的工程性质，而体

现土的比表面积和矿物成分的指标主要有液限和塑性指数，所以液限和塑性指数是对黏性土进行分类的主要依据。

目前我国土的工程分类方法主要分为两大类：

（1）建筑工程系统分类体系。该体系侧重把土作为建筑地基和环境，研究对象为原状土，例如《地基规范》地基土分类方法。

（2）工程材料系统分类体系。该体系侧重把土作为建筑材料，用于路堤、土坝和填土地基工程。研究对象为扰动土，例如《土的分类标准》（GB/T 50145—2007）。

下面介绍《地基规范》关于地基土的分类方法。

该规范中关于土的分类原则，对粗颗粒土，考虑了其结构和颗粒级配；对细颗粒土，考虑了土的塑性和成因，并且给出了岩石的分类标准。它将天然土分为岩石、碎石土、砂类土、粉土、黏性土和人工填土6大类。

1. 岩石

岩石是颗粒间牢固联结，呈整体或具有节理、裂隙的岩体。它作为建筑场地和建筑地基可按下列原则分类：

（1）按成因不同可分为岩浆岩、沉积岩、变质岩。

（2）按岩石的坚硬程度即岩块的饱和单轴抗压强度 f_{rk} 可分为坚硬岩、较硬岩、较软岩、软岩和极软岩5类，见表1-8。

表1-8　　　　　　　　　　　　　岩石坚硬程度的划分

坚硬程度类别	坚硬岩	较硬岩	较软岩	软岩	极软岩
饱和单轴抗压强度标准值 f_{rk}（MPa）	$f_{rk} > 60$	$60 \geqslant f_{rk} > 30$	$30 \geqslant f_{rk} > 15$	$15 \geqslant f_{rk} > 5$	$f_{rk} \leqslant 5$

（3）按岩土完整程度可划分为完整、较完整、较破碎、破碎和极破碎5类，见表1-9。

表1-9　　　　　　　　　　　　　岩 体 完 整 程 度 划 分

完整程度等级	完 整	较完整	较破碎	破 碎	极破碎
完整性指数	>0.75	0.75~0.55	0.55~0.35	0.35~0.15	<0.15

注　完整性指数为岩体纵波波速与岩块纵波波速之比的平方。选定岩体、岩块测定波速时应有代表性。

（4）按风化程度可分为未风化、微风化、中风化、强风化和全风化5种。其中微风化或未风化的坚硬岩石为最优良地基。强风化或全风化的软岩石，为不良地基。

2. 碎石土

粒径大于2mm的颗粒含量超过全重50%的土称为碎石土。

根据颗粒形状和粒组含量，碎石土又可细分为漂石、块石、卵石、碎石、圆砾和角砾6种，详见表1-10。

表1-10　　　　　　　　　　　　　碎 石 土 分 类

土的名称	颗粒形状	粒组含量
漂石	圆形及亚圆形为主	粒径大于200mm的颗粒含量超过全重50%
块石	棱角形为主	
卵石	圆形及亚圆形为主	粒径大于20mm的颗粒含量超过全重50%
碎石	棱角形为主	

续表

土的名称	颗粒形状	粒组含量
圆砾	圆形及亚圆形为主	粒径大于 2mm 的颗粒含量超过全重 50%
角砾	棱角形为主	

注　分类时应根据粒组含量栏从上到下以优先符合者确定。

常见的碎石土，强度高、压缩性低、透水性好，为优良地基。

3. 砂类土

粒径大于 2mm 的颗粒含量不超过全部质量的 50%，且粒径大于 0.075mm 的颗粒含量超过全部质量 50% 的土，称为砂类土。砂类土根据粒组含量的不同又细分为砾砂、粗砂、中砂、细砂和粉砂 5 种，详见表 1-11。

表 1-11　砂土的分类

土的名称	粒组含量
砾砂	粒径大于 2mm 的颗粒含量占全重 25%～50%
粗砂	粒径大于 0.5mm 的颗粒含量超过全重 50%
中砂	粒径大于 0.25mm 的颗粒含量超过全重 50%
细砂	粒径大于 0.075mm 的颗粒含量超过全重 85%
粉砂	粒径大于 0.075mm 的颗粒含量超过全重 50%

注　分类时应根据粒组含量栏从上到下以最先符合者确定。

砂土的密实度标准详见 1-5。其中，密实与中密状态的砾砂、粗砂、中砂为优良地基；稍密状态的砾砂、粗砂、中砂为良好地基；密实状态的细砂、粉砂为良好地基；饱和疏松状态的细砂、粉砂为不良地基。

4. 粉土

粒径大于 0.075mm 的颗粒含量不超过全部质量的 50%，且塑性指数 $I_P \leqslant 10$ 的土，称为粉土。粉土的性质介于砂类土和黏性土之间，粉土的密实度一般用天然孔隙比来衡量，参考表 1-12。其中，密实的粉土为良好地基；饱和稍密的粉土在振动荷载作用下，易产生液化，为不良地基。

表 1-12　粉土的密实度标准

天然孔隙比 e	$e>0.90$	$0.75 \leqslant e < 0.90$	$e<0.75$
密实度	稍密	中密	密实

5. 黏性土

塑性指数 $I_P>10$，且粒径大于 0.075mm 的颗粒含量不超过全部质量 50% 的土，称为黏性土。黏性土又可细分为黏土和粉质黏土（亚黏土）两种，详见表 1-13。

黏性土的工程性质与其密实度和含水量的大小密切相关。密实硬塑的黏性土为优良地基；疏松流塑状态的黏性土为软弱地基。

表 1-13　黏性土的分类标准

塑性指数 I_P	土的名称
$I_P>17$	黏土
$10<I_P \leqslant 17$	粉质黏土

注　塑性指数由相应于 76g 圆锥体沉入土样中深度为 10mm 时测定的液限计算而得。

6. 人工填土

由人类活动堆填形成的各类堆积物，称为人工填土。人工填土依据其组成物质可细分为4种，详见表1-14。

表 1-14　　　　　　　　　　　人工填土按组成物质分类

组成物质	土的名称
碎石土、砂土、粉土、黏性土等	素填土
建筑垃圾、工业废料、生活垃圾等	杂填土
水力冲刷泥沙的形成物	冲填土
经过压实或夯填的素填土	压实填土

通常人工填土的工程性质不良，强度低，压缩性大且不均匀。压实填土相对较好，杂填土工程性质最差。

除了上述 6 大类岩土，自然界中还分布着许多具有特殊性质的土，如淤泥、淤泥质土、红黏土、湿陷性黄土、膨胀土、冻土等。他们的性质与上述 6 大类岩土不同，需要区别对待。

（1）淤泥和淤泥质土。这类土在静水或缓慢的流水环境中沉积，并经生物化学作用形成。其中，天然含水量大于液限、天然孔隙比大于或等于 1.5 的黏性土称为淤泥；天然含水量大于液限，而天然孔隙比小于 1.5 但大于 1.0 的黏性土或粉土，称为淤泥质土。

这类土，压缩性高，强度低，透水性差，是不良地基。

（2）膨胀土。黏粒成分主要由亲水矿物组成，同时具有显著的吸水膨胀和失水收缩变形特性，自由膨胀率大于或等于 40% 的黏性土，称为膨胀土。

这类土虽然强度高，压缩性低；但遇水膨胀隆起，失水收缩下沉，会引起地基的不均匀沉降，对建筑物危害极大。

（3）红黏和次生红黏土。红黏土为碳酸盐岩系的岩石经红土化作用形成的高塑性黏土，其液限一般大于 50%。红黏土经再搬运后仍保留其基本特征，但液限大于 45% 的土为次生红黏土。

以上 3 类特殊土均属于黏性土的范畴。

【例 1-2】　有一砂土试样，经筛析后各粒组含量的百分数见表 1-15。试确定砂土的名称。

表 1-15　　　　　　　　　　土样筛分试验结果

粒组（mm）	<0.075	0.075~0.1	0.1~0.25	0.25~0.5	0.5~1.0	>1.0
含量（%）	8.0	15.0	42.0	24.0	9.0	2.0

解　由表 1-15 数据和表 1-11 的标准可知：

粒径 $d > 0.075$mm 的颗粒含量占 92%（>85%），可定义为细砂；

粒径 $d > 0.075$mm 的颗粒含量占 92%（>50%），可定义为粉砂。

但根据表 1-11 的注解，应根据粒径由大到小，以先符合者确定；所以该砂土应定名为细砂。

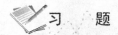 习　题

1-1　某工程地基土层，取原状土 72cm³，测得湿土质量为 128g，烘干后的质量为 121g，土粒比重为 2.70，试计算土样的含水量、天然密度、饱和重度、干重度、浮重度、孔隙比、孔隙率及饱和度。

1-2　已知一黏性土样，土粒比重 $G_s=2.70$，天然重度 $\gamma=17.5\mathrm{kN/m^3}$，含水率为 35%，试问该土样是否饱和，饱和度是多少？

1-3　一土样，颗粒分析结果见表 1-16，试确定该土样的名称。

表 1-16　　　　　　　　　　　　颗 粒 分 析 结 果

粒径（mm）	2～0.5	0.5～0.25	0.25～0.075	0.075～0.005	0.005～0.001	<0.001
粒组含量（%）	5.6	17.5	27.4	24.0	15.5	10.0

1-4　某完全饱和的土样，含水率为 30%，液限为 29%，塑限为 17%，试按塑性指数定名，并确定其状态。

1-5　试证明以下关系式

(1)　$\gamma_d=\dfrac{G_s}{1+e}\gamma_w$；

(2)　$S_r=\dfrac{wG_s}{n}(1-n)$。

1-6　某砂性土样密度为 1.75g/cm³，含水率为 10.5%，土粒比重为 2.68，试验测得最小孔隙比为 0.46，最大孔隙比为 0.941，试求该砂土样的相对密实度 D_r。

1-7　设有 1m³ 的石块，孔隙比 $e=0$，打碎后孔隙比 $e=0.5$，再打碎后孔隙比 $e=0.6$，求第一次与第二次打碎后的体积。

第2章 地 基 应 力

2.1 概 述

地基土中应力指土体在自身重力、建筑物和构筑物荷载，以及其他因素（如土中水的渗流、地震、人工降水、基坑开挖等）作用下，土中产生的应力。土中应力过大时，会使土体因强度不够发生破坏，甚至使土体发生滑动失去稳定。此外，土中应力的增加会引起土体变形，使建筑物发生沉降，倾斜以及水平位移。因此，土中应力计算是地基沉降计算和地基稳定性分析的基础，也是分析地基固结过程的重要依据。

为分析问题的方便，按土中应力产生的原因，可分为自重应力与附加应力，前者是由于土受到重力作用而产生的，而后者是由于受到建筑物、基坑开挖、人工降水等外部作用而产生的。由于产生的条件不同，其分布规律和计算方法也有所不同。对于建筑物地基而言，由于地基土在水平方向及深度方向相对于建筑物基础的尺寸，可以认为是无限延伸的。因此在土中附加应力的简化分析时，可将荷载看作是作用在半无限空间体的表面，并假定地基土是均匀的、各向同性的弹性体，而采用弹性力学的有关理论进行计算。虽与地基土的实际性质不完全一致（如土的颗粒松散、黏性土具有明显塑性变形等），但工程上认为其误差一般都能满足要求。

由于土是散粒体，一般不能承受拉力，在土中出现拉应力的情况很少。因此规定法向应力以压应力为正，拉应力为负，与一般固体力学中符号的规定相反。剪应力的正负号规定是：当剪应力作用面上的法向应力方向与坐标轴的正方向一致时，则剪应力的方向与坐标轴正方向一致时为正，反之为负；若剪应力作用面上的法向应力方向与坐标轴正方向相反时，则剪应力的方向与坐标轴正方向相反时为正，反之为负。

地基中的典型应力状态一般有如下3种类型。

1. 三维应力状态（空间应力状态）

局部荷载作用下，地基中的应力状态均属于三维应力状态。三维应力状态是建筑物地基中最普遍的一种应力状态，例如独立柱基础下，地基中各点应力就是典型的三维空间应力状态。

2. 二维应变状态（平面应变状态）

由于土不能切成薄片受力，故土中二维问题往往都是平面应变问题而不是平面应力问题。当建筑物基础一个方向的尺寸比另一个方向的尺寸大得多，且每个横截面上的应力大小和分布形式均一样时，在地基中引起的应力状态，即可简化为二维应变状态，堤坝、水闸或挡土墙下地基中的应力状态即属于这一类问题。

3. 侧限应力状态

侧限应力状态是指侧向应变为零的一种应力状态，地基在自重作用下的应力状态即属于此种应力状态。由于把地基视为半无限弹性体，因此同一深度处的土单元受力条件均相同，土体不能发生侧向变形，只能发生竖直向的变形。又由于任何竖直面都是对称面，故在任何竖直面和水平面都不会有剪应力存在。又因为土的强度是土骨架的抗剪强度，因此，在侧限应力状态下，土是不会破坏的。比如地基仅在自重作用下是不会破坏的。

2.2 有效应力原理

1923 年，太沙基提出了土力学中最重要的理论——有效应力原理，才建立起量化的分析计算方法。紧接着他总结了前人关于土的性状的研究成果，结合他创建的单向渗流固结理论，于 1925 年发表了他的题为《建立在土的物理学基础的土力学》的著作。人们把该书的出版看成是土力学学科的诞生，可见这一理论在土力学中的重要地位。下面通过一些生活中的例子来引起一些思考。

为什么在两个物体的表面涂抹润滑油就能减小摩擦？相反使用清洁剂将润滑油洗去便增加了摩擦呢？将一块土扔进海里，随着土块下沉，水压不断增加，增大的水压是否会将土块压碎呢？为什么经常听说过度抽取地下水会引起地表沉降呢？同样两个刚被抽干的池塘，一个池塘里灌满水，另一个池塘回填与水同样重的砂土，一段时间后，为什么前者池塘底部的淤泥没什么变化，而后者底部的淤泥会被压缩变形呢？在车辆轮胎和鞋底上刻槽防滑的原理到底是什么呢？

以上问题的回答，就需要从有效应力原理中寻求答案。饱和土的有效应力原理表达式为

$$\sigma = \sigma' + u \qquad\qquad (2\text{-}1)$$

式中 σ——总应力；

     σ'——有效应力，通过土粒承受和传递，作用在土骨架上的粒间应力；

     u——孔隙水压力。

上式说明，饱和土中的总应力 σ 由土颗粒骨架和孔隙水两者共同分担，即总应力 σ 等于土骨架承担的有效应力 σ' 与孔隙水承担的孔隙水压力 u 之和。土颗粒间的有效应力作用会引起土颗粒的位移，使孔隙体积改变，土体发生压缩变形。同时，有效应力的大小也影响土的抗剪强度。因此，关于该原理，需从以下几点来认识：

(1) 所谓有效应力 σ' 实际是一个虚拟的物理量，它是土颗粒间接触点力的竖向分量的总和除以土体的总面积，它比颗粒间实际接触应力要小得多。

(2) 土的有效应力等于总应力减去孔隙水压力。

(3) 土的有效应力控制了土体的变形及强度。这意味着引起土的体积压缩和抗剪强度发生变化的原因，并不是作用在土体上的总应力，而是总应力与孔隙水压力之间的差值——有效应力。孔隙水压力本身并不能使土发生变形和强度的变化。这是因为水压力各方向相等，均衡作用于每个土颗粒周围，因而不会使土颗粒移动，导致孔隙体积变化。它除了使土颗粒受到浮力外，只能使土颗粒本身受到静水压力，而固体颗粒的压缩模量很大，本身的压缩可以忽略不计。另外，水不能承受剪应力，因此孔隙水压力自身的变化也不会引起土的抗剪强度的变化。但是应当注意，当总应力保持常数时，孔隙水压发生变化将直接引起有效应力发生变化，从而使土体的体积和强度发生变化。因此，在后续章节中，经常通过有效应力原理来计算有效应力进而讨论土体的强度和变形问题。

基于有效应力原理便可以很容易解释上述提出的问题。问题一，在两物体之间涂抹润滑

油，物体表面上便形成一层油膜，在压力作用下，产生一定的孔隙水压（油压），根据有效应力原理，总应力不变，孔隙水压增大，有效应力减小，因为油（水）没有抗剪强度，不能提供摩擦力，只有固体颗粒间的有效应力能提供摩擦力，因为有效应力减小了，所以摩擦力也就减小，从而起到润滑的作用；问题二，恰好相反，除去润滑油，相当于减小孔隙水压（油压），增加有效应力，进而增加摩擦力；问题三，土块扔进海里，随深度增加，水压不断增加，但海水同时进入到土体孔隙中，所以土体中的孔隙水压随之增加，而作用在土骨架上的有效应力为零，所以土体不会被压碎（当然在水的作用下崩解是另一回事）。但若在土体外包一层塑料薄膜，再扔进海里，由于土体里面的孔隙水压力没有增加，水压力全部作用在土骨架上（有效应力），土块很快被压碎。问题四，池塘里装满水，作用在淤泥上的总压力是孔隙水压，而有效应力为零，但是砂土堆在上面则作用在淤泥上的总应力却是有效应力，所以后者淤泥会被压缩；问题五，车辆轮胎及鞋底的刻槽是为了增加排水通道，便于雨天路面泥水的排除，因为泥水排走了，孔隙水压就减小了，而总应力不便的情况下，有效应力就增加了，有效应力（鞋底或轮胎与地面固体颗粒的接触应力）增加带来摩擦力的增加，进而起到防滑的功能。

通过以上例子，希望读者对有效应力原理有一定认识，以便于对后续知识的正确理解。

【小贴士】

太沙基跌倒与有效应力原理的发现

话说有一次太沙基雨天在外边走，不留神滑了一跤。他想起牛顿被苹果砸了一下发现了万有引力理论，而自己也不应白跌这一跤。他没有急于爬起来，而是仔细观察黏土地面，下雨路滑是常识，为什么人在饱和黏土上快走容易滑倒，而在干黏土和饱和砂土上不易滑倒呢？他陷入了思考。他又仔细观察，发现鞋底很光滑，滑倒处地面上有一层水膜。于是他认识到：作用在饱和土体上的总应力，有作用在土粒骨架上的有效应力和作用在孔隙水上的孔隙水压力两部分组成。前者会产生摩擦力，提供人前进所需要的反力；后者没有抗剪强度，当然不会提供摩擦力。人踏在饱和黏土上的瞬间，总应力转化为超静孔隙水压，而黏土渗透系数又小，快行一步的时间内超静孔隙水压来不及消散（排水）而转化为有效应力（这也就是后面要讲到的固结理论的雏形），因而人快步行走就会滑倒，这样，著名的"有效应力原理"就形成了。可见智者失足，必有所得；愚者跌倒，怨天尤人。

2.3 土的自重应力

2.3.1 基本计算公式

如图 2-1 所示，假定土体为均质的半无限弹性体，地基土重度为 γ。土体在自身重力作用下，其任一竖直切面上均无剪应力存在（$\tau=0$），即为侧限应力状态。取高度为 z，截面积 $A=1$ 的土柱为隔离体，假定土柱体重量为 F_w，底面上的应力大小为 σ_{sz}，则由 z 方向力的平衡条件可得 $\sigma_{sz}A=F_w=\gamma zA$。于是，可得土中自重应力计算公式为

$$\sigma_{sz} = \gamma z \qquad (2\text{-}2)$$

可以看出，自重应力随深度呈线性增加，为三角形分布。

2.3.2 成层土体及有地下水存在时的计算公式

1. 成层土体的计算公式

地基土往往是成层的，不同的土层具有不同的重度。设各土层厚度及重度分别为 h_i 和 γ_i（$i=1$，2，…，n）。则根据与式（2-2）类似的推导，可得在第 n 层土的底面上自重应力的计算公式为

$$\sigma_{sz} = \gamma_1 h_1 + \gamma_2 h_2 + \cdots + \gamma_n h_n = \sum_{i=1}^{n} \gamma_i h_i \tag{2-3}$$

图 2-2 给出两层土的情况。由于每层土的重度 γ_i 值不同，故自重应力沿深度的分布呈折线形状。

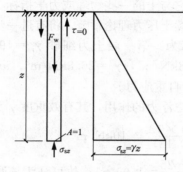

图 2-1 土中的自重应力   图 2-2 成层土的自重应力分布

2. 有地下水存在时的计算公式

当有地下水存在时，计算地下水位以下的自重应力，应根据土的性质首先确定是否需要考虑水的浮力作用。对于砂性土一般应该考虑浮力作用，而黏性土则根据其物理状态而定。一般认为，当水下黏性土的液性指数 $I_L \geqslant 1$ 时，土处于流动状态，土颗粒间有大量自由水存在，土体受到水的浮力作用；当其液性指数 $I_L < 0$ 时，土处于固体或半固体状态，土中自由水受到颗粒间结合水膜的阻碍而不能传递静水压力，此时土体便不受水的浮力作用；而当 $0 < I_L < 1$ 时，土处于塑性状态，此时很难确定土颗粒是否受到水的浮力作用，在实践中一般按最不利状态来考虑。

如果地下水位以下的土受到水的浮力作用，则水下部分土的自重应力按有效应力考虑，为简化计算，则水下部分土的重度按有效重度（浮重度）γ' 计算，其计算方法类似于成层土的情况（图 2-3）。如果地下水以下埋藏有不透水层（如岩层或只含结合水的坚硬黏土层），此时由于不透水层中不存在水的浮力作用（或者说由于不透水层中没有孔隙水压力所以其有效应力就是上覆土层的全部总应力）；因此不透水层顶面及以下的自重应力应按上覆土层的水土总重计算。这样，上覆土层与不透水层交界面处上下的自重应力将发生突变。

2.3.3 水平向自重应力的计算

土体在重力作用下，在竖直和水平方向均有应力分量。这与在桶里装满水，水对桶底有压力，同

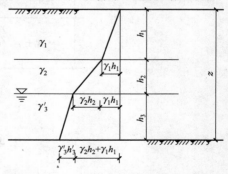

图 2-3 有地下水存在时土中自重应力分布

时对桶壁也有压力的道理一样。试想：在地面挖一个大坑，如果没有任何支撑作用，则坑壁会往临空方向位移甚至垮塌。为了防止位移垮塌，需在坑壁上水平方向施加支撑力，假设在某支撑力的作用下使得坑壁没有水平位移，那么此时的水平支撑力便是土体在重力作用下的水平应力分量。

将土体抽象成完全弹性体侧限应力状态，根据弹性理论可得到水平方向自重应力

$$\sigma_{sx} = \sigma_{sy} = \frac{\mu}{1-\mu}\sigma_{sz} = K_0\sigma_{sz} \tag{2-4}$$

式中，$K_0 = \dfrac{\mu}{1-\mu}$ 为土的静止侧压力系数或静止土压力系数；μ 为泊松比。K_0 根据土的种类和密度不同而不同，可通过试验来确定。此外，由于它与土的一些物理或力学指标存在着较好的相关关系，故也可通过这些指标来间接获得，后续土压力理论章节，将有进一步讨论。

【例 2-1】 如图 2-4 所示，土层的物理性质指标为：第一层土为细砂 $\gamma_1 = 19\text{kN/m}^3$，$\gamma_s = 25.9\text{kN/m}^3$，$w=18\%$；第二层为黏土，$\gamma_2 = 16.8\text{kN/m}^3$，$\gamma_s = 26.8\text{kN/m}^3$，$w=50\%$，$w_L = 48\%$，$w_P = 25\%$，并有地下水存在。试计算图中自重应力。

解 第一层土为细砂，地下水位以下的细砂要考虑浮力的作用，其有效重度 γ' 为

$$\gamma' = \frac{(\gamma_s - \gamma_w)\gamma}{\gamma_s(1+w)} = \frac{(25.9-9.81)\times 19}{25.9\times(1+0.18)} = 10\text{kN/m}^3$$

第二层为黏土层，其液性指数 $I_L = \dfrac{w-w_P}{w_L-w_P} = \dfrac{50-25}{48-25} = 1.09 > 1$；故可认为该黏土层受到水的浮力作用，其有效重度为 $\gamma' = \dfrac{(26.8-9.81)\times 16.8}{26.8\times(1+0.5)} = 7.1\text{kN/m}^3$。

a 点：$z=0$，$\sigma_{sz} = \gamma z = 0$。

b 点：$z=2\text{m}$，$\sigma_{sz} = \gamma z = 19\times 2 = 38\text{kPa}$。

c 点：$z=5\text{m}$，$\sigma_{sz} = \sum \gamma_i h_i = 19\times 2 + 10\times 3 = 68\text{kPa}$。

d 点：$z=9\text{m}$，$\sigma_{sz} = 19\times 2 + 10\times 3 + 7.1\times 4 = 96.4\text{kPa}$。

土层中的自重应力 σ_{sz} 分布如图 2-4 所示。

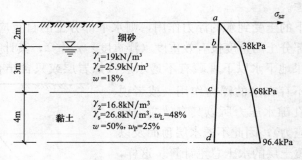

图 2-4 ［例 2-1］附图

2.4 基 底 压 力

外加荷载与上部结构和基础所受的全部重力都是通过基础传给地基的，作用于基础底面

传至地基的单位面积压力称为基底压力。由于基底压力作用于基础与地基的接触面，故也称之为接触压力。其反作用力即地基对基础的作用力，称为地基反力（基底反力）。因此，在计算地基中的附加应力以及确定基础结构时，都必须研究基底压力的计算方法和分布规律。

试验和理论都证明，基底压力的分布于多种因素有关，如基础的形状、平面尺寸、刚度、埋深、基础上作用荷载的大小及性质、地基土的性质等。如图 2-5（a）所示，若一个基础的抗弯刚度 $EI=0$，则这种基础相当于绝对柔性基础，基础底面的压力分布图形将与基础上作用的荷载分布图形相同，此时基础底面的沉降呈现中央大而边缘小的情形，属极端情况。实际工程中可以把柔性较大（刚度较小）能适应地基变形的基础看作是柔性基础，例如，如果近似假定土坝或路堤本身不传递剪应力，则由其自身重力引起的基底压力分布就与其断面形状相同，为梯形分布，如图 2-5（b）所示。

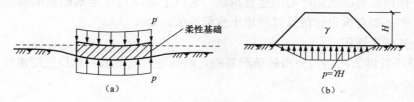

图 2-5　柔性基础底面的压力分布特征
（a）理想柔性基础；（b）堤坝下基底压力

对于一些刚度很大（$EI=\infty$），不能适应地基变形的基础可以视为刚性基础，例如，采用大块混凝土实体结构的桥梁墩台基础，如图 2-6 所示，属另一极端情况。由于刚性基础不会发生挠曲变形；所以在中心荷载作用下，基底各点的沉降是相同的，这时基底压力分布为马鞍形分布，即呈现中央小而边缘大（按弹性理论的解答，边缘应力为无穷大）的情形，如图 2-6（a）所示。随着作用荷载的增大，基础边缘应力也相应增大，该处地基土将首先产生塑性变形，边缘应力不再增加，而中央部分则继续增大，从而使基底压力重新分布，呈抛物线分布，如图 2-6（b）所示。

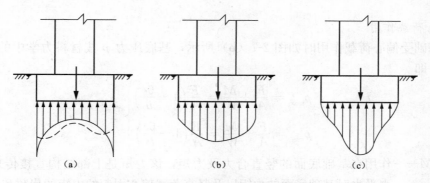

图 2-6　刚性基础底面的压力分布特征
（a）马鞍形分布；（b）抛物线分布；（c）钟形分布

如果作用荷载继续增大，则基底压力会继续发展为钟形分布，如图 2-6（c）所示。这表明，刚性基础底面的压力分布形状同荷载大小有关。实际工程中许多基础的刚度一般均处于上述两种极端情况之间，称为弹性基础。对于有限刚度基础（弹性基础）底面的压力分布，可根据基础的实际刚度及土的性质，用弹性地基上梁和板的方法数值计算方法进行计算，具体可参阅有关文献。

总之，精确地确定基底压力大小及分布是一个相当复杂的问题。目前在工程实践中，一般将基底压力分布近似按直线变化考虑，根据材料力学公式进行简化计算。下面将分别从中心荷载和偏心荷载两方面来讨论基底压力的简化计算。

1. 中心荷载作用

当荷载作用在基础形心处时如图 2-7 所示，基底压力 p 按材料力学中的中心受压公式计算，即

$$p = \frac{F}{A} \tag{2-5}$$

式中　F——作用在基础底面中心的竖直荷载。包括上部结构传至基础顶面的竖向力设计值和基础自重设计值及其回填土重标准值，kN；

　　　A——基础底面积。

对于荷载沿长度方向均匀分布的条形基础，沿长度方向截取一单位长度进行基底压力的计算。

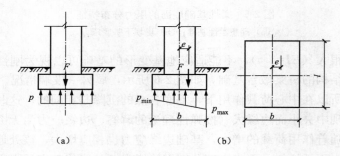

图 2-7　基底压力简化计算方法
(a) 中心荷载作用时；(b) 偏心荷载作用时

2. 偏心荷载作用

矩形基础受偏心荷载作用时如图 2-7 (b) 所示，基底压力 p 按材料力学中的偏心受压公式计算，即

$$\left. \begin{aligned} p_{\max} &= \frac{F}{A} + \frac{M}{W} = \frac{F}{A}\left(1 + \frac{6e}{b}\right) \\ p_{\min} &= \frac{F}{A} - \frac{M}{W} = \frac{F}{A}\left(1 - \frac{6e}{b}\right) \end{aligned} \right\} \tag{2-6}$$

式中　F, M——作用在基础底面的竖直合力及力矩，该力矩是上部结构直接传来的弯矩、水平力对基础底面的力矩以及竖直荷载偏心引起的力矩的代数和；

　　　e——荷载偏心距，$e = \dfrac{M}{F}$；

　　　W——基础底面的抗弯矩截面系数，对矩形基础 $W = \dfrac{lb^2}{6}$，其中 b 为力矩作用方向的基础尺寸。

由式（2-6）可知，根据荷载偏心距 e 的大小，基底压力分布可能会出现下述三种情况，如图 2-8 所示。

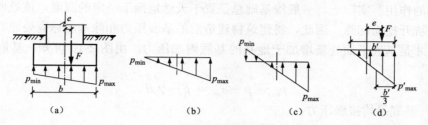

图 2-8　偏心荷载时基底压力分布的几种情况

(a) $e<\dfrac{b}{6}$；(b) $e=\dfrac{b}{6}$；(c) $e>\dfrac{b}{6}$；(d) $e>\dfrac{b}{6}$

（1）当 $e<\dfrac{b}{6}$ 时，$p_{min}>0$，基底压力呈梯形分布，如图 2-8（a）所示。

（2）当 $e=\dfrac{b}{6}$ 时，$p_{min}=0$，基底压力三角形分布，如图 2-8（b）所示。

（3）当 $e>\dfrac{b}{6}$ 时，$p_{min}<0$，表明距偏心荷载较远的基底边缘压力为负值，即会产生拉应力，如图 2-8（c）所示，但由于基底与地基土之间是不能承受拉应力的，此时产生拉应力部分的基底将与地基土脱离，而使基底压力重新分布。

如图 2-8（d）所示，假定重新分布后的基底最大压力为 p'_{max}，则根据新的平衡条件可得

$$p'_{max}=\dfrac{2F}{3\left(\dfrac{b}{2}-e\right)l} \tag{2-7}$$

实际上，这在工程上是不允许的，需进行设计调整，如调整基础尺寸或偏心距。

【**例 2-2**】　已知基底面积 $b\times l=2\times 3m^2$，基底中心处的偏心力矩为 $M=147kN/m$，竖向力合力 $F=490kN$，求基底压力。

解　$e=\dfrac{M}{F}=\dfrac{147}{490}=0.3m<\dfrac{b}{6}=0.5m$，故基底压力呈梯形分布。

$$\begin{matrix}p_{max}\\p_{min}\end{matrix}=\dfrac{F}{A}\left(1\pm\dfrac{6e}{b}\right)=\dfrac{490}{6}\left(1\pm\dfrac{6\times 0.3}{3}\right)=\begin{matrix}130.67kN/m^2\\32.67kN/m^2\end{matrix}$$

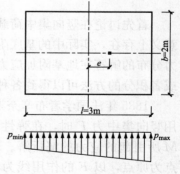

图 2-9　[例 2-2] 附图

基底压力分布图见图 2-9。本例需注意：一般在表示基础尺寸时，b 为短边，l 为长边，但在上述计算公式中，b 是特指力矩作用方向的尺寸，事实上，力矩作用方向常为长边方向，因此本例中的 l 是指公式中的 b。

2.5　基 底 附 加 压 力

建筑物建造前，地基中的自重应力已经存在。基底附加压力是作用在基础底面的压力与

基础底面处原来的土中自重应力之差。它是引起地基土内附加应力及其变形的直接因素。当然还有其他因素引起地基土中附加应力的改变，例如人工降水、地基土的干湿和温度变化、地震等外部的作用。实际上，一般浅基础总是置于天然地面下一定的深度，该处原有的自重应力由于基坑开挖而卸除。因此，将建筑物建造后的基底压力扣除基底标高处原有的土的自重应力后，才是基底平面处新增加于地基的基底附加压力。由图 2-10 可知，基底平均附加压力为

$$p_0 = p - \sigma_{sz} = p - \gamma_0 d \tag{2-8}$$

式中　p——基底平均接触压力；

　　　σ_{sz}——土中自重应力，基底处 $\sigma_{sz} = \gamma_0 d$；

　　　γ_0——基础底面标高以上天然土层的加权平均重度，$\gamma_0 = (\gamma_1 h_1 + \gamma_2 h_2 + \cdots)/(h_1 + h_2 + \cdots)$，其中，地下水位下的重度取有效重度；

　　　d——基础埋深，从天然地面算起，对于有一定厚度的新填土，应从原天然地面起算。

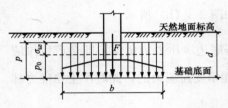

图 2-10　基底平均附加压力计算图

计算出基底附加压力后，即可把它看作是作用在弹性半空间表面上的局部荷载，在根据弹性理论算得地基土中的附加应力。需要指出，由于一方面基础本身埋深不大；另一方面基坑开挖的尺寸要比基础底面尺寸大一些。因此对于一般浅基础而言，这种假定所造成的误差可以忽略不计。下面将分别介绍几种常用的不同基底附加压力条件下（附加压力的形状和分布情况）的地基附加应力计算。

2.6　竖向集中力作用下的地基应力

首先讨论在竖向集中荷载作用下土中附加应力的计算。需要指出，集中荷载只是在理论意义上存在，实际中的基底附加压力都是具有一定形状的分布荷载。但集中荷载作用下的应力分布的解答在地基附加应力的计算中是一个最基本的公式。利用这一解答，通过叠加原理或者积分的方法可以得到各种分布荷载作用下土中应力的计算公式。

1885 年法国学者布辛奈斯克（J. Boussinesq）用弹性理论推出在半空间弹性体表面上作用竖向集中力 F 时，在弹性体内任意点 M 所引起的应力的解析解。若以 F 作用点为原点，以 F 的作用线为 Z 轴，建立起三轴坐标系（$OXYZ$），则 M 点坐标为（x，y，z）（图 2-11）。

布辛奈斯克得出任一点 M 的 σ 与 τ 的六个应力分量表达式，以及三个位移分量表达式，其中对沉降计算意义最大的是竖向法向应力分量 σ_z。

σ_z 的表达式为

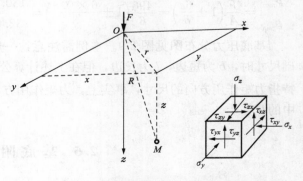

图 2-11　竖向集中荷载作用下土中的应力

$$\sigma_z = \frac{3Fz^3}{2\pi R^5} \tag{2-9}$$

式中 R——M 点至坐标原点 O 的距离；$R = \sqrt{x^2+y^2+z^2} = \sqrt{r^2+z^2}$

r——M 点在半空间表面的投影点至坐标原点 O 的距离；

利用几何关系 $R^2 = r^2 + z^2$，式（2-9）可改写为

$$\sigma_z = \frac{3Fz^3}{2\pi R^5} = \frac{3}{2\pi} \frac{1}{\left[1 + \left(\frac{r}{z}\right)^2\right]^{\frac{5}{2}}} \frac{F}{z^2} = \alpha \frac{F}{z^2} \tag{2-10}$$

式中 α——集中力作用下的地基竖向附加应力系数，$\alpha = f(r/z)$，由上式计算较为繁琐，故列表 2-1 以便查阅。

表 2-1　　　　　　　　　　集中力作用下的竖向附加应力系数 α

r/z	α	r/z	α	r/z	α	r/z	α	r/z	α
0.00	0.4775	0.50	0.2733	1.00	0.0844	1.50	0.0251	2.00	0.0085
0.05	0.4745	0.55	0.2466	1.05	0.0744	1.55	0.0224	2.20	0.0058
0.10	0.4657	0.60	0.2214	1.10	0.0658	1.60	0.0200	2.40	0.0040
0.15	0.4516	0.65	0.1978	1.15	0.0581	1.65	0.0179	2.60	0.0029
0.20	0.4329	0.70	0.1762	1.20	0.0513	1.70	0.0160	2.80	0.0021
0.25	0.4103	0.75	0.1565	1.25	0.0454	1.75	0.0144	3.00	0.0015
0.30	0.3849	0.80	0.1386	1.30	0.0402	1.80	0.0129	3.50	0.0007
0.35	0.3577	0.85	0.1226	1.35	0.0357	1.85	0.0116	4.00	0.0004
0.40	0.3294	0.90	0.1083	1.40	0.0317	1.90	0.0105	4.50	0.0002
0.45	0.3011	0.95	0.0956	1.45	0.0282	1.95	0.0095	5.00	0.0001

【例 2-3】　在半无限土体表面作用以集中力 $F = 200\text{kN}$，计算底面深度 $z = 3\text{m}$ 处水平面上的竖向法向应力 σ_z 分布，以及距 F 作用点 $r = 1\text{m}$ 处竖直面上的竖向法向应力 σ_z 分布。

解　欲计算 $z = 3\text{m}$ 处水平面上的竖向法向应力 σ_z 在水平方向的分布情况，需在该水平面上分别距离 F 作用线选取一系列点，求其 σ_z，并绘图找出其规律。分别取不同的 r 值，来查得（或计算）应力分布系数 α，见表 2-2。

表 2-2　　　　　　　　$z = 3\text{m}$ 处水平面上竖向应力 σ_z 的值

r (m)	0	1	2	3	4	5
r/z	0	0.33	0.67	1	1.33	1.67
α	0.478	0.369	0.189	0.084	0.038	0.017
σ_z (kPa)	10.6	8.2	4.2	1.9	0.8	0.4

欲计算距 F 作用点 $r = 1\text{m}$ 处竖直面上的竖向法向应力 σ_z 分布情况，需在竖直方向上选取一系列距 F 点 1m 的，求其 σ_z，并绘图找出其规律。分别取不同 z 值，来查得（或计算）应力分布系数 α，见表 2-3。

表 2-3　　　　　　　　$r = 1\text{m}$ 处竖直面上竖向应力 σ_z 的值

z (m)	0	1	2	3	4	5	6
r/z	∞	1	0.5	0.33	0.25	0.20	0.17
α	0	0.084	0.273	0.369	0.410	0.433	0.44
σ_z (kPa)	0	16.8	13.7	8.2	5.1	3.5	2.5

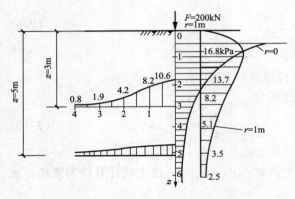

图 2-12　竖向集中力作用下土中应力分布

集中荷载产生的竖向附加应力 σ_z 在地基中的分布存在如下规律：

（1）在集中力 F 作用线上。在 F 作用线上，$r=0$。当 $z=0$ 时，$\sigma_z \to \infty$；随着深度 z 的增加，σ_z 逐渐减小，其分布如图 2-12 中 $r=0$ 线。

（2）在 $r>0$ 的竖直线上。在 $r>0$ 的竖直线上，$z=0$ 时，$\sigma_z=0$；随着 z 的增加，σ_z 从零逐渐增加，至一定深度后又随着 z 的增大逐渐变小，其分布如图 2-12 中 $r=1$ 线。

（3）在 z 为常数的平面上。在 z 为常数的平面上，σ_z 在集中力作用线上最大，并随着 r 的增加而逐渐减小。随着深度 z 增加，这一分布趋势保持不变，但 σ_z 随 r 增加而降低的速率变缓，如图 2-12 中 $z=3\mathrm{m}$ 和 $z=5\mathrm{m}$ 线。

若在剖面图上将 σ_z 相等的点连接起来，可得到如图 2-13 所示的 σ_z 等值线。若在空间将等值点连接起来，则成泡状，所以图 2-13 也称为应力泡。

当地基表面有多个集中力时，可分别计算出各集中力在地基中引起的附加应力，然后根据弹性理论的应力叠加原理求出地基中附加应力的总和。图 2-14 中曲线 a 表示集中力 F_1 在深度 z 处水平线上引起的应力分布，曲线 b 表示集中力 F_2 在同一水平线上引起的应力分布，把曲线 a 和曲线 b 引起的应力进行相加，即可得到该水平线上总的应力分布（曲线 c）。

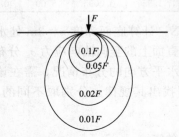

图 2-13　σ_z 的等值线（应力泡）

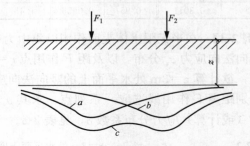

图 2-14　多个集中力作用下土中应力的叠加

在工程实践中，当基础底面较大、形状不规则或荷载分布较复杂时，可将基底划分为若干个小面积，把小面积上的荷载当成集中力，然后利用式（2-10）计算附加应力。分析表明，如果小面积的最大边长小于计算应力点深度的 1/3，则用此法求得的应力值与精确值相比，其误差不超过 5%。

2.7　矩形面积上作用均布荷载时土中竖向应力计算

工程实践中，荷载往往是通过一定面积的基础传给地基的。如果基础底面的形状及荷载分布情况可以用某一函数来表示时，则可应用积分方法解得相应土中应力。下面首先讨论矩形面积下作用均布荷载时土中竖向应力计算的问题。

为求得矩形面积上作用均布荷载时土中任意点的竖向应力，可先利用角点法求得矩形角点下某深度处的竖向应力，然后根据叠加原理进行应力叠加则可以得到该深度任意位置的竖向应力。

2.7.1 角点处土中竖向应力 σ_z 的计算

图 2-15 表示在弹性半空间地基表面 $l \times b$ 面积上作用有均布荷载 p 的作用。为了计算矩形面积角点 O 下某深度处 M 点的竖向应力值 σ_z，可在基底范围内取微元面积 $dA = dx dy$，作用在微元面积上的分布荷载可以用集中力 dF 表示，即有 $dF = p dx dy$。集中力 dF 在土中 M 点处引起的竖向附加应力 $d\sigma_z$ 为

$$d\sigma_z = \frac{3pz^3}{2\pi(x^2 + y^2 + z^2)^{5/2}} dx dy$$

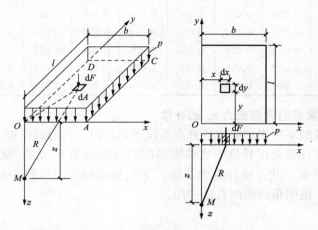

图 2-15　矩形面积均布荷载作用下角点处竖向应力 σ_z 计算模型

则在矩形面积均布荷载 p 作用下，土中 M 点的竖向应力 σ_z 可以通过在基底面积范围内进行积分求得，即

$$\sigma_z = \iint_A d\sigma_z = \frac{3z^3}{2\pi} p \int_0^l \int_0^b \frac{1}{(x^2 + y^2 + z^2)^{5/2}} dx dy = \alpha_a p \tag{2-11}$$

$$\alpha_a = \frac{1}{2\pi}\left[\frac{mn(1 + n^2 + 2m^2)}{(m^2 + n^2)(1 + m^2)\sqrt{1 + m^2 + n^2}} + \arctan \frac{n}{m\sqrt{1 + m^2 + n^2}} \right]$$

式中 α_a 称为角点应力系数，是 $n = l/b$ 和 $m = z/b$ 的函数，可通过其表达式计算得到，也可以通过表 2-4 查得。应当注意，l 为矩形面积的长边，b 为矩形面积的短边。

表 2-4　　　　矩形面积上作用均布荷载，角点下竖向应力系数 α_a 值

$m = \dfrac{z}{b}$	$n = l/b$									
	1.0	1.2	1.4	1.6	1.8	2.0	3.0	4.0	5.0	10.0
0	0.250	0.250	0.250	0.250	0.250	0.250	0.250	0.250	0.250	0.250
0.2	0.249	0.249	0.249	0.249	0.249	0.249	0.249	0.249	0.249	0.249
0.4	0.240	0.242	0.243	0.243	0.244	0.244	0.244	0.244	0.244	0.244
0.6	0.223	0.228	0.230	0.232	0.232	0.233	0.234	0.234	0.234	0.234
0.8	0.200	0.208	0.212	0.215	0.217	0.218	0.220	0.220	0.220	0.220
1.0	0.175	0.185	0.191	0.196	0.198	0.200	0.203	0.204	0.204	0.205

$m=\dfrac{z}{b}$	$n=l/b$									
	1.0	1.2	1.4	1.6	1.8	2.0	3.0	4.0	5.0	10.0
1.2	0.152	0.163	0.171	0.176	0.179	0.182	0.187	0.188	0.189	0.189
1.4	0.131	0.142	0.151	0.157	0.161	0.164	0.171	0.173	0.174	0.174
1.6	0.112	0.124	0.133	0.140	0.145	0.148	0.157	0.159	0.160	0.160
1.8	0.097	0.108	0.117	0.124	0.129	0.133	0.143	0.146	0.147	0.148
2.0	0.084	0.095	0.103	0.110	0.116	0.120	0.131	0.135	0.136	0.137
2.5	0.060	0.069	0.077	0.083	0.089	0.093	0.106	0.111	0.114	0.115
3.0	0.045	0.052	0.058	0.064	0.069	0.073	0.087	0.093	0.096	0.099
4.0	0.027	0.032	0.036	0.040	0.044	0.048	0.060	0.067	0.071	0.076
5.0	0.018	0.021	0.024	0.027	0.030	0.033	0.044	0.050	0.055	0.061
7.0	0.010	0.011	0.013	0.015	0.016	0.018	0.025	0.031	0.035	0.044
9.0	0.006	0.007	0.008	0.009	0.010	0.011	0.016	0.020	0.024	0.032
10.0	0.005	0.006	0.007	0.007	0.008	0.009	0.013	0.017	0.020	0.028

2.7.2　土中任意点的竖向应力 σ_z 的计算

对于均布矩形荷载下的附加应力计算点不位于角点时，可通过作辅助线把荷载面分成若干个矩形面积，而使计算点正好位于这些矩形面积的角点之下，这样就可以利用式（2-11）及力的叠加原理来求解。此方法称为角点法。下面分四种情况（图 2-16，计算点在图中 O 点以下任意深度处）说明角点法的具体应用。

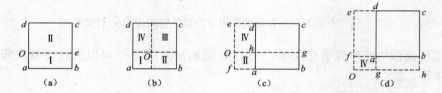

图 2-16　以角点法计算任意点 O 点下的地基附加应力

(a) O 点在荷载面边缘；(b) O 点在荷载面内；(c) O 点在荷载面边缘外侧；(d) O 点在荷载面角点外侧

1. O 点在荷载面边缘

过 O 点作辅助线 Oe，将荷载面分成 Ⅰ、Ⅱ 两块，由叠加原理，有

$$\sigma_z = (\alpha_{aⅠ} + \alpha_{aⅡ})p_0$$

式中，$\alpha_{aⅠ}$ 和 $\alpha_{aⅡ}$ 是分别按两块小矩形 Ⅰ、Ⅱ 两块，由 $(l_Ⅰ/b_Ⅰ, z/b_Ⅰ)$、$(l_Ⅱ/b_Ⅱ, z/b_Ⅱ)$ 查得的角点附加应力系数。

2. O 点在荷载面内

作两条辅助线，将荷载面分成 Ⅰ、Ⅱ、Ⅲ、Ⅳ 共四块面积，于是

$$\sigma_z = (\alpha_{aⅠ} + \alpha_{aⅡ} + \alpha_{aⅢ} + \alpha_{aⅣ})p_0$$

如果 O 点位于荷载面中心，则 $\sigma_z = 4\alpha_{aⅠ}p_0$，此即为利用角点法求基底中心下 σ_z 的解，亦可直接查中点附加应力系数表，此不赘述。

3. O 点在荷载面边缘外侧

此时荷载面 $abcd$ 可看成是由 Ⅰ($Ofbg$) 与 Ⅱ($Ofah$) 之差和 Ⅲ($Oecg$) 与 Ⅳ($Oedh$) 之

差合成的，所以

$$\sigma_z = (\alpha_{aⅠ} - \alpha_{aⅡ} + \alpha_{aⅢ} - \alpha_{aⅣ})p_0$$

4. O 点在荷载面角点外侧

把荷载面看成 $Ⅰ(Ohce) - Ⅱ(Ohbf) - Ⅲ(Ogde) + Ⅳ(Ogaf)$，则

$$\sigma_z = (\alpha_{aⅠ} - \alpha_{aⅡ} - \alpha_{aⅢ} + \alpha_{aⅣ})p_0$$

【例 2-4】 如图 2-17 所示，在一长度为 $l=6m$，宽度 $b=4m$ 的矩形面积基础上作用大小为 $p=100kN/m^2$ 的均布荷载。试计算：

(1) 矩形基础 O 下深度 $z=8m$ 处 M 点竖向应力 σ_z 值；

(2) 矩形基础外 k 点下深度 $z=6m$ 处 N 点竖向应力 σ_z 值。

解 (1) 将矩形面积 $abcd$ 通过中心点 O 划分成 4 个相等的小矩形面积（$afOe$、$Ofbg$、$eOhd$ 及 $Ogch$），此时 M 点位于 4 个小矩形面积的角点下，可按角点法进行计算。

考虑矩形面积 $afOe$，已知 $l_1/b_1 = 3/2 = 1.5$，$z/b_1 = 8/2 = 4$，由表 2-4 查得应力系数 $\alpha_a = 0.038$；故得 $\sigma_z = 4\sigma_{z,afOe} = 4 \times 0.038 \times 100 = 15.2kPa$。

(2) k 点位于荷载面边缘外侧，故有

$$\sigma_z = (\alpha_{a,ajki} - \alpha_{a,bjkr} + \alpha_{a,iksd} - \alpha_{a,rksc})p_0$$

附加应力系数计算结果列于表 2-5，而 N 点的竖向应力为

$$\sigma_z = (0.131 - 0.084 + 0.051 - 0.035) \times 100 = 0.063 \times 100 = 6.3kPa$$

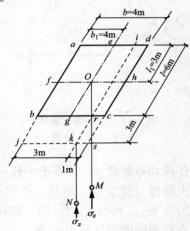

图 2-17 ［例 2-4］附图

表 2-5	用角点法计算不同面积在 N 点的竖向应力系数 α_a 值		
荷载作用面积	$\dfrac{l}{b}=n$	$\dfrac{z}{b}=m$	α_a
$ajki$	$\dfrac{9}{3}=3$	$\dfrac{6}{3}=2$	0.131
$iksd$	$\dfrac{9}{1}=9$	$\dfrac{6}{1}=6$	0.051
$bjkr$	$\dfrac{3}{3}=1$	$\dfrac{6}{3}=2$	0.084
$rksc$	$\dfrac{3}{1}=3$	$\dfrac{6}{1}=6$	0.035

2.8 条形荷载作用下土中竖向应力 σ_z 计算

2.8.1 线荷载作用下土中竖向应力计算

如图 2-18 所示，在弹性半空间地基上表面无限长直线上作用有竖向均布线荷载 p，计算地基土中任一点 M 处的附加应力。可通过布西奈斯克公式在线荷载分布方向上进行积分来

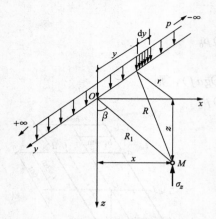

图 2-18　均布线荷载作用
时土中应力计算

计算土中任一点 M 的应力。具体求解时，在线荷载上取微分长度 dy，可以将作用在上面的荷载 pdy 看成是集中力，它在地基 M 点处引起的附加应力为 $d\sigma_z = \dfrac{3pz^3}{2\pi R^5}dy$，则

$$\sigma_z = \frac{3z^3}{2\pi}p\int_{-\infty}^{\infty}\frac{dy}{(x^2+y^2+z^2)^{5/2}} = \frac{2pz^3}{\pi(x^2+z^2)^2}$$

(2-12)

虽然线荷载只在理论意义上存在，但可以把它看作是条形面积在宽度趋于 0 时的特殊情况。以线荷载为基础，通过积分即可以推导出条形面积上作用有各种荷载时地基土中附加应力的计算公式。

2.8.2　条形均布荷载作用下土中竖向应力计算

如图 2-18 所示，在土体表面宽度为 b 的条形面积上作用均布荷载 p，计算土中任一点 $M(x, z)$ 的竖向应力 σ_z。为此，在条形荷载的宽度方向上取微分宽度 $d\xi$，将其上作用的荷载 $dp = pd\xi$ 视为线荷载，dp 在 M 点处引起的竖向附加应力为 $d\sigma_z$。利用式 (2-12)，在荷载分布宽度范围 b 内进行积分，即可求得整个条形荷载在 M 点处引起的附加应力 σ_z 为

$$\sigma_z = \int_0^b d\sigma_z$$
$$= \int_0^b \frac{2z^3p}{\pi[(x-\xi)^2]^2}d\xi = \frac{p}{\pi}\left[\arctan\frac{n}{m} - \arctan\frac{n-1}{m} + \frac{mn}{m^2+n^2} - \frac{m(n-1)}{m^2+(n-1)^2}\right]$$
$$= \alpha_u p$$

(2-13)

式中　α_u——应力系数，它是 $n = x/b$ 和 $m = z/b$ 的函数，可从表 2-6 中查得。

表 2-6　　　　　　　　　　均布条形荷载应力系数 α_u 值

$m = \dfrac{x}{b}$	$n = z/b$											
	0.0	0.2	0.4	0.6	0.8	1.0	1.2	1.4	2.0	3.0	4.0	6.0
0	0.500	0.498	0.489	0.468	0.440	0.409	0.375	0.345	0.275	0.198	0.153	0.104
0.25	1.000	0.937	0.797	0.679	0.586	0.510	0.450	0.400	0.298	0.206	0.156	0.105
0.50	1.000	0.977	0.881	0.755	0.642	0.550	0.477	0.420	0.306	0.208	0.158	0.106
0.75	1.000	0.937	0.797	0.679	0.586	0.510	0.450	0.400	0.298	0.206	0.156	0.105
1.00	0.500	0.498	0.489	0.468	0.440	0.409	0.375	0.345	0.275	0.198	0.153	0.104
1.25	0.000	0.059	0.173	0.243	0.276	0.288	0.287	0.279	0.242	0.186	0.147	0.102
1.50	0.000	0.011	0.056	0.111	0.155	0.185	0.202	0.210	0.205	0.171	0.140	0.100
2.00	0.001	0.000	0.010	0.026	0.048	0.071	0.091	0.107	0.134	0.136	0.122	0.094

限于篇幅，本章只对矩形和条形面积上作用均布荷载，土中竖向应力 σ_z 的计算做了介绍，实践中可能遇到，矩形、条形以及圆形面积上作用均布荷载、三角形分布荷载以及梯形分布荷载等情况，读者有兴趣可参见其他相关书籍。

2.9　地基附加应力的分布规律

在基底附加压力的作用下，地基中将产生附加应力。地基附加应力的分布情况可从

图 2-19 附加应力等值线图中得到一些规律。所谓等值线就是地基中具有相同附加应力数值的点的连线（类似于地形等高线）。

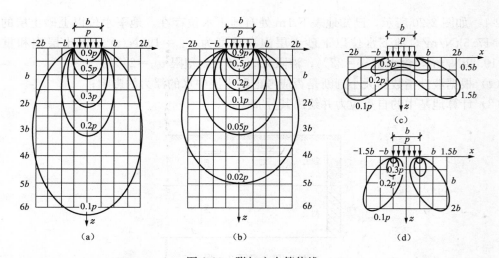

图 2-19　附加应力等值线

(a) 条形荷载下 σ_z 等值线；(b) 方形荷载下 σ_z 等值线；(c) 条形荷载下 σ_x 等值线；
(d) 条形荷载下 τ_{xz} 等值线

（1）σ_z 的分布范围相当大，它不仅分布在荷载面积之内，而且还分布到荷载面积以外，这就是所谓的附加应力扩散现象。

（2）在离基础底面（地基表面）不同深度 z 处的各个水平面上，以基底中心点下轴线处的 σ_z 为最大；离开中心轴线越远的点，σ_z 越小。

（3）在荷载分布范围内任意点竖直线上的 σ_z 值，随着深度增大逐渐减小。

（4）方形荷载所引起的 σ_z，其影响深度要比条形荷载小得多。例如，在方形荷载中心下 $z=2b$ 处，$\sigma_z \approx 0.1p_0$，而在条形荷载下的 $\sigma_z=0.1p_0$ 等值线则约在中心下 $z=6b$ 处通过。这一等值线反映了附加应力在地基中的影响范围。在后面某些章节中还会提到地基主要受力层这一概念，它指的是基础底面至 $\sigma_z=0.2p_0$ 深度处（对条形荷载，该深度约为 $3b$，方形荷载约为 $1.5b$）的这部分土层。建筑物荷载主要由地基的主要受力层承担，且地基沉降的绝大部分是由这部分土层的压缩所形成的。

（5）当两个或多个荷载距离较近时，扩散到同一区域的竖向附加应力会彼此叠加起来，使该区域的附加应力比单个荷载作用时明显增大。这就是所谓的附加应力叠加现象。

由条形荷载下的 σ_x 和 τ_{xz} 的等值线图可见，σ_x 的影响范围较浅，所以基础下地基土的侧向变形主要发生于浅层；而 τ_{xz} 的最大值出现于荷载边缘，所以位于基础边缘下的土容易发生剪切破坏。

由上述分布规律可知，当地面上作用有大面积荷载（或地下水位大范围下降）时，附加应力随深度增大而衰减的速率将变缓，其影响深度将会相当大，因此往往会引起可观的地面沉降。当岩层或坚硬土层上可压缩土层的厚度小于或等于荷载面积宽度的一半时，荷载面积下的 σ_z 几乎不扩散，此时可认为荷载面中心点下的 σ_z 不随深度变化。

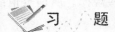

习 题

2-1 如图 2-20 所示，已知地表下 1m 处有地下水位存在，地下水位以上砂土层的重度为 $\gamma = 17.5 \text{kN/m}^3$，地下水位以下砂土层饱和重度为 $\gamma_{sat} = 19 \text{kN/m}^3$；黏土层饱和重度为 $\gamma_{sat} = 19.2 \text{kN/m}^3$，含水量 $w = 22\%$，液限 $w_L = 48\%$，塑限 $w_p = 24\%$。

（1）根据液性指数的大小判断是否应考虑黏土层中水的浮力的影响；

（2）计算地基中的自重应力并绘出其分布图。

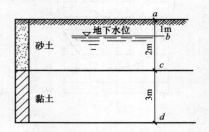

图 2-20 习题 2-1 附图

2-2 如图 2-21 所示基础，已知基础底面宽度为 $b = 4\text{m}$，长度为 $l = 10\text{m}$。作用在基础底面中心处的竖直荷载为 $F = 4200\text{kN}$，弯矩为 $M = 1800\text{kN} \cdot \text{m}$。试计算基础底面的压力分布。

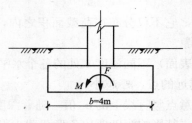

图 2-21 习题 2-2 附图

2-3 如图 2-22 所示，矩形面积 $ABCD$ 的宽度为 5m，长度为 10m，其上作用均布荷载 $p = 150\text{kPa}$，试用角点法计算 G 点下深度 6m 处 M 点的竖向应力 σ_z 值。

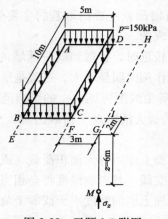

图 2-22 习题 2-3 附图

第3章　地基土的变形

3.1　概　　述

地基中的土体在荷载作用下会产生变形，在竖直方向的变形称为沉降。沉降的大小取决于建筑物的重量与分布、地基土层的种类、各土层的厚度及土的压缩性等。

土体的变形或沉降主要由以下三方面原因引起：

（1）固体颗粒自身的压缩或变形。

（2）土中孔隙水（有时还包括封闭气体）的压缩。

（3）土中孔隙体积的减小，即土中孔隙水和气体被排出。

试验表明：对于饱和土来说，固体颗粒和孔隙水的压缩量很小。在一般压力作用下，固体颗粒和孔隙水的压缩量与土的总压缩量之比非常小，完全可以忽略不计。由此可以假定，饱和土的体积压缩是由孔隙的减小引起的。由于假定水为不可压缩，因此饱和土的体积压缩量就等于孔隙水的排出量。

在荷载作用下，土体的沉降通常可分为如下三部分。

（1）瞬时沉降：施加荷载后，土体在很短的时间内产生的沉降。一般认为，瞬时沉降是土骨架在荷载作用下产生的弹性变形，通常根据弹性理论公式来对其进行估算。

（2）主固结沉降：它是由饱和黏性土在荷载作用下产生的超静孔隙水压力逐渐消散，孔隙水排出，孔隙体积减小而产生的。一般会持续较长的一段时间。其总沉降，可根据压缩曲线采用分层总和法进行计算，对其沉降的发展过程需根据固结理论计算。

（3）次固结沉降：指超静孔隙水压力完全消散，主固结沉降完成后的那部分沉降。通常认为次固结沉降是由于土颗粒之间的蠕变及重新排列而产生的。对不同的土类，次固结沉降在总沉降量中所占的比例不同。有机质土、高压缩性黏土的次固结沉降量较大，而大多数土类次固结沉降量很小。

土体完成压缩过程所需的时间与土的透水性有很大的关系。无黏性土因透水性较大，其压缩变形可在短时间内趋于稳定；而透水性小的饱和黏性土，其压缩稳定所需的时间则可长达几个月、几年甚至几十年。土的压缩随时间而增长的过程，称为土的固结。对于饱和黏性土来说，土的固结问题是十分重要的。

对地基和基础的沉降，特别是在建筑物基础不同部位之间，由于荷载不同或土层压缩性不同会引起不均匀沉降（沉降差）。沉降差过大会影响建筑物的安全和正常使用。例如，比萨斜塔和一些房屋墙体开裂就是由地基不均匀沉降引起的。

为了保证建筑物的安全与正常使用，设计时必须计算和估计基础可能发生的沉降量和沉降差，并设法将其控制在容许范围内。必要时还需采取相应的工程措施，以确保建筑物的安全和正常使用。

本章主要讨论两个问题：其一，地基土在附加应力作用下的总沉降问题；其二，地基沉降与时间的关系问题，即地基土的固结问题。

3.2 土 的 压 缩 性

欲计算获得地基土的总沉降量，需弄清两方面问题：其一，作用在地基土上的附加应力，这在上一章已经得以解决；其二，地基土抵抗变形的固有属性，即压缩指标。这将在本节进行讨论。前者属外因，后者属内因。

土的压缩性指标可通过室内试验或原位试验来测定。由于试验条件及应力条件都将引起压缩指标的改变。为使试验结果更接近工程实际，试验时应力求试验条件与土的天然状态及其在外荷作用下的实际应力条件相适应。

3.2.1 压缩试验和压缩曲线

在一般工程中，常用不允许土样产生侧向变形（侧限条件）的室内压缩试验（又称侧限压缩试验或固结试验）来测定土的压缩性指标，其试验条件虽未能完全符合土的实际工作情况，但操作简便，试验时间短，故有其实用价值。

室内压缩试验是用侧限压缩仪（又称固结仪）进行的。试验时，用金属环刀切取保持天然结构的原状土样，并置于圆筒形压缩容器（图 3-1）的刚性护环内，土样上、下各垫有一块透水石，使土样受压后土中水可以自由地从上、下两面排出。由于金属环刀和刚性护环的限制，土样在压力作用下只可能发生竖向压缩，而无侧向变形（土样横截面积不变）。土样在天然状态下或经人工饱和后，进行逐级加压固结，求出在各级压力作用下土样压缩稳定后的孔隙比，便可绘制土的压缩曲线。

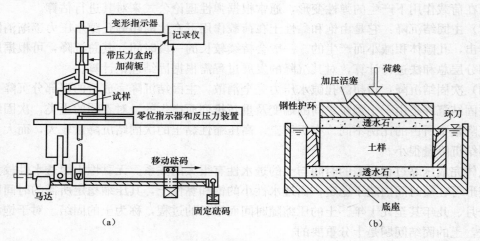

图 3-1 压缩仪示意图

（a）压缩仪示意图；（b）压缩容器示意图

根据压缩试验数据，可以得到在每一级荷载作用下竖向变形量 Δh 随时间 t 的变化过程 [图 3-2（a）]及所加荷载 p 与变形稳定后竖向变形量 Δh 的关系曲线 [图 3-2（b）]。由此即可以得到孔隙比与所施荷载之间的关系，即压缩曲线，如图 3-3 所示。

压缩曲线可按两种方式绘制，一种是 e-p 曲线，如图 3-3（a）所示；另一种是 e-$\lg p$ 曲线，如图 3-3（b）所示。

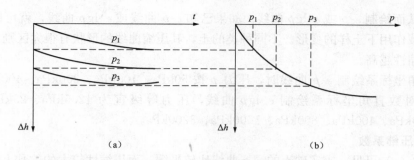

图 3-2　压缩试验资料整理

(a) Δh-t 关系曲线；(b) Δh-p 关系曲线

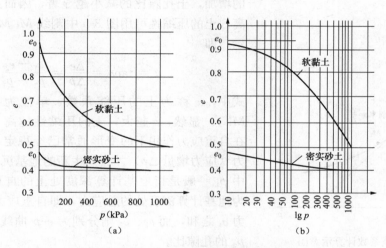

图 3-3　压缩试验所得的压缩曲线

(a) e-p 曲线；(b) e-$\lg p$ 曲线

设施加 Δh 前试件的高度为 H_1，孔隙比为 e_1；施加 Δp 后试件的压缩变形量为 s，如图 3-4 所示。施加 Δp 前试件中的土粒体积 V_{s1} 和施加 Δp 后试件中土粒体积 V_{s2} 分别为

$$V_{s1} = \frac{1}{1+e_1} H_1 A_1 \qquad (3\text{-}1)$$

$$V_{s2} = \frac{1}{1+e_2} (H_1 - s) A_2 \qquad (3\text{-}2)$$

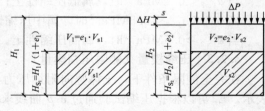

图 3-4　土体压缩示意图

由于侧向应变为零，$A_1 = A_2$，土粒体积不变，即 $V_{s1} = V_{s2}$；因此

$$\frac{H_1}{1+e_1} = \frac{H_1 - s}{1+e_2} \qquad (3\text{-}3)$$

所以

$$e_2 = e_1 - \frac{s}{H_1}(1+e_1) \qquad (3\text{-}4)$$

式中，e_1 为土体的天然孔隙比，可根据原状土体的实验室三相基本比例指标计算得到。这样，只要测定土样在各级压力 Δp 作用下的稳定压缩量 s，就可以按式（3-4）计算出相应的

孔隙比 e_2，从而绘制 e-p 或 e-lg$p$ 曲线。如果已知 e-p 曲线或 e-lg$p$ 曲线，就可以根据它们来计算在荷载作用下土样的变形。不同种类的土，其压缩曲线的形状有很大区别，曲线越陡说明土的压缩性越高。

采用直角坐标系绘制 e-p 曲线时，压力 p 按 50kPa、100kPa、200kPa、400kPa 四级加荷；采用半对数直角坐标系绘制 e-lg$p$ 曲线，压力等级宜为 12.5kPa、25kPa、50kPa、100kPa、200kPa、400kPa、800kPa、1600kPa、3200kPa。

3.2.2　压缩系数

由图 3-3（a）可见，密实砂土的 e-p 曲线比较平缓，而压缩性较大的软黏土的 e-p 曲线则较陡，这表明压缩性不同的土，其 e-p 曲线的形状是不一样的。曲线越陡，说明随着压力的增加，土孔隙比的减小越显著，因而土的压缩性越高。土的压缩性可用图 3-5 中割线 $M_1 M_2$ 的斜率来表示，即

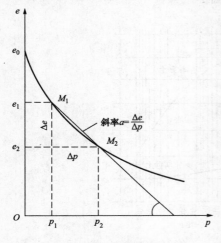

图 3-5　压缩系数计算示意图

$$a = \tan\alpha = \frac{\Delta e}{\Delta p} = \frac{e_1 - e_2}{p_2 - p_1} \qquad (3\text{-}5)$$

式中，a 称为土的压缩系数，单位为 MPa^{-1}（m^2/MN）。显然，a 越大，土的压缩性越高。由于地基土在自重应力作用下的变形通常已经稳定，只有附加应力（应力增量 Δp）才会产生新的地基沉降，所以上式中 p_1 一般是指地基计算深度处土的自重应力 σ_s，p_2 为地基计算深度处的总应力，即自重应力 σ_s 与附加应力 σ_z 之和，而 e_1、e_2 则分别为 e-p 曲线上相应于 p_1、p_2 的孔隙比。

不同类别与处于不同状态的土，其压缩性可能相差较大。为了便于比较，通常采用由 $p_1 = 100kPa$ 和 $p_2 = 200kPa$ 求出的压缩系数 a_{1-2} 来评价土的压缩性的高低：

当 $a_{1-2} < 0.1MPa^{-1}$ 时，属低压缩性土；

当 $0.1 \leqslant a_{1-2} < 0.5MPa^{-1}$ 时，属中压缩性土；

当 $a_{1-2} \geqslant 0.5MPa^{-1}$ 时，属高压缩性土。

3.2.3　压缩模量（侧限压缩模量）

在完全侧限条件下，土体竖向附加压力与相应的应变增量之比为土的压缩模量，用 E_s 表示。E_s 可以根据压缩试验通过 e-p 曲线求得。

如图 3-4 所示，在附加压力 Δp 作用下，土体产生竖向变形量 ΔH，则竖向增量为 $\Delta H/H_1$；因此

$$E_s = \frac{\Delta p}{\Delta H/H_1} \qquad (3\text{-}6)$$

由式（3-4）可知

$$s = \Delta H = \frac{e_1 - e_2}{1 + e_1} H_1 \qquad (3\text{-}7)$$

将式（3-7）代入式（3-6）得

$$E_s = \frac{(1 + e_1)\Delta p}{(e_1 - e_2)} = \frac{1 + e_1}{a} \qquad (3\text{-}8)$$

式（3-8）反映了 E_s 与 a 之间的换算关系。在实际计算时可根据压缩试验所得数据直接进行计算。需要注意的是，E_s 与 a 一样，在不同竖向压力条件下的值不同。E_s 越小表示土的压缩性越高。

3.3　地 基 变 形 计 算

3.3.1　概述

如前所述，地基沉降变形主要由三部分组成：瞬时沉降、主固结沉降和次固结沉降。其中瞬时沉降一般按弹性体考虑，即土体在受竖向荷载后向四周挤出变形，由于饱和土体中的水来不及排除，故总体积不发生变化。除在饱和软黏土地基上施加荷载，尤其如临时或活荷载占很大比重的仓库、油罐和受风荷载的高耸建筑物等情况，瞬时沉降占总沉降相当部分，应当予以估算外，瞬时沉降一般不予考虑。另外，次固结沉降对某些土，如软黏土是比较明显的，需要根据其次固结曲线单独计算。而对于大多数土体，根据室内压缩试验得到的压缩曲线而计算的沉降，实际已经包含了主固结沉降和次固结沉降。

此外，必须认识到：对于土体这种复杂的材料，目前还不能寄希望于某种理论计算能够非常完美地预测出地基土的沉降变形量。在实际应用中，一般会选用能够反映地基变形主要矛盾并具有一定实用价值的理论公式进行计算，然后采用实际观测积累得到相应的经验系数予以修正的思路来预测地基土的最终沉降量。本节主要介绍分层总和法和基于应力面积法的规范法（《地基规范》）。

3.3.2　分层总和法计算地基沉降

1. 基本假定

（1）认为基底附加应力 p_0 是作用于地表的局部荷载。

（2）假定地基为弹性半无限体，地基中的附加应力按第 2 章所述计算。

（3）土层压缩时不发生侧向变形。

（4）只计算竖向附加应力作用下产生的竖向压缩变形，不计剪应力的影响。

根据上述假定，地基中土层的受力状态与压缩试验中土样的受力状态相同，所以可以采用压缩试验得到的压缩性指标来计算土层压缩量。上述假定比较符合基础中心点下土体的受力状态，所以分层总和法一般只用于计算基底中心点的沉降。

2. 基本公式

利用压缩试验成果计算地基沉降，实际上就是在已知 e-p 曲线的情况下，根据附加应力 Δp 来计算土层的竖向变形量 ΔH，也就是土层的沉降量 s。

由式（3-6）～式（3-8）可得到各土层的沉降量计算公式的两种表达形式

$$s_i = \frac{e_1 - e_2}{1 + e_1} h_i \tag{3-9}$$

$$s_i = \frac{\bar{\sigma}_{zi}}{E_{si}} h_i \tag{3-10}$$

式中　$\bar{\sigma}_{zi}$——第 i 层土的平均附加应力，kPa；

　　　E_{si}——第 i 层土的侧限压缩模量，kPa；

　　　h_i——第 i 层土的计算厚度；

e_{1i}——第 i 层土的原始孔隙比；

e_{2i}——第 i 层土压缩稳定时的孔隙比。

3. 分层总和法计算原理与步骤

（1）原理：由于地基土层往往不是由单一土层组成，各土层的压缩性能不一样，在建筑的荷载作用下在压缩土层中所产生的附加应力的分布沿深度方向也非直线分布，为了计算地基最终沉降量 s，首先必须分层，然后分层计算每一薄层的沉降量 s_i，再将各层的沉降量总和起来，即得地基表面的最终沉降量 s。

$$s = \sum_{i=1}^{n} s_i \tag{3-11}$$

（2）步骤和方法。

1）分层，为了地基沉降量计算比较精确。除每一薄层的厚度 $h_i \leqslant 0.4b$ 外，基础底面附加应力数值大，变化大，分层厚度应小些，尽量使每一薄层的附加应力的分布线接近于直线。地下水位处，层与层接触面处都要作为分层点。

2）计算地基土的自重应力，并按一定比例绘制自重应力分布图，（自重应力从地面算起）。

3）计算基础底面接触压力。

4）计算基础底面附加压力，基础底面附加压力 p_0 等于基础底面接触压力减去基础埋深 d 以内土所产生的自重应力 γd，即

$$p_0 = p - \gamma d$$

5）计算地基中的附加应力，并按与自重应力同一比例绘制附加应力的分布图形。附加应力从基底面算起。按基础中心点下土柱所受的附加应力计算地基最终沉降量。

6）确定压缩土层最终计算深度 z_n。因地基土层中附加应力的分布是随着深度增大而减小，超过某一深度后，以下的土层压缩变形是很小，可忽略不计。此深度称为压缩土层最终计算深度 z_n。一般土根据 $\sigma_z = 0.2\sigma_s$ 条件确定，软土由 $\sigma_z = 0.1\sigma_s$ 确定。

7）计算每一薄层的沉降量 s_i。由式（3-9）或式（3-10）得

$$s_i = \left(\frac{e_1 - e_2}{1 + e_1}\right)_i h_i$$

$$s_i = \frac{\bar{\sigma}_{zi}}{E_{si}} h_i$$

8）计算地基最终沉降量

$$s = \sum_{i=1}^{n} s_i \tag{3-12}$$

【例 3-1】 设有一矩形（8×6m）混凝土基础，埋置深度为 2m，基础垂直荷载（包括基础自重）为 9600kN，地基为细砂和饱和黏土层，有关地质资料、荷载和基础平剖图如图 3-6 所示。试用分层总和法求算基础平均沉降。

解 按地质剖面，把基底以下土层分成若干薄层。基底以下细砂层厚 4.4m，可以分成两层，每层厚 2.2m，以下的饱和黏土层按 2.4m（$0.4b = 0.4 \times 6$）分层。

（1）计算各薄层顶、底面的自重应力 σ_s。

细砂天然重度 $\gamma = 20\text{kN/m}^3$，则

$$\sigma_{s0} = 2 \times 20 = 40 \text{kPa}$$

$$\sigma_{s1} = 40 + 2.2 \times 20 = 84 \text{kPa}$$

$$\sigma_{s2} = 84 + 2.2 \times 20 = 128 \text{kPa}$$

$$\sigma_{s3} = 128 + 2.4 \times 18.5 = 172.4 \text{kPa}$$

$$\sigma_{s4} = 172.4 + 2.4 \times 18.5 = 216.8 \text{kPa}$$

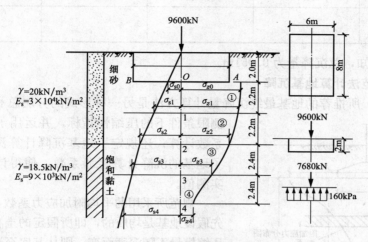

图 3-6　地基、基础及荷载情况

（2）计算基础中心垂直轴线的附加应力 σ_z，并决定压缩层底位置。

1）计算基底附加压力 p_0。

$$p_0 = \frac{9600 - 20 \times 2 \times 6 \times 8}{6 \times 8} = 160 \text{kPa}$$

2）计算基础中心垂直轴线上的 σ_z，并决定压缩计算深度。计算结果见表 3-1。

表 3-1　　压缩层计算深度的确定

位　置	z_i (m)	z_i/b	l/b	α_{ai}	$\sigma_{zi} = 4\alpha_{ai}p_0$/kPa
0	0	0	4/3	0.2500	160
1	2.2	2.2/3	4/3	0.2250	144
2	4.4	4.4/3	4/3	0.1422	91
3	6.8	6.8/3	4/3	0.8440	54
4	9.2	9.2/3	4/3	0.0547	35

由表 3-1 可知，压缩计算深度取在第四层底面上合适。

（3）计算垂直线上各分层的平均附加应力。

根据 $\bar{\sigma}_{zi} = \dfrac{\sigma_{z(i-1)} + \sigma_{zi}}{2}$ 可求得第 i 层土平均附加应力，列于表 3-2。

（4）计算各土层的变形 s_i 和总沉降 s，列于表 3-2。

表 3-2 各 土 层 沉 降 量 计 算

位 置	$\bar{\sigma}_{si}$ (kPa)	E_{si} (kPa)	H_i (m)	s_i (m)
1	152	3×10^4	2.2	0.011 147
2	117.5	3×10^4	2.2	0.008 617
3	72.7	0.9×10^4	2.4	0.019 387
4	44.7	0.9×10^4	2.4	0.011 92
$\sum s_i$				0.051 07

由表 3-2 可知，总沉降量为 0.051m。

3.3.3 规范法计算地基沉降

《地基规范》所推荐的地基最终沉降量计算方法是另一种形式的分层总和法。它也采用侧限条件下的压缩性指标，并运用了平均附加应力系数计算；还规定了地基沉降计算深度标准，提出了地基的沉降计算经验系数，使得计算成果接近于实测值。

规范所采用的平均附加应力系数，其概念为：首先假设地基是均质的，即所假定的土在侧限条件下的压缩模量不随深度而变，则从基底至地基任意深度范围内的压缩量为（图 3-7）

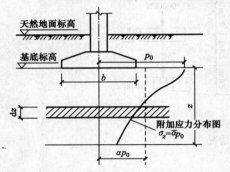

图 3-7 平均附加应力系数的原理

$$s = \int_0^z \varepsilon \mathrm{d}z = \frac{1}{E_s}\int_0^z \sigma_z \mathrm{d}z = \frac{A}{E_s} \qquad (3\text{-}13)$$

式中 ε——土的侧限压缩应变，$\varepsilon = \sigma_z/E_s$；

A——深度 z 范围内的附加应力分布图所包围的面积，$A = \int_0^z \sigma_z \mathrm{d}z$。

因为附加应力 σ_z 可以根据基底应力与附加应力系数计算，所以 A 还可以表示为

$$A = \int_0^z \sigma_z \mathrm{d}z = p_0 \int_0^z \alpha \mathrm{d}z = p_0 z \bar{\alpha} \qquad (3\text{-}14)$$

式中 p_0——基底的附加压力；

α——附加应力系数；

$\bar{\alpha}$——深度 z 范围内的竖向平均附加应力系数。

将式（3-14）代入式（3-13），则地基最终沉降量可以表示为

$$s = \frac{p_0 z \bar{\alpha}}{E_s} \qquad (3\text{-}15)$$

式（3-15）是 c 用平均附加应力系数表达的从基底到任意深度 z 范围内地基沉降量的计算公式。由于地基在垂直方向分层的特点，结合分层总和可得成层地基中第 i 层土沉降量的计算公式（图 3-8）为

$$s_i = \frac{\Delta A_i}{E_{si}} = \frac{A_i - A_{i-1}}{E_{si}} = \frac{p_0}{E_{si}}(z_i \bar{\alpha}_i - z_{i-1}\bar{\alpha}_{i-1}) \qquad (3\text{-}16)$$

式中 A_i 和 A_{i-1}——z_i 和 z_{i-1} 范围内的附加应力面积；

$\overline{\alpha_i}$ 和 $\overline{\alpha_{i-1}}$——与 z_i 和 z_{i-1} 深度范围内的竖向平均附加应力系数，$\overline{\alpha_i} = \dfrac{\int_0^{z_i} \sigma_z \mathrm{d}z}{z_i}$；$\overline{\alpha_{i-1}} = \dfrac{\int_0^{z_{i-1}} \sigma_z \mathrm{d}z}{z_{i-1}}$。

规范用符号 z_n 表示地基沉降计算深度，并规定 z_n 应满足下列条件：

由该深度处向上取按表 3-3 规定的计算厚度 Δz（图 3-8）所得的计算沉降量 Δs_n 不大于 z_n 范围内总的计算沉降量的 2.5%，即应满足（包括考虑相邻荷载的影响）

$$\Delta s_n \leqslant 0.025 \sum_{i=1}^{n} \Delta s_i \tag{3-17}$$

表 3-3　　　　　　　　　　　　　　　　计 算 厚 度 Δz 值

b (m)	$b \leqslant 2$	$2 < b \leqslant 4$	$4 < b \leqslant 8$	$8 \leqslant b$
Δz (m)	0.3	0.6	0.8	1.0

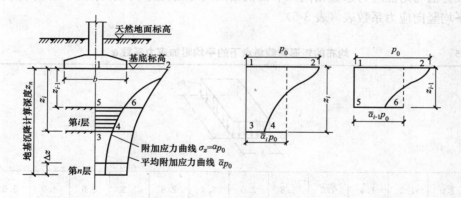

图 3-8　规范法计算地基沉降示意图

在按式（3-17）所确定的沉降计算深度下如有软弱土层时，尚应向下继续计算，直至软弱土层中所取规定厚度 Δz 的计算沉降量满足式（3-17）为止。

当无相邻荷载影响，基础宽度在 1～50m 范围内时，基础中点的地基沉降计算深度也可按简化式（3-18）计算，即

$$z_n = b(2.5 - 0.04\ln b) \tag{3-18}$$

式中　b——基础宽度。

在沉降计算深度范围内有基岩存在时，取基岩表面为计算深度。

为了提高计算准确度，计算所得的地基最终沉降量尚需乘以一个沉降计算经验系数 Ψ_s。Ψ_s 按式（3-19）确定，即

$$\Psi_s = s_\infty / s \tag{3-19}$$

式中　s_∞——利用地基观测资料推算的最终沉降量。

因此，各地区宜按实测资料指定适合于本地区各种地基情况的 Ψ_s 值；无实测资料时，可采用规范提供的数值，见表 3-4。

表 3-4 沉降计算经验系数 Ψ_s

$\overline{E}_s$（MPa） 地基附加应力	2.5	4.0	7.0	15.0	20.0
$p_0 \geqslant f_{ak}$	1.4	1.3	1.0	0.4	0.2
$p_0 \leqslant 0.75 f_{ak}$	1.1	1.0	0.7	0.4	0.2

注 $\overline{E}_s$ 为沉降计算深度范围内压缩模量的当量值，其计算公式为

$$\overline{E}_s = \frac{\sum A_i}{\sum \dfrac{A_i}{E_{si}}}$$

$$A_i = p_0(z_i\bar{\alpha}_i - z_{i-1}\bar{\alpha}_{i-1})$$

综上所述，规范推荐的地基最终沉降量 S_∞（单位：mm）的计算公式为

$$s_\infty = \Psi_s s = \Psi_s \frac{p_0}{E_{si}} \sum (z_i\bar{\alpha}_i - z_{i-1}\,\bar{\alpha}_{i-1}) \tag{3-20}$$

规范中提供了各种荷载形式下地基中的平均附加应力系数表，计算时可根据要求查表计算，查表方法与附加应力系数相同。下面仅给出均布的矩形荷载角点下（b 为荷载面宽度）的地基平均竖向应力系数表（表 3-5）。

表 3-5 均布的矩形荷载角点下的平均附加应力系数 $\bar{\alpha}$

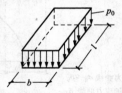

z/b＼l/b	1.0	1.2	1.4	1.6	1.8	2.0	2.4	2.8	3.2	3.6	4.0	5.0	10.0
0.0	0.2500	0.2500	0.2500	0.2500	0.2500	0.2500	0.2500	0.2500	0.2500	0.2500	0.2500	0.2500	0.2500
0.2	0.2496	0.2497	0.2497	0.2498	0.2498	0.2498	0.2498	0.2498	0.2498	0.2498	0.2498	0.2498	0.2498
0.4	0.2474	0.2479	0.2481	0.2483	0.2483	0.2484	0.2485	0.2485	0.2485	0.2485	0.2485	0.2485	0.2485
0.6	0.2423	0.2437	0.2444	0.2448	0.2451	0.2452	0.2454	0.2455	0.2455	0.2455	0.2455	0.2455	0.2456
0.8	0.2346	0.2372	0.2387	0.2395	0.2400	0.2403	0.2407	0.2408	0.2409	0.2409	0.2410	0.2410	0.2410
1.0	0.2252	0.2291	0.2313	0.2326	0.2335	0.2340	0.2346	0.2349	0.2351	0.2352	0.2352	0.2353	0.2353
1.2	0.2149	0.2199	0.2229	0.2248	0.2260	0.2268	0.2278	0.2282	0.2285	0.2286	0.2287	0.2288	0.2289
1.4	0.2043	0.2102	0.2140	0.2164	0.2190	0.2191	0.2204	0.2211	0.2215	0.2217	0.2218	0.2220	0.2221
1.6	0.1939	0.2006	0.2049	0.2079	0.2099	0.2113	0.2130	0.2138	0.2143	0.2146	0.2148	0.2150	0.2152
1.8	0.1840	0.1912	0.1960	0.1994	0.2018	0.2034	0.2055	0.2066	0.2073	0.2077	0.2079	0.2082	0.2084
2.0	0.1746	0.1822	0.1875	0.1912	0.1938	0.1958	0.1982	0.1996	0.2004	0.2009	0.2012	0.2015	0.2018
2.2	0.1659	0.1737	0.1793	0.1833	0.1862	0.1883	0.1911	0.1927	0.1937	0.1943	0.1947	0.1952	0.1955
2.4	0.1578	0.1657	0.1715	0.1757	0.1789	0.1812	0.1843	0.1862	0.1873	01880	0.1885	0.1890	0.1895
2.6	0.1503	0.1583	0.1642	0.1686	0.1719	0.1745	0.1779	0.1799	0.1812	0.1820	0.1825	0.1832	0.1838
2.8	0.1433	0.1514	0.1574	0.1619	0.1654	0.1680	0.1717	0.1739	0.1753	0.1763	0.1769	0.1777	0.1784

z/b l/b	1.0	1.2	1.4	1.6	1.8	2.0	2.4	2.8	3.2	3.6	4.0	5.0	10.0
3.0	0.1369	0.1449	0.1510	0.1556	0.1592	0.1619	0.1658	0.1682	0.1698	0.1708	0.1715	0.1725	0.1733
3.2	0.1310	0.1390	0.1450	0.1497	0.1533	0.1562	0.1602	0.1628	0.1645	0.1657	0.1664	0.1675	0.1685
3.4	0.1256	0.1334	0.1394	0.1441	0.1478	0.1508	0.1550	0.1577	0.1595	0.1607	0.1616	0.1628	0.1639
3.6	0.1205	0.1282	0.1342	0.1389	0.1427	0.1456	0.1500	0.1528	0.1548	0.1561	0.1570	0.1583	0.1595
3.8	0.1155	0.1234	0.1293	0.1340	0.1378	0.1408	0.1452	0.1482	0.1502	0.1516	0.1526	0.1541	0.1554
4.0	0.1114	0.1189	0.1248	0.1294	0.1332	0.1362	0.1408	0.1438	0.1459	0.1474	0.1485	0.1500	0.1516
4.2	0.1073	0.1147	0.1205	0.1251	0.1289	0.1319	0.1365	0.1396	0.1418	0.1434	0.1445	0.1462	0.1479
4.4	0.1035	0.1107	0.1164	0.1210	0.1248	0.1279	0.1325	0.1357	0.1379	0.1396	0.1407	0.1425	0.1444
4.6	0.1000	0.1070	0.1127	0.1172	0.1209	0.1240	0.1287	0.1319	0.1342	0.1359	0.1371	0.1390	0.1410
4.8	0.0967	0.1036	0.1091	0.1136	0.1173	0.1204	0.1250	0.1283	0.1307	0.1324	0.1337	0.1357	0.1379
5.0	0.0935	0.1003	0.1057	0.1102	0.1139	0.1169	0.1216	0.1249	0.1273	0.1291	0.1304	0.1325	0.1318
6.0	0.0805	0.0866	0.0916	0.0957	0.0991	0.1021	0.1067	0.1101	0.1126	0.1146	0.1161	0.1185	0.1216
7.0	0.0705	0.0761	0.0806	0.0844	0.0877	0.0904	0.0949	0.0982	0.1008	0.1028	0.1044	0.1071	0.1109
8.0	0.0627	0.0678	0.0720	0.0755	0.0785	0.0811	0.0853	0.0886	0.0912	0.0932	0.0948	0.0976	0.1020
10.0	0.0514	0.0556	0.0592	0.0622	0.0649	0.0672	0.0710	0.0739	0.0763	0.0783	0.0799	0.0829	0.0880
12.0	0.0435	0.0471	0.0502	0.0529	0.0552	0.0573	0.0606	0.0634	0.0656	0.0674	0.0690	0.0719	0.0774
16.0	0.0322	0.0361	0.0385	0.0407	0.0425	0.0442	0.0469	0.0492	0.0511	0.0527	0.0540	0.0567	0.0625
20.0	0.0269	0.0292	0.0312	0.0330	0.0345	0.0359	0.0383	0.0402	0.0418	0.0432	0.0444	0.0468	0.0524

【小贴士】
----------------------○

应力历史对地基沉降的影响

　　土体这种材料不像金属弹簧那样，无论之前加载大小和次数怎样，只要施加的压力一样，其变形量就一样。而土体历史上承受的应力，对目前土的压缩性高低是有影响的。例如某场地历史上最高地面远高于目前地面，则该场地的土呈超压密状态，因此将地基土的压缩性比通常情况要低。因此将地基土按历史上曾受到过的最大压力与目前所受的土的自重压力相比较，可分为以下三种类型：

　　(1) 正常固结土：指土层历史上所经受的最大压力，等于现有覆盖土的自重压力。大多数建筑场地的土层，均属于正常固结土。

　　(2) 超固结土：指该土层历史上曾经受过大于现有覆盖土重的前期固结压力。这可能是因为水流冲刷、冰川作用及人类活动等原因将沉积于目前土体之上的先前的土体搬运走的原因。

　　(3) 欠固结土：指土层目前还没有达到完全固结，土层实际固结压力（有效应力）小于土层自重压力，这主要是指新近沉积的黏性土或人工填土，这种土的沉降就比较大。本书只针对主流的正常固结土来讲解了沉降计算。而对超固结土和欠固结土的沉降计算可参考其他教材。

3.4　地基沉降与时间的关系

　　上一节介绍了地基最终沉降量的计算，最终沉降量是指在上部荷载产生的附加应力作用下，地基土体发生压缩达到稳定的沉降量。但是对于不同的地基土体要达到压缩稳定的时间长短不同。对于砂土和碎石土地基，因压缩性较小，透水性较大，一般在施工完成时，地基的变形已基本稳定；对于黏性土，特别是饱和黏土地基，因压缩性大，透水性小，其地基土的固结变形常用延续数年，甚至几十年才能完成。地基土的压缩性越大，透水性越小，则完成固结也就是压缩稳定的时间愈长。对于这类固结很慢的地基，在设计时，不仅要计算基础的最终沉降量，有时还需知地基沉降过程，预计建筑物在施工期间和使用期间的地基沉降量，即地基沉降与时间的关系，以便预留建筑物有关部分之间的净空，组织施工顺序，控制施工进度，以及作为采取必要措施的依据。

　　饱和土体在荷载作用下，土孔隙中的自由水随着时间推移缓慢渗出，土的体积逐渐减小的过程，称为土的渗透固结。下面通过一个模型试验来研究饱和土体固结过程。

　　太沙基一维固结理论，一维固结又称单向固结，是指土体在荷载作用下产生的变形与孔隙水的流动仅发生在一个方向上的固结问题。严格的一维固结只发生在室内有侧限的固结试验中，在实际工程中并不存在；但在大面积均布荷载作用下的固结，可近似为一维固结问题。

1. 固结模型和基本假设

　　太沙基（1924 年）建立了如图 3-9 所示的模型。图 3-9 中，整体代表一个土单元，弹簧代表土骨架，水代表孔隙水，活塞上的小孔代表土的渗透性，活塞与筒壁之间无摩擦。

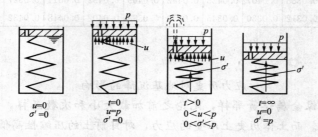

图 3-9　土体固结的弹簧活塞模型

　　在外荷载 p 刚施加的瞬间，水还来不及从小孔中排出，弹簧未被压缩，荷载 p 全部由孔隙水承担，水中产生超静孔隙水压力 u，此时，$u=p$。随着时间的发展，水不断从小孔中向外排出，超静孔隙水压力逐渐减小，弹簧逐步受到压缩，弹簧所承担的力逐渐增大。弹簧中的应力代表土骨架所受的力，即土体中的有效应力 σ'，在这一阶段 $u+\sigma'=p$。有效应力与超静孔隙水压力之和称为总应力 σ。当水中超静孔隙水压力减小到 0，水不再从小孔中挤出，全部外荷载由弹簧承担，即有效应力 $\sigma'=p$。在整个过程中，总应力 σ、有效应力 σ' 和超静孔隙水压力 u 之间关系为

$$u+\sigma'=\sigma \tag{3-21}$$

　　太沙基采用这一物理模型，并作出如下假设：

（1）土体是饱和的。

（2）土体是均质的。

（3）土颗粒与孔隙水在固结过程中不可压缩。

（4）土中水的渗流服从达西定律。

（5）在固结过程中，土的渗透系数 k 是常数。

（6）在固结过程中，土的压缩系数 a 是常数。

（7）外部荷载时一次瞬时施加的。

（8）土体的固结变形是小变形。

（9）土中水的渗流与土体变形只发生在一个方向。

在以上假设的基础上，太沙基建立了一维渗流固结理论。

2. 固结方程

根据上述物理模型与基本假定，考虑最简单的情况。图 3-10 表示了一个饱和的黏性土层，厚度为 H，已在自重作用下完成了固结。设在它上面受到连续均布荷载 p（kPa）的作用，因此，由它所引起的附加应力 σ_z，沿深度为均匀分布，并等于 p。饱和黏土层下面是不可压缩的不透水层，在固结过程中，土中水只能向上面透水砂层排走。ad 表示任意时间 t 时土中有效应力 σ' 或超静孔隙水压力 u 沿深度的变化曲线，它将随着时间而改变它的位置，结果是有效应力面积增加而超静孔隙水压力面积减小，如图中的虚线所示。

取土体中距排水面某一深度处的土单元体 $dxdydz$，如图 3-10 所示。由于土骨架对孔隙水的渗透有阻碍作用，因此除了在荷载施加的瞬间及固结完成时刻以外，在固结过程中土单元的上下表面处的超静孔隙水压力是不同的。因此，超静孔隙水压力是时间和深度的函数，即 $u = u(z, t)$。在固结过程中，单元体 $dxdydz$ 在 dt 时间内沿竖向排出的水量等于单元体在 dt 时间内竖向压缩量。

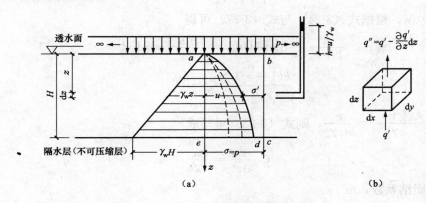

图 3-10　土体单元的固结

单元体在 dt 时间内排水量 dQ 表达式为

$$dQ = \frac{\partial v}{\partial z}dzdxdydt \tag{3-22}$$

根据达西定律，有

$$v = ki = \frac{k}{\gamma_w}\frac{\partial u}{\partial z} \tag{3-23}$$

式中　v——水在土体中的渗流速度，m/s；

　　　i——水力梯度；

　　　k——渗透系数，m/s；

　　　u——超静孔隙水压力，kPa；

γ_w——水的重度，kN/m^3。

将式（3-23）代入式（3-22），得

$$dQ = \frac{k}{\gamma_w}\frac{\partial^2 u}{\partial z^2}\mathrm{d}z\mathrm{d}x\mathrm{d}y\mathrm{d}t \tag{3-24}$$

单元体在 $\mathrm{d}t$ 时间内的压缩量，即土中孔隙体积的变化量 $\mathrm{d}V$ 表达式为

$$dV = \frac{\partial}{\partial t}\left(\frac{e}{1+e_0}\right)\mathrm{d}x\mathrm{d}y\mathrm{d}z\mathrm{d}t \tag{3-25}$$

式中　e——t 时刻土体的孔隙比；

　　　e_0——土体初始孔隙比。

土体孔隙比的改变与土体受到的有效应力有关，根据压缩曲线（压缩系数定义）得

$$\frac{\partial e}{\partial \sigma'} = -a \tag{3-26}$$

式中　a——土体的竖向压缩系数；

　　　σ'——土中有效应力。

将式（3-26）代入式（3-25），并结合有效应力原理

$$\sigma' + u = \sigma$$

得

$$dV = \frac{a}{1+e_0}\frac{\partial u}{\partial t}\mathrm{d}x\mathrm{d}y\mathrm{d}z\mathrm{d}t \tag{3-27}$$

因为 $\mathrm{d}Q=\mathrm{d}V$，根据式（3-24）与式（3-27）可得

$$\frac{a}{1+e_0}\frac{\partial u}{\partial t}\mathrm{d}x\mathrm{d}y\mathrm{d}z\mathrm{d}t = \frac{k}{\gamma_w}\frac{\partial^2 u}{\partial z^2}\mathrm{d}z\mathrm{d}x\mathrm{d}y\mathrm{d}t$$

$$\frac{k(1+e_0)}{\gamma_w a}\frac{\partial^2 u}{\partial z^2} = \frac{\partial u}{\partial t} \tag{3-28}$$

定义 $C_v = \dfrac{k(1+e_0)}{a\gamma_w} = \dfrac{k}{m_v\gamma_w}$，则式（3-28）可写成

$$C_v\frac{\partial^2 u}{\partial z^2} = \frac{\partial u}{\partial t} \tag{3-29}$$

式中　C_v——固结系数，m^2/s。

式（3-29）称为太沙基一维固结方程。该方程属二阶偏微分方程，运用相应的求解方法结合初始条件和边界条件进行求解得到任一点任一时刻的超静孔隙水压力 $u(z,\ t)$ 成为了问题的关键。

3. 固结方程的解

根据给定的边界条件和初始条件，可以求解微分方程式（3-29），从而得到超静孔隙水压力随时间沿深度的变化规律。

图 3-10 所示土层厚度为 H，固结系数为 C_v，排水条件为单面排水，表面作用瞬时施加的大面积均布荷载 p。

如图 3-10（a）所示的边界条件（可压缩层顶底面排水条件）和初始条件（开始固结时的附加应力分布情况）如下

边界条件为　　　　　　　　　$z=0,\quad u=0(t>0)$

$$z = H, \quad \frac{\partial u}{\partial z} = 0(t > 0)$$

初始条件为

$$t = 0, \quad u = p(0 \leqslant z \leqslant H)$$

$$t = \infty, \quad u = 0(0 \leqslant z \leqslant H)$$

采用分离变量法求解式（3-29），令

$$u = F(z)G(t) \tag{3-30}$$

将式（3-30）代入式（3-29），可得

$$C_v F''(z)G(t) = F(z)G'(t)$$

即

$$\frac{F''(z)}{F(z)} = \frac{G'(t)}{C_v G(t)}$$

因此

$$\frac{F''(z)}{F(z)} = \frac{G'(t)}{C_v G(t)} = 常数$$

令该常数为 $-A^2$，可得

$$F(z) = C_1 \cos Az + C_2 \sin Az \tag{3-31}$$

$$G(t) = C_3 \exp(-A^2 C_v t) \tag{3-32}$$

把式（3-31）与式（3-32）代入式（3-30），得

$$u = (C_1 \cos Az + C_2 \sin Az)C_3 \exp(-A^2 C_v t) = (C_4 \cos Az + C_5 \sin Az)\exp(-A^2 C_v t) \tag{3-33}$$

根据边界条件和初始条件可得

$$u = \frac{4p}{\pi} \sum_{m=1}^{\infty} \frac{1}{m} \sin \frac{m\pi z}{2H} \exp(-m^2 \pi^2 T_v / 4) \tag{3-34}$$

式中 m——正整数，且 $m = 1$，3，5…；

       H——最长排水距离，当土层为单面排水时，H 等于土层厚度；当土层上下双面排水时，H 取一半土层厚度；

       T_v——时间因数，且 $T_v = \dfrac{C_v t}{H^2}$。

根据式（3-34）可以计算图 3-10 中任一点任一时刻的超静孔隙水压力 $u(z, t)$。因为固结的本质是超静孔隙水压力向有效应力转化的过程，所以已知某点某时刻的超静孔隙水压力，也就知道了该点该时刻的固结程度。基于此，可引入以下固结度的概念。

4. 固结度

在某一荷载作用下经过时间 t 后土体固结过程完成的程度称为固结度，通常用 U 表示。土体在固结过程中完成的固结变形和土体抗剪强度增长均与固结度有关。从本质上讲，土的固结度当是超静孔隙水压力向有效应力转化的程度。针对土体中某点而言，固结度可表示为

$$U = \frac{\sigma'}{\sigma} = \frac{\sigma - u}{\sigma} = 1 - \frac{u}{\sigma} \tag{3-35}$$

式中 σ——在一定荷载作用下，土体中某点总应力，kPa；

       σ'——土体中某点有效应力，kPa；

       u——土体中某点超静孔隙水压力，kPa。

在实际应用中，更关心的是土层的平均固结度，而不是某一点的固结度。而平均固结度的宏观表现是某一时刻固结沉降量占最终沉降量的比值，但其本质是某一时刻总有效应力占

最终有效应力的比值。基于此，下面给出平均固结度的定义及推导过程。地基土层在某一荷载作用下，经过时间 t 后所产生的固结沉降量 s_{ct} 与该土层固结完成时最终固结沉降量 s_c 之比称为平均固结度，也称地基固结度，即

$$U_t = \frac{s_{ct}}{s_c} \tag{3-36}$$

在压缩应力、土层性质和排水条件等已定的情况下，U_t 仅是时间 t 的函数。对于竖向排水情况，由于固结沉降与有效应力成正比，所以在某一时刻有效应力图的面积和最终有效应力图的面积之比即为竖向排水的平均固结度 U_{zt}（图 3-10）。

$$U_{zt} = \frac{\text{应力面积 } abdc}{\text{应力面积 } abec} = \frac{\text{应力面积 } abec - \text{应力面积 } aed}{\text{应力面积 } abec} = 1 - \frac{\int_0^H u_{zt} \, dz}{\int_0^H \sigma_z \, dz} \tag{3-37}$$

由此可见，地基的固结度也就是土体中超静孔隙水压力向有效应力转化过程的完成程度。

将式（3-34）解得的孔隙水压力沿土层深度的分布函数代入式（3-37），经积分可求得图 3-10 所示条件下土层固结度为

$$U_t = 1 - \frac{8}{\pi^2} \sum_{m=1}^{\infty} \frac{1}{m^2} e^{-\pi^2 m^2 T_v/4} \quad (m = 1, 3, 5 \cdots) \tag{3-38}$$

由于式（3-38）中级数收敛很快，故当 T_v 值较大（如 $T_v \geqslant 0.16$）时，可只取其第一项，其精度已满足工程要求。则上式可简化为

$$U_t = 1 - \frac{8}{\pi^2} e^{-\pi^2 T_v/4} = f(T_v) \tag{3-39}$$

由此可见，固结度 U_t 仅为时间因数 T_v 的函数。当土性指标 k、e、a 和土层厚度 H 已知时，针对某一具体的排水条件和边界条件，即可求得 U_t-t 关系。

根据式（3-39），在压缩应力分布及排水条件相同的情况下，两个土质相同（即 C_v 相同）而厚度不同的土层，要达到相同的固结度，其时间因数 T_v 应相等，即

$$T_v = \frac{C_v}{H_1^2} t_1 = \frac{C_v}{H_2^2} t_2$$

$$\frac{t_1}{t_2} = \frac{H_1^2}{H_2^2} \tag{3-40}$$

式（3-40）表明土质相同而厚度不同的两土层，当压缩应力分布和排水条件都相同时，达到同一固结度所需时间之比等于两土层最长排水距离的平方之比。因而对于同一地基情况，若将单面排水改为双面排水，要达到相同的固结度，所需历时应减少为原来的 1/4。

以上讨论限于饱和黏性土层中附加应力沿深度均匀分布的情况，它相当于地基已在自重作用下固结完成，而基础面积很大，压缩土层较薄（即 $\frac{H}{b} \leqslant 0.5$）的情况。但实际上遇到的情况要比这个复杂得多。为了使计算不致过分复杂，按照饱和黏性土层内实际应力的分布情况（由附加应力和自重应力之和，或由两种应力单独构成）和排水条件可近似而又足够准确地分为五种，如图 3-11 所示。

情况 0 相当于上述的最简单情况；

情况 1 相当于大面积新沉积或新填的土层由于自重应力而产生固结的情况；

情况 2 相当于地基在自重应力作用下已经完成固结，而基础底面积较小，压缩层很厚，在土层底面处的附加应力已经接近零的情况；

情况 3 相当于地基在自重应力作用下还未固结，就在上面修建建筑物的情况；

情况 4 与情况 2 相似，但在压缩土层底面的附加应力远大于零的情况。

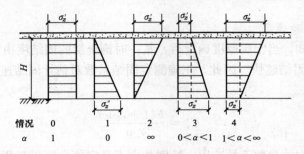

情况   0   1   2   3   4

α 1   0 ∞ $0<\alpha<1$ $1<\alpha<\infty$

图 3-11   五种简化附加应力分布图

如图 3-11 所示，其中 α 为反映附加应力分布形态的参数，定义为透水面上的附加应力 σ'_z 与不透水面上附加应力 σ''_z 之比，即 $\alpha = \dfrac{\sigma'_z}{\sigma''_z}$。因此，对不同的附加应力分布，$\alpha$ 值不同，式（3-29）解也不尽相同，所求得的土层平均固结度也就不一样。因此，土层的平均固结度与土层中附加应力的分布形态有关。显然，只要给定附加应力的分布形态，都可以按照上述思路求解平均固结度 U_{zt}。为了使用的方便，已将各种附加应力呈直线分布（即不同 α 值）情况下土层的平均固结度与时间因数之间的关系绘制成曲线，如图 3-12 所示。

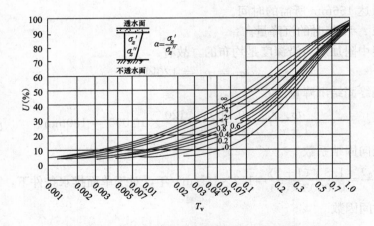

图 3-12   平均固结度 U 与时间因数 T_v 关系曲线

利用图 3-12 和式（3-37），可以解决下列两类沉降计算问题。

（1）已知土层的最终沉降量 s_c，求某一固结时刻 t 已完成的沉降 s_{ct}。

对于这类问题，首先根据土层的 k，a，e，H 和给定的 t，算出土层平均固结系数 C_v 和时间因数 T_v，然后利用图 3-12 中的曲线查出相应的固结度 U，再由式（3-37）求得 s_{ct}。

（2）已知土层的最终沉降量 s_c，求土层产生某一沉降量 s_{ct} 所需的时间 t。

对于这类问题，首先求出土层平均固结度 $U = s_{ct}/s_c$，然后从图 3-12 中的曲线查得相应

的时间因数 T_v，再按式 $t = H^2 T_v / C_v$ 求出所需的时间。

以上所述均为单面排水情况。若土层为双面排水，则不论土层中附加应力分布为哪一种情况，只要是线性分布，均可按情况 0（即 $\alpha = 1$）计算。这是根据叠加原理而得到的结论，具体论证过程不再赘述，可参考有关文献。但对双面排水情况，时间因数中的排水距离应取土层厚度的一半。

5. 固结系数的试验确定

由式（3-38）可知，当土层厚度确定后，某一时刻土层的固结度由固结系数决定，土的固结系数越大，土体固结越快。因此，正确测定固结系数对估计固结速率有重要意义。固结系数的表达式为

$$C_v = \frac{k(1 + e_0)}{\gamma_w a} \tag{3-41}$$

由于式（3-41）中的参数不易选用，特别是 a 不是定值；所以采用式（3-41）计算固结系数，难以得到满意的结果。因此，常采用试验方法测定固结系数，一般是通过压缩试验，绘制在一定压力下的时间-压缩量曲线，再结合理论公式来确定固结系数 C_v。有关的方法很多，在此推荐时间平方根拟合法与时间对数拟合法。限于篇幅，有兴趣的读者可以参见《土工试验方法标准》（GB/T 50123—1999）。

【例 3-2】 某厚度为 10m 的饱和黏土层，在大面积荷载 $p_0 = 120$kPa 的作用下，设该土层的初始孔隙比 $e = 1$，压缩系数 $a = 0.3$MPa^{-1}，渗透系数 $k = 1.8$cm/年，对黏土层在单面排水和双面排水条件下分别求：

(1) 加荷历时一年的沉降量；

(2) 沉降量达 156mm 所需的时间。

解 (1) 求 $t = 1$ 年时的沉降量。

由于黏土层中附加应力沿深度是均布的，故有

$$\sigma_1 = p_0 = 120\text{kPa}$$

黏土层的最终固结沉降量

$$s = \frac{a\sigma_z}{1 + e}H = \frac{0.0003 \times 120}{1 + 1} \times 10\,000 = 180\text{mm}$$

黏土层的竖向固结系数

$$C_v = \frac{k(1 + e_0)}{a\gamma_w} = \frac{1.8 \times (1 + 1)}{0.0003 \times 0.1} = 1.2 \times 10^5\,\text{cm}^2/\text{年}，对于单面排水条件下：}$$

竖向固结时间因数

$$T_v = \frac{C_v t}{H^2} = \frac{1.2 \times 10^5 \times 1}{1000 \times 1000} = 0.12$$

查图 3-12 得，$U_z = 0.39$；则 $t = 1$ 年时的沉降量

$$s_t = U_z s = 0.39 \times 180 = 70.2\text{mm}$$

在双面排水的情况下，时间因数

$$T_v = \frac{1.2 \times 10^5 \times 1}{500 \times 500} = 0.48$$

查图 3-12 得，$U_z = 0.75$；则 $t = 1$ 年时的沉降量 $s_t = 0.75 \times 180 = 135$mm。

（2）求沉降量达 156mm 所需的时间。

平均固结度将为 $$U = \frac{s_t}{s} = \frac{156}{180} = 0.87$$

由图 3-12 可查得 $T_v = 0.76$，在单向排水条件下 $t = \frac{T_v H^2}{C_v} = \frac{0.76 \times 1000^2}{1.2 \times 10^5} = 6.3$ 年

在双向排水条件下 $t = \frac{0.76 \times 500^2}{1.2 \times 10^5} = 1.6$ 年。

6. 讨论

实践表明：用单向固结理论计算的饱和土的固结情况与饱和土样压缩试验所得的固结情况大致接近，但与实测结果相比，却有较大出入，如上海地区的实测资料表明，实测的沉降速度远比计算结果为快，这说明前者是由于单向固结理论的假设与试验条件基本一致，而后者则是除了理论本身还存在一些问题外，还没有考虑到许多实际复杂因素的影响（如上海地区土的横向渗透系数远大于竖向渗透系数），因而计算结果与实测结果有较大的出入。

总之，在很多情况下，尤其是对于饱和软土，应用单向固结理论是有其局限性的。从理论本身来看，只有当建筑物基础的面积很大，可压缩性土层的厚度很小（如小于等于基础宽度的一半）而下面为坚硬并不透水的岩层时，才接近单向固结的条件。在多数情况下，当土层受到局部荷载时孔隙水的渗流实际属于二维或三维问题。二维固结和三维固结常称为多维固结。为了求解多维固结问题，Rendulic（1935）首先将太沙基一维固结方程推广至多维条件，得到 Terzaghi-Rendulic 扩散方程。Biot（1940）从连续介质基本方程出发得到 Biot 固结理论，他考虑了孔隙水压力消散与土骨架变形之间的耦合作用。关于这两种理论，读者可以参阅高等土力学相关章节。

【小贴士】

关于地基沉降与时间的关系问题，本节教材考虑到太沙基一维渗流固结理论的前后完整性，故对其中比较简单的附加应力不随深度变化的情况给出了推导。因为涉及偏微分方程求解的数学难点，给一些读者阅读造成一定困难，但这并不影响对理论的应用。对理论的应用主要解决前面提到的两类工程问题（其一是已知时间求沉降量；其二已知沉降量求时间）。问题的解决需要注意排水条件和附加应力的分布情况。然后根据排水条件和应力分布情况结合已知条件查表得到相应的固结度或时间因数，进一步根据固结度或时间因数的定义使问题得以解决。将一维渗流固结理论图表化，以使得理论便于应用。

3.5　地基沉降的控制要求

前面讲到地基最终沉降量的计算，显然通过计算预测出来的沉降量不应大于地基变形的允许值。那么如何确定地基变形的允许值呢？另外，通过理论计算得到的地基沉降往往与实际存在差异，为了验证工程设计与沉降计算的正确性、判别建筑物施工的质量并为以后沉降计算提供经验还需要对建筑沉降进行观测。那么建筑物沉降观测该如何进行呢？本节将就以

上两个问题进行阐述。

3.5.1　地基变形特征及适用的结构类型

《地基规范》指出：

（1）由于建筑地基不均匀、荷载差异很大、体型复杂等因素引起的地基变形，对于砌体承重结构应由局部倾斜值控制；对于框架结构和单层排架结构应由相邻柱基的沉降差控制；对于多层或高层建筑和高耸结构应由倾斜值控制；必要时尚应控制平均沉降量。

（2）在必要情况下，需要分别预估建筑物在施工期间和使用期间的地基变形值，以便预留建筑物有关部分之间的净空，选择连接方法和施工顺序。一般多层建筑物在施工期间完成的沉降量，对于砂土可认为其最终沉降量已完成80％以上，对于其他低压缩性土可认为已完成最终沉降量的50％～80％，对于中压缩性土可认为已完成20％～50％，对于高压缩性土可认为已完成5％～20％。以上两点便是前面两节讲到的地基沉降计算和沉降与时间的关系问题在规范中的具体应用。

下边分别解释建筑物地基变形的四种特征，即沉降量、沉降差、倾斜和局部倾斜。

沉降量（mm），特指基础中心的沉降差，以mm为单位。若沉降量过大，势必影响建筑物的正常使用。

沉降差（mm），指同一建筑物中相邻两个基础沉降的差值。若沉降差过大，建筑物将发生裂缝、倾斜和破坏。

倾斜（‰），指独立基础倾斜方向两端点的沉降差与其距离的比值，以‰表示。若建筑物倾斜过大，将影响正常使用，遇台风或强烈地震时危及建筑物整体稳定，甚至倾覆。

局部倾斜（‰），指砖石砌体承重结构，沿纵向6～10m内基础两点的沉降差与其距离的比值，以‰表示。若建筑物局部倾斜过大，往往使砖石砌体承受弯矩而拉裂。

在对大量建筑物沉降观测资料的整理分析基础上，规范确定了各类建筑物能够允许的地基变形限制，见表3-6。

表3-6　　　　　　　　　　建筑物的地基变形允许值

变形特征	地基土类别	
	中、低压缩性土	高压缩性土
砌体承重结构基础的局部倾斜	0.002	0.003
工业与民用建筑相邻柱基的沉降差 （1）框架结构 （2）砌体墙填充的边排柱 （3）当基础不均匀沉降时不产生附加应力的结构	$0.002l$ $0.007l$ $0.005l$	$0.003l$ $0.001l$ $0.005l$
单层排架结构（柱距为6m）柱基的沉降量（mm）	(120)	200
桥式吊车轨面的倾斜（按不调整轨道考虑） 纵向 横向	0.004 0.003	
多层和高层建筑的整体倾斜 $H_g \leqslant 24$ $24 < H_g \leqslant 60$ $60 < H_g \leqslant 100$ $H_g > 100$	0.004 0.003 0.0025 0.002	
体型简单的高层建筑基础的平均沉降量（mm）	200	

续表

变形特征	地基土类别	
	中、低压缩性土	高压缩性土
高耸结构基础的倾斜　$H_g \leqslant 20$ $20 < H_g \leqslant 50$ $50 < H_g \leqslant 100$ $100 < H_g \leqslant 150$ $150 < H_g \leqslant 200$ $200 < H_g \leqslant 250$	0.008 0.006 0.005 0.004 0.003 0.002	
高耸结构基础的沉降量（mm）$H_g \leqslant 100$ $100 < H_g \leqslant 200$ $200 < H_g \leqslant 250$	400 300 200	

注　1. 表中数值为建筑物地基实际最终变形允许值；
　　2. 有括号者仅适用于中压缩性土；
　　3. l 为相邻柱基的中心距离（mm）；H_g 为自室外地面起算的建筑物高度（m）；
　　4. 倾斜指基础倾斜方向两端点的沉降差与其距离的比值；
　　5. 局部倾斜指砌体承重结构沿纵向 6～10m 内基础两点的沉降差与其距离的比值。

3.5.2　建筑物沉降观测

1. 目的

（1）验证工程设计与沉降计算的正确性；

（2）判别建筑物施工的质量；

（3）发生事故后作为分析事故原因和加固处理依据。

2. 必要性

能够及时发现建筑物变形并防止有害变形的扩大。

3. 水准点的设置

（1）埋设地点要靠近观测对象，但必须在建筑物所产生的压力影响范围以外。

（2）在一个观测区内，水准点 $\geqslant 3$ 个，埋置深度应与建筑物基础的埋深相适应。

4. 观测点设置

（1）根据建筑物的平面形状，结构特点和工程地质条件考虑布置观测点。

（2）一般设置在四周的角点、转角处、纵横墙的中点、沉降缝和新老建筑物的连接处。

（3）数量一般不小于 6 点，间距一般为 6～12m。

5. 仪器与精度

沉降观测采用精密水准仪，观测精度为 0.01mm。

6. 观测次数和时间

民用建筑每增高一层观测一次；工业建筑在不同荷载阶段分别进行观测，施工期间不应少于 4 次；竣工后第一年不少于 3～5 次，第二年不少于 2 次，以后每年一次，直到稳定。（稳定标准为半年沉降量不超过 2mm）

7. 观测资料的整理

减速沉降（沉降速率减少到 0.05mm/d 以下时）：表明沉降趋于稳定。

等速沉降：表明有导致地基丧失稳定的危险。

加速沉降：表示地基已丧失稳定，应及时采取措施，防止发生事故。

习　　题

3-1　某工程钻孔 3 号的土样 3-1 粉质黏土和 3-2 淤泥质黏土的压缩试验数据列于表 3-7。试绘制压缩曲线，并计算 a_{1-2} 并评价其压缩性。

表 3-7　　　　　　　　　　　　　习题 3-1 附表

垂直压力（kPa）		0	50	100	200	300	400
孔隙比	土样 3-1	0.866	0.799	0.770	0.736	0.721	0.714
	土样 3-2	1.085	0.960	0.890	0.803	0.748	0.707

3-2　设有一基础，其底面积为 5m×10m，埋深为 2m，中心垂直荷载为 12 500kN（包括基础自重），地基的土层分布及有关指标见图 3-13。试利用分层总和法计算地基总沉降。

3-3　有一 H 厚的饱和黏性土层，双面排水，加荷两年后固结度达到 90%；若该土层时单面排水，则达到同样的固结度 90%，需多少时间？

3-4　设有一砾砂层，厚 2.8m，其下为厚 1.6m 的饱和黏土层，再下面为透水的卵石夹砂（假定不可压缩），各土层的有关指标如图 3-14 所示。现有一条形基础，宽 2m，埋深 2m，埋于砾砂层中，中心荷载为 300kN/m，并且假定为一次加上。试求：

（1）总沉降量。

（2）下沉 1/2 总沉降量时所需的时间。

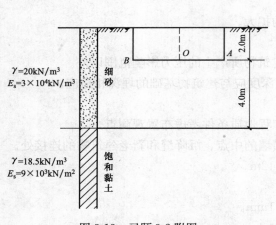

图 3-13　习题 3-2 附图

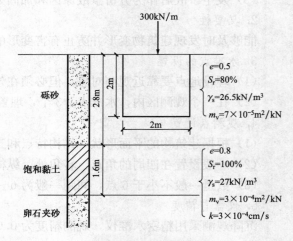

图 3-14　习题 3-4 附图

第4章　土 的 抗 剪 强 度

4.1　概　　述

　　土体的破坏通常都是剪切破坏。之所以会产生剪切破坏，是因为土是由碎散的颗粒组成的，颗粒间的摩擦力是其强度的主要部分，所以它的强度和破坏都是剪切力控制的，这是与连续介质的固体不同的。土的强度通常是指土体抵抗剪切破坏的能力。土的抗剪强度是土的重要力学指标之一，建筑物地基、各种结构物的地基（包括路基、坝、塔、桥等）、挡土墙、地下结构的土压力及各类结构（如堤坝、路堑、基坑等）的边坡和自然边坡的稳定性等均由土的抗剪强度控制。就土木工程中各种土的边坡稳定性分析而言，土的抗剪强度是最重要的计算参数。能否正确地确定土的抗剪强度，往往是设计和工程成败的关键所在。

　　土体的强度通常是指在某种破坏状态时的某一点上由各种作用引起的组合应力中的最大广义剪应力。例如在平面应变情况下的稳定分析中，若某点的剪应力达到其抗剪强度（其破坏定义为产生滑动破坏面），在剪切面两侧的土体将产生相对位移且产生滑动破坏，该剪切面也称为滑动面或破坏面。随着荷载的继续增加，土体中的剪应力达到抗剪强度的区域也越来越大，最后各滑动面连成整体，土体发生整体剪切破坏而丧失稳定性，图4-1给出了土体失稳的两个例子。

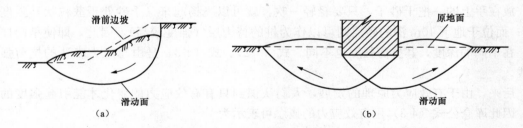

图 4-1　土体失稳破坏

(a) 土坡滑动；(b) 地基失稳

　　本章主要介绍土的抗剪强度的基本概念与极限平衡条件、土的抗剪强度试验方法、不同排水条件时剪切试验成果、地基临塑荷载及极限承载力等知识。

4.2　土的抗剪强度与极限平衡条件

4.2.1　土的破坏准则

　　所谓破坏准则就是如果满足其应力状态就会产生破坏的条件公式。换句话说，就是抗剪强度（破坏时滑动面上的最大剪应力）的表达式。土的抗剪强度取决于很多因素，但为了实际应用的方便，土力学中应用最多的抗剪强度是仅具有两个参数的莫尔—库仑破坏准则。

由于土是离散颗粒的集合体，因而土与其他工程材料相比具有很大的不同，可以认为土质材料最初就是已经被破碎了的散粒。与其他材料相比，土体基本粒子间的黏聚力很小，它主要依靠土颗粒间的摩擦力承受荷载；所以土的变形与破坏主要受"摩擦法则"的控制。土的抗拉强度非常小（仅限于具有黏聚力的黏土），而且在长期荷载作用下是不稳定的，具有不断减少的特性；因此工程中不考虑土的抗拉强度。因为土的强度主要是由于土颗粒之间的摩擦力引起的，因此可以认为土的破坏准则就是下式表示的摩擦准则

$$F = \mu N \tag{4-1}$$

式中　F——摩擦力；

　　　N——作用于土粒间的法向力；

　　　μ——摩擦系数。

把式（4-1）的两边同除以横截面积 A 得到应力，若设 $F/A = \tau_f$，$N/A = \sigma$，$\mu = \tan\varphi$，可得下式

$$\tau_f = \sigma \tan\varphi \tag{4-2}$$

式中　τ_f——抗剪强度；

　　　σ——破坏面（滑动面）上的垂直压应力；

　　　φ——内摩擦角。

如果考虑 $\sigma = 0$ 时的黏结力对抗剪强度的有利影响，有比式（4-2）更一般的表达式

$$\tau_f = c + \sigma \tan\varphi \tag{4-3}$$

式中　c——黏聚力，c 和 φ 称为抗剪强度指标（参数）。

因为式（4-2）、式（4-3）是库仑提出的摩擦准则，所以以库仑的名字命名为库仑公式。从公式的形式可以看出，土颗粒之间的垂直压应力 σ 越大，土的强度就越高。如大家所熟知的，放在手上的一把干砂子，只要轻轻一吹，就可以飞扬起来（干砂处于散粒状其强度为零）；而位于地下 10m 深的砂层则可以作为桩的持力层（强度较高）。因此，即使是同样的土，在不同的深度，其抗剪强度也不同。式（4-2）、式（4-3）是由总应力表达的抗剪强度公式。

后来，由于有效应力原理的发展，人们认识到只有有效应力的变化才能引起强度的变化，因此库仑公式（4-3）用有效应力的概念可表示为

$$\tau_f = \sigma' \tan\varphi' + c' = (\sigma - u)\tan\varphi' + c' \tag{4-4}$$

由此可知，土的抗剪强度有两种表达方式，土的 c 和 φ 统称为土的总应力强度指标，直接应用这些指标进行土体稳定性分析的方法称为总应力法；而 c' 和 φ' 统称为土的有效应力强度指标，应用这些指标进行土体稳定性分析的方法称为有效应力法。那么，土有没有固有的抗剪强度指标呢？当然是有的，那就是土的有效强度指标。用有效应力表示的有效强度指标是土的固有性质，不随排水条件而变化。这是有效指标最大优点，但用于工程计算时需要已知土层中的有效应力，在一般情况下是比较困难的，因此应用就受到了限制。在工程计算中，用总应力指标计算比较容易实现，因此在实际工程中总应力指标的应用比较广泛。

库仑强度准则公式中的 c 和 φ 值，虽然具有一定表观的物理意义，即黏聚力和内摩擦角，但最好把 c 和 φ 值理解为使将破坏试验结果整理后的两个数学参数。因为即使是同一种土样，其 c 和 φ 值也并非常数，它们会因试验方法和试验条件（如固结与排水条件）等的不

同而发生变化。但如前所述，在一定试验条件下获得的有效强度指标是常数。

另外应该指出，许多土类的抗剪强度并非都呈线性，而是随着应力水平的增大而逐渐呈现非线性。莫尔 1910 年指出，当法向应力范围较大时，抗剪强度线往往呈曲线形状。这一现象可用图 4-2 说明。由于土的 $\sigma \tau_f$ 关系式曲线而非直线，其上个点的抗剪强度指标 c 和 φ 并非恒定值，而应由该点的切线性质决定。此时就不能用库仑公式来概括土的抗剪强度特性。通常把试验所得的不同形状的抗剪强度线统称为抗剪强度包线。而库仑公式仅是抗剪强度包线的一种线性表达式。因其是最常用于表达抗剪强度包线的，所以经常也把库仑公式的线性表达式称为抗剪强度包线。

4.2.2 莫尔—库仑破坏准则

莫尔继续进行库仑的研究工作，提出材料的破坏是剪切破坏的理论，认为在破裂面上，法向应力与抗剪强度之间存在着函数关系

$$\tau_f = f(\sigma)$$

这一函数所定义的曲线见图 4-2。它就是抗剪强度包线，也可称为莫尔破坏包线。

土样一点的应力状态由若干个面的法向应力和剪应力来表征，如果某一个面上的法向应力 σ 和剪切应力 τ 所代表的点落在图 4-2 的坐标系中破坏包线下面，如 A 点，表明在该法向应力 σ 作用下，该截面上的剪应力 τ 小于土的抗剪强度 τ_f，土体不会沿该截面发生剪切破坏。如果该点正好落在强度包线上，如 B 点，表明剪应力等于抗剪强度，土体单元处于临界破坏状态。如果该点落在强度包线以上的区域，如 C 点，表

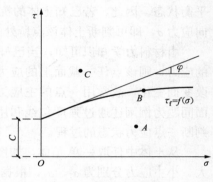

图 4-2 抗剪强度包线

明土体已经破坏。实际上，这种应力状态是不会存在的，因为剪应力 τ 增加到 τ_f 时，就不可能再继续增加了。此处仅用于判断土体在该应力状态下是否破坏的依据。

土单元体中只要有一个截面发生了剪切破坏，该单元体就进入破坏状态。这种状态称为极限平衡状态。实验表明，一般土体在应力变化范围不大时，莫尔破坏包线可以用库仑公式（4-2）～式（4-4）表示，即土的抗剪强度与法向应力成线性函数关系。这种以库仑公式作为抗剪强度公式，根据剪应力是否达到抗剪强度作为破坏标准的理论就是莫尔—库仑破坏理论。另外需要指出的是，通常应力状态和土体抗剪切破坏的能力是随空间的位置而变化的，所以土体强度一般是指空间某一点的强度。

【小贴士】
- ◎

土体的生老病死，强度是生命力

由前面的知识可知，经过岩石的风化、剥蚀、搬运、沉积就有了土体的雏形，生命体开始孕育形成。沉积过程也就是土体漫长的固结过程，在此过程中，土中水不断排出，孔隙水压力逐渐降低，有效应力逐渐增加，相当于库仑公式中的 σ 增加。同时，黏结力 c 也不断增加，表现为其抗剪强度 τ 不断增加。这相当于是土体这种生命体在不断成长，生命力越发旺盛，在工程中也总是致力于充分保护、强化和利用这种生命力（强度）来为工程服务。既然土体是个生命体，那么就应当有个生老病死的过程。水就是土体生命力的天敌，被水浸泡的

图 4-3　病入膏肓的土体状态

地基容易失稳破坏，雨后的边坡容易坍塌，饱和砂土地震液化这些无不与水有关。都是水导致有效应力降低，黏聚力下降，进而强度下降失去生命力，最后死亡。

图 4-3 就是一个病入膏肓的土体状态，它处于长江岸边，由于下部江水的冲刷，内部水往外渗流，已经快要崩塌，并且即将危及江堤和堤后建筑。正如疾病战胜了生命体。当土体塌入江中变成泥沙，也就再也不是土了。

4.2.3　土中一点应力的极限平衡条件

如前所述，当土中某点任一方向的剪应力 τ 达到土的抗剪强度 τ_f 时，称该点处于极限平衡状态。因此，若已知土体的抗剪强度 τ_f，则只要求得土中某点各个面上的剪应力 τ 和法向应力 σ，即可判断土体该点所处的状态。

由材料力学知识可知，当已知某点的主应力，或相互垂直的面上的应力，则该点任一截面上的应力就已知了。因为主应力不因为坐标改变而变化，故常用一点的主应力来表达一点的应力情况。下面以平面问题为例阐述通过强度包线和用莫尔应力圆表达的一点应力情况来判断一点应力状态的过程。

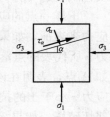

图 4-4　一点的应力状态

从土体中任取一单元体，如图 4-4 所示。设作用在该单元体上的大、小主应力分别为 σ_1、σ_3，根据材料力学可知，与大主应力 σ_1 作用面成 α 角的斜面上的正应力 σ_α、τ_α 可由主应力表示为

$$\sigma_\alpha = \frac{\sigma_1 + \sigma_3}{2} + \frac{\sigma_1 - \sigma_3}{2}\cos 2\alpha \qquad (4-5)$$

$$\tau_\alpha = \frac{\sigma_1 - \sigma_3}{2}\sin 2\alpha \qquad (4-6)$$

上述应力间的关系也可用应力圆（莫尔圆）表示（圆的参数方程）。

将上两式变为

$$\begin{cases} \sigma - \dfrac{1}{2}(\sigma_1 + \sigma_3) = \dfrac{1}{2}(\sigma_1 - \sigma_3)\cos 2\alpha \\ \tau = \dfrac{1}{2}(\sigma_1 - \sigma_3)\sin 2\alpha \end{cases}$$

取两式平方和，即得应力圆的公式

$$\left(\sigma - \frac{\sigma_1 - \sigma_2}{2}\right)^2 + \tau^2 = \left(\frac{\sigma_1 - \sigma_3}{2}\right)^2 \qquad (4-7)$$

表示为纵、横坐标分别为 τ 及 σ 的圆，圆心为 $\left(\dfrac{\sigma_1 + \sigma_3}{2},\ 0\right)$，圆半径等于 $\dfrac{\sigma_1 - \sigma_3}{2}$。

将式（4-7）的函数图形与库仑强度包线共同绘制在 σ-τ 坐标系下，便可很直观判断某点的应力状态，如图 4-5 所示。

应力圆上任一点坐标（σ，τ）代表该点某一方向截面上的应力，因此一个应力圆把一点的各个方向上的应力全部表示出来了。当应力圆（图 4-5 圆Ⅰ）处于强度包线（库仑强度线）的下方时，说明该点在各方向的应力均在强度包线的下方，小于抗剪强度，不会发生破坏；当应力圆（图 4-5 圆Ⅱ）有一点正好与强度包线相切，说明土中这一点有一截面$\left(\text{它与大主应力 } \sigma_1 \text{ 作用截面的夹角为 } 45°+\dfrac{\varphi}{2}\right)$，该截面

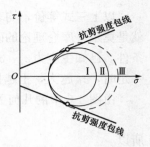

图 4-5 莫尔圆与抗剪
强度包线的关系

上的剪应力正好等于其抗剪强度。该截面处于破坏的临界状态，该应力圆称为极限应力圆，该点所处的应力状态，称为极限应力状态。对于应力圆Ⅲ（与强度包线相割），实际上是不存在的，否则一部分圆弧将处于强度包线之上，这意味着这部分圆弧所代表的截面上的剪应力将超过抗剪强度，这在实际中是不可能发生的事情。但对判断给定的应力情况处于怎样的应力状态是有实际意义的。

　　根据前面所述，判断一点的应力是否达到了极限平衡条件（即破坏的临界状态），主要看这点的应力圆是否与强度包线（即库仑公式表达的强度线）相切。也就是说，在图 4-5 中，应力圆与强度包线相切，表明土体在该点处于极限平衡状态。以上方法是在已知一点应力状态情况（主应力已知）条件下，通过作图在直观判断该点的应力状态（破坏、极限平衡还是稳定）。下面讨论，处于极限平衡条件下的主应力之间有何关系，进而通过解析法判断一点的应力状态。由图 4-6 可知处于极限平衡条件下，土体的抗剪强度指标与大小主应力之间的关系如下

$$\sin\varphi = \frac{O'A}{O''O} = \frac{\frac{1}{2}(\sigma_1 - \sigma_3)}{c \cdot \cot\varphi + \frac{1}{2}(\sigma_1 + \sigma_3)} = \frac{\sigma_1 - \sigma_3}{\sigma_1 + \sigma_3 + 2c \cdot \cot\varphi} \tag{4-8}$$

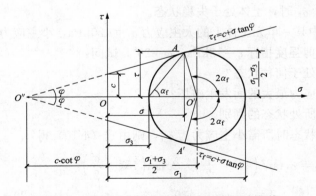

图 4-6 极限平衡状态时的莫尔圆与强度包线

利用三角函数关系转换后可得

$$\sigma_1 = \sigma_3 \tan^2\left(45° + \frac{\varphi}{2}\right) + 2c\tan\left(45° + \frac{\varphi}{2}\right) \tag{4-9}$$

或

$$\sigma_3 = \sigma_1 \tan^2\left(45° - \frac{\varphi}{2}\right) - 2c\tan\left(45° - \frac{\varphi}{2}\right) \tag{4-10}$$

以上三式等价，均表示土单元体达到破坏的临界状态时大、小主应力应满足的关系。这就是莫尔—库仑理论的破坏准则，也是土体达到极限平衡状态的条件，故也称之为极限平衡条件。已知主应力 σ_1，σ_3，由图 4-5 可知，当 σ_1 一定时，σ_3 越小，土越接近破坏；反之当 σ_3 一定时，σ_1 越大，土越接近破坏。下一章朗肯土压力理论，就是该破坏准则的经典应用。

由图 4-6 中的几何关系，可以得到破坏面与大主应力 σ_1 作用面间的夹角 α_f 的关系式为

$$\varphi + 90° = 2\alpha_f$$

所以

$$\alpha_f = \frac{1}{2}(\varphi + 90°) = \frac{\varphi}{2} + 45° \tag{4-11}$$

有了破坏面与大主应力 σ_1 作用面间的夹角 α_f，就可利用式（4-5）、式（4-6）计算出破坏面上的法向应力 σ_α 和剪应力 τ_α。

根据极限平衡状态下大小主应力之间的关系，即式（4-9）、式（4-10）可以得到以下结论，并用于土体应力状态的判断。

（1）由实测最小主应力 σ_3 及公式 $\sigma_1 = \sigma_3 \tan^2\left(45° + \dfrac{\varphi}{2}\right) + 2c \cdot \tan\left(45° + \dfrac{\varphi}{2}\right)$ 可推求土体处于极限状态时，所能承受的最大主应力 σ_{1f}（若实际最大主应力为 σ_1）。

（2）同理，由实测 σ_1 及公式 $\sigma_3 = \sigma_1 \tan^2\left(45° - \dfrac{\varphi}{2}\right) - 2c \cdot \tan\left(45° - \dfrac{\varphi}{2}\right)$ 可推求土体处于极限平衡状态时所需要的最小主应力 σ_{3f}（若实测最小主应力为 σ_3）。

（3）应力状态判断：

当 $\sigma_{1f} > \sigma_1$ 或 $\sigma_{3f} < \sigma_3$ 时，土体处于稳定平衡；

当 $\sigma_{1f} = \sigma_1$ 或 $\sigma_{3f} = \sigma_3$ 时，土体处于极限平衡；

当 $\sigma_{1f} < \sigma_1$ 或 $\sigma_{3f} > \sigma_3$ 时，土体处于失稳状态。

【例 4-1】 地基中某一单元土体上的大主应力 $\sigma_1 = 420\text{kPa}$，小主应力 $\sigma_3 = 180\text{kPa}$。通过试验测得该土样的抗剪强度指标 $c = 18\text{kPa}$，$\varphi = 20°$。试问：

（1）该单元土体处于何种状态？

（2）是否会沿剪应力最大的面发生破坏？

解 （1）单元体所处状态的判别。

设达到极限平衡状态时所需小主应力为 σ_{3f}，则由式（4-10）得

$$\sigma_{3f} = \sigma_1 \tan^2\left(45° - \frac{\varphi}{2}\right) - 2c\tan\left(45° - \frac{\varphi}{2}\right)$$

$$= 420 \times \tan^2\left(45° - \frac{20°}{2}\right) - 2 \times 18 \times \tan\left(45° - \frac{20°}{2}\right)$$

$$= 180.7\text{kPa} > \sigma_3 = 180\text{kPa}$$

因为 σ_{3f} 大于该单元土体的实际小主应力 σ_3，极限应力圆半径将小于实际应力圆半径。所以该单元土体处于剪切破坏状态。

若设达到极限平衡状态时的大主应力为 σ_{1f}，则由式（4-9）得

$$\sigma_{1f} = \sigma_3 \tan^2\left(45° + \frac{\varphi}{2}\right) + 2c\tan\left(45° + \frac{\varphi}{2}\right)$$

$$= 180\tan^2\left(45° + \frac{20°}{2}\right) + 2 \times 18 \times \tan\left(45° + \frac{20°}{2}\right)$$

$$= 419\text{kPa} < \sigma_1 = 420\text{kPa}$$

按照将极限应力圆半径与实际应力圆半径相比较的判断方式同样可得出上述结论。

（2）是否沿剪应力最大的面剪切破坏。

由式（4-6）可知，当 $\alpha = 45°$ 时，剪应力最大，即 $\tau_{\max} = \frac{1}{2}(\sigma_1 - \sigma_3)$。

对于本题，$\tau_{\max} = \frac{1}{2}(\sigma_1 - \sigma_3) = \frac{1}{2}(420 - 180) = 120\text{kPa}$

剪应力最大面上的正应力

$$\sigma = \frac{\sigma_1 + \sigma_3}{2} + \frac{\sigma_1 - \sigma_3}{2}\cos 2\alpha$$

$$= \frac{1}{2} \times (420 + 180) + \frac{1}{2} \times (420 - 180)\cos 90°$$

$$= 300\text{kPa}$$

剪应力最大面上的抗剪强度

$$\tau_f = \sigma\tan\varphi + c = 300 \times \tan 20° + 18 = 127\text{kPa}$$

因为在剪应力最大面上 $\tau_f > \tau_{\max}$，所以剪应力最大的面上不会发生剪切破坏。事实上，剪切破坏发生在与大主应力作用面夹角为 $\frac{\varphi}{2} + 45°$ 的斜面上，而非与大主应力作用面夹角为 $45°$ 的剪应力最大的斜面上。剪应力大的斜面上的抗剪强度更大，所以不在那个面上破坏。这一点，读者需特别注意。

4.3　土的抗剪强度的测定方法

土的抗剪强度是决定建筑物地基和土工结构稳定的关键因素，因而正确测定土的抗剪强度指标对工程实践具有重要的意义。经过数十年的不断发展，目前已有多种类型的仪器、设备可用于测定土的抗剪强度指标。土的剪切试验可分为室内试验和现场试验。室内试验的特点是边界条件比较明确，且容易控制；但室内试验要求必须从现场采取试样，在取样的过程中不可避免地引起应力释放和土的结构扰动。为弥补室内试验的不足，可在现场进行原位试验。原位试验的优点是试验直接在现场原位置进行，不需取试样；因而能够很好地反映土的结构和构造特性。对无法进行或很难进行室内试验的土，如粗粒土、极软黏土及岩土接触面等，可进行原位试验，以取得必要的力学指标。总之，每种试验仪器都有一定的适用性和局限性，在试验方法和成果整理等方面也有各自不同的做法。

4.3.1　直接剪切试验

直剪试验是测定土的抗剪强度指标的室内试验方法之一，它可直接测出给定剪切面上土的抗剪强度。它所使用的仪器称为直接剪切仪或直剪仪，分为应变控制式和应力控制式两种。前者对试样采用等速剪应变测定相应的剪应力，后者则是对试样分级施加剪应力测定相应的剪切位移。我国普遍采用应变控制式直剪仪。其结构构造见图 4-7，其受力状态见图 4-8。仪器由固定的上盒和可移动的下盒构成，试样置于上、下盒之间的盒内。

试样上、下各放一块透水石以利于试样排水。试验时，首先由加荷架对试样施加竖向压力 F_N，水平推力 F_S 则由等速前进的轮轴施加于下盒，使试样在沿上、下盒水平接触面产生剪切位移，见图 4-8。总剪力 F_S（即水平推力）由量力环测定，剪切变形由百分表测定。在施加每一种法向应力后 $\left(\sigma = \dfrac{F_N}{A}, A \text{ 为试件面积}\right)$，逐级增加剪切面上的剪应力 $\tau\left(\tau = \dfrac{F_S}{A}\right)$，直至试件破坏。将试验结果绘制成剪应力 τ 和剪应变 γ 的关系曲线如图 4-9。一般由曲线的峰值作为该法向应力 σ 下相应的抗剪强度 τ_f，必要时也可取终值作为抗剪强度。

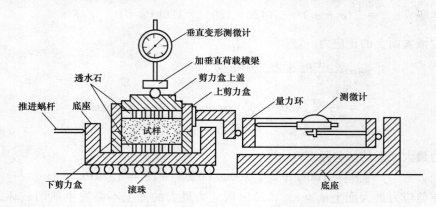

图 4-7　应变式直剪仪构造示意

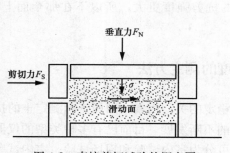

图 4-8　直接剪切试验的概念图

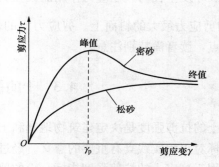

图 4-9　剪应力—剪应变关系曲线

采用几种不同的法向应力，测出相应的几个抗剪强度 τ_f。在 $\sigma - \tau_f$ 坐标上绘制 $\sigma - \tau_f$ 曲线，即为土的抗剪强度曲线，也就是莫尔库仑破坏包线，如图 4-10 所示。

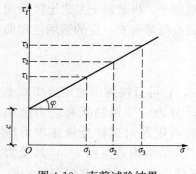

图 4-10　直剪试验结果

直剪仪具有构造简单，操作简便，并符合某些特定条件，至今仍是实验室常用的一种试验仪器；但该试验也存在如下缺点。

（1）剪切过程中试样内的剪应变和剪应力分布不均匀。试样剪破时，靠近剪力盒边缘应变最大，而试样中间部位的应变相对小得多。此外，剪切面附近的应变又大于试样顶部和底部的应变。基于同样的原因，试样中的剪应力也是很不均匀的。

（2）剪切面人为地限制在上、下盒的接触面上，而该平面并非是试样抗剪最弱的剪切面。

（3）剪切过程中试样面积逐渐减小，且垂直荷载发生偏心；但计算抗剪强度时却按受剪面积不变和剪应力均匀分布计算。

（4）不能严格控制排水条件，因而不能量测试样中的孔隙水压力。

4.3.2 三轴剪切试验

土工三轴仪是一种能较好地测定土的抗剪强度的试验设备。与直剪仪相比，三轴仪试样中的应力相对比较均匀和明确。三轴仪也分为应变控制和应力控制两种，但目前由计算机和传感器等组成的自动化控制系统可同时具有应变控制和应力控制两种功能。图 4-11 给出了三轴仪的简图，图 4-12 给出了三轴仪的照片。三轴仪的核心部分是压力室，它是由一个金属活塞、底座和透明有机玻璃圆筒组成的封闭容器；轴向加压系统用以对试样施加轴向附加压力，并可控制轴向应变的速率；周围压力系统则通过液体（通常是水）对试样施加围压；试样为圆柱形，并用橡皮膜包裹起来，以使试样中的孔隙水与膜外液体（水）完全隔开。试样中的孔隙水通过其底部的透水面与孔隙水压力量测系统连通，并由孔隙水压力阀门控制。

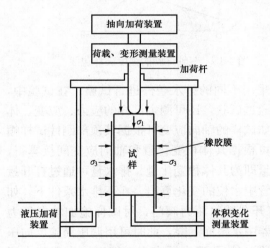

图 4-11 三轴压缩试验机简图

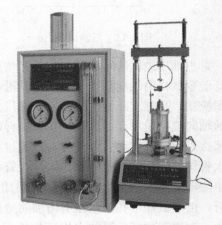

图 4-12 三轴压缩试验机照片

试验时，先打开围压系统阀门，使试样在各向受到的围压达 σ_3，并维持不变 [图 4-13（a）]，然后由轴压系统通过活塞对试样施加轴向附加压力 $\Delta\sigma$（$\Delta\sigma = \sigma_1 - \sigma_3$ 称为偏应力）。试验过程中，$\Delta\sigma$ 不断增大而 σ_3 维持不变，试样的轴向应力（大主应力）σ_1（$\sigma_1 = \sigma_3 + \Delta\sigma$）也不断增

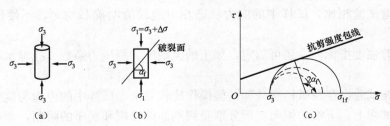

图 4-13 三轴压缩试验原理

（a）试样受围压作用；（b）破坏时试样上的主应力；（c）试样破坏时的莫尔圆

大，其应力莫尔圆亦逐渐扩大至极限应力圆，试样最终被剪破［图 4-12（b）］。极限应力圆可由试样剪破时的 σ_{1f} 和 σ_3 作出［图 4-12（c）中实线圆］。破坏点的确定方法为，量测相应的轴向变 ε_1，点绘 $\Delta\sigma - \varepsilon_1$ 关系曲线，以偏应力 $\sigma_1 - \sigma_3$ 的峰值为破坏点（图 4-14）；无峰值时，取某一轴向应变（如 $\varepsilon_1 = 15\%$）对应的偏应力值作为破坏点。

在给定的围压 σ_3 作用下，一个试样的试验只能得到一个极限应力圆。同种土样至少需要 3 个以上试样在不同的 σ_3 作用下进行试验，从而得到一组极限应力圆。由于这些摩尔应力圆均代表极限平衡状态下一点的应力状态，因此其抗剪强度包线应当与这些应力圆相切，换言之，绘制这些极限应力圆的公切线，即为该土样的抗剪强度包线。它通常呈直线，其与横坐标的夹角即为土的内摩擦角 φ，与纵坐标的截距即为土的黏聚力 c（图 4-15）。

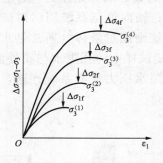

图 4-14　三轴试验 $\Delta\sigma - \varepsilon_1$

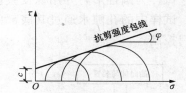

图 4-15　三轴试验的强度破坏包线

三轴压缩试验可根据工程实际情况的不同，采用不同的排水条件进行试验。在试验中，既能令试样沿轴向压缩，也能令其沿轴向伸长。通过试验，还可测定试样的应力、应变、体积应变、孔隙水压力变化和静止测压力系数等。如试样的轴向应变可根据其顶部刚性试样帽的轴向位移量和起始高度算得，试样的侧向应变可根据其体积变化量和轴向应变间接算得，那么对饱和试样而言，试样在试验过程中的排水量即为其体积变化量。排水量可通过打开量水管阀门，让试样中的水排入量水管，并由量水管中水位的变化算出。在不排水条件下，如要测定试样中的孔隙水压力，可关闭排水阀，打开孔隙水压力阀门，对试样施加轴向压力后，由于试样中孔隙水压力增加而迫使零位指示器中水银面下降，此时可用调压筒施反向压力，调整零位指示器的水银面始终保持原来的位置，从孔隙水压力表中即可读出孔隙水压力值。

三轴压缩试验可供在复杂应力条件下研究土的抗剪强度特性之用，其突出优点如下：

（1）试验中能严格控制试样的排水条件，准确测定试样在剪切过程中孔隙水压力的变化从而可定量获得土中有效应力的变化情况。

（2）与直剪试验相比，试样中的应力状态相对地较为明确和均匀，不硬性指定破裂面位置。

（3）除抗剪强度指标外，还可测定，如土的灵敏度、测压力系数、孔隙水压力系数等力指标。

但三轴压缩试验也存在试样制备和试验操作比较复杂，试样中的应力与应变仍然不均匀的缺点。由于试样上、下端的侧向变形分别受到刚性试样帽和底座的限制，而在试样的中间部分却不受约束；因此当试样接近破坏时，试样常被挤压成鼓形。此外，目前所谓的"三轴试验"，一般都是在轴对称的应力应变条件下进行的。许多研究报告表明，土的抗剪强度受到应力状态的影响。在实际工程中，油罐和圆形建筑物地基的应力分布属于轴对称应力状态，而路堤、土坝和长条形建筑物地基的应力分布属于平面应变状态（$\varepsilon_2 = 0$），一般方形和矩形建筑物地基的应力分布则属三向应力状态（$\sigma_1 \neq \sigma_2 \neq \sigma_3$）。有人曾利用特制的仪器进行 3 种不同应力状态下的强度试验，发现同种土在不同应力状态下的强度指标并不相同。例如，对砂土进行的许多对比试验表明，平面应变的砂土的 φ 值比轴对称应力状态下要高出约 $3°$ 左右。因而，三轴压缩试验结果不能全面反映中主应力（σ_2）的影响。若想获得更合理的抗剪强度参数，须采用真三轴仪或扭剪仪，其试样可在 3 个互不相同的主应力（$\sigma_1 \neq \sigma_2 \neq \sigma_3$）作用下进行试验。

4.3.3　无侧限抗压强度试验

无侧限抗压强度试验是三轴压缩试验中 $\sigma_3 = 0$ 时的特殊情况。试验时，将圆柱形试样置于图 4-16 所示无侧限压缩仪中，对试样不加周围压力，仅对它施加垂直轴向压力 σ_1 ［图 4-17（a）］，剪切破坏时试样所承受的轴向压力称为无侧限抗压强度。由于试样在试验过程中在侧向不受任何限制，故称无侧限抗压强度试验。无黏性土在无侧限条件下试样难以成型，故该试验主要用于黏性土，尤其适用于饱和软黏土。

图 4-16　无侧限压缩仪照片

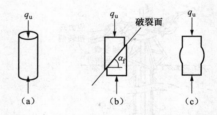

图 4-17　无侧限抗压强度试验原理
（a）试样受压；（b）脆性破坏；（c）塑性破坏

无侧限抗压强度试验中，试样破坏时的判别标准类似三轴压缩试验。坚硬黏土的 $\sigma_1 - \varepsilon_1$ 关系曲线常出现 σ_1 的峰值破坏点（脆性破坏），此时的 σ_{1f} 即为 q_u；而软黏土的破坏常呈现为塑流变形，$\sigma_1 - \varepsilon_1$ 关系曲线常无峰值破坏点（塑性破坏），此时可取轴向应变 $\varepsilon_1 = 15\%$ 处的轴向应力值作为 q_u。无侧限抗压强度 q_u 相当于三轴压缩试验中试样在 $\sigma_3 = 0$ 条件下破坏时的大主应力 σ_{1f}，故由式（4-9）可得

$$q_u = 2c \tan\left(45° + \frac{\varphi}{2}\right) \tag{4-12}$$

式中　q_u——无侧限抗压强度，kPa。

无侧限抗压强度试验结果只能做出一个极限应力圆（$\sigma_{1f} = q_u$，$\sigma_3 = 0$），因此，对一般黏性土难以作出破坏包线。试验中若能测得试样的破裂角 α_f ［图 4-16（b）］，则理论上可根据式（4-11），由 $\alpha_f = 45° + \varphi/2$ 推算出黏性土的内摩擦角 φ，再由式（4-13）推得土的黏聚力 c。但一般不易量测，要么因为土的不均匀性导致破裂面形状不规则；要么由于软黏土的塑

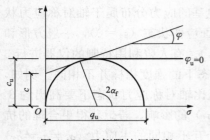

图 4-18 无侧限抗压强度
试验的强度包线

流变形而不出现明显的破裂面，只是被挤压成鼓形 [图 4-17（c）]。而对于饱和软黏土，在不固结不排水条件下进行剪切试验，可认为 $\varphi=0$，其抗剪强度包线与 σ 轴平行。因而，由无侧限抗压强度试验所得的极限应力圆的水平切线，即为饱和软黏土的不排水抗剪强度包线。

由图 4-18 可知，其不排水抗剪强度 c_u 为

$$c_u = \frac{q_u}{2} \qquad (4\text{-}13)$$

4.3.4 十字板剪切试验

在土的抗剪强度现场原位测试方法中，最常用的是十字板剪切试验。它无需钻孔取得原状土样，使土少受扰动，试验时土的排水条件、受力状态等与实际条件十分接近；因而特别适用于难于取样和高灵敏度的饱和软黏土。

十字板剪切仪的构造如图 4-19 所示，其主要部件为十字板头、轴杆、施加扭力设备和测力装置。近年来已有用自动记录显示和数据处理的微机代替旧有测力装置的新仪器问世。十字板剪切试验的工作原理是将十字板头插入土中待测的土层标高处，然后在地面上对轴杆施加扭转力矩，带动十字板旋转。十字板头的四翼矩形片旋转时与土体间形成圆柱体表面形状的剪切面图（4-20）。通过测力设备测出最大扭转力矩 M，据此可推算出土的抗剪强度。

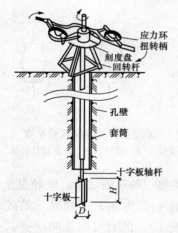

图 4-19 十字板板剪力仪

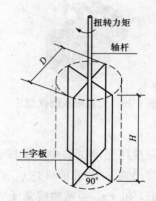

图 4-20 十字板剪切原理

土体剪切破坏时，其抗扭力矩由圆柱体侧面和上、下表面土的抗剪强度产生的抗扭力矩两部分构成。

（1）圆柱体侧面上的抗扭力矩 M_1

$$M_1 = \left(\pi GDH \cdot \frac{D}{2} \right) \tau_f \qquad (4\text{-}14)$$

式中 D——十字板的宽度，即圆柱体的直径，m；

H——十字板的高度，m；

τ_f——土的抗剪强度，kPa。

（2）圆柱体上、下表面上的抗扭力矩 M_2

$$M_2 = \left(2 \times \frac{\pi D^2}{4} \times \frac{D}{3}\right)\tau_f \tag{4-15}$$

式中　$D/3$——力臂值，m，由剪力合力作用在距圆心三分之二的圆半径处所得。

应该指出，实用上为简化起见，式（4-14）和式（4-15）的推导中假设了土的强度为各向相同，即剪切破坏时圆柱体侧面和上、下表面土的抗剪强度相等。由土体剪切破坏时所量测的最大扭矩，应与圆柱体侧面和上、下表面产生的抗扭力矩相等，可得

$$M = M_1 + M_2 = \left(\frac{\pi HD^2}{2} + \frac{\pi D^3}{6}\right)\tau_f \tag{4-16}$$

于是，由十字板原位测定的土的抗剪强度 τ_f 为

$$\tau_f = \frac{2M}{\pi D^2\left(H + \dfrac{D}{3}\right)} \tag{4-17}$$

对饱和软黏土来说，与室内无侧限抗压强度试验一样，十字板剪切试验所得成果即为不排水抗剪强度 c_u，且主要反映土体垂直面上的强度。由于天然土层的抗剪强度是非等向的，水平面上的固结压力往往大于侧向固结压力；因而水平面上的抗剪强度略大于垂直面上的抗剪强度。十字板剪切试验结果理论上应与无侧限抗压强度试验相当（甚至略小）；但事实上十字板剪切试验结果往往比无侧限抗压强度值偏高，这可能与土样扰动较少有关。除土的各向异性外，土的成层性，十字板的尺寸、形状、高径比、旋转速率等因素对十字板剪切试验结果均有影响。此外，十字板剪切面上的应力条件十分复杂，例如，有人曾利用衍射成像技术，发现十字板周围土体存在因受剪影响使颗粒重新定向排列的区域。这表明十字板剪切不是简单沿着一个面产生，而是存在着一个具有一定厚度的剪切区域。因此，十字板剪切的 c_u 值与原状土室内的不排水剪切试验结果有一定的差别。

4.4　不同排水条件时剪切试验

4.4.1　不同排水条件时的剪切试验方法

土的抗剪强度与试验时的排水条件密切相关，根据土体现场受剪的排水条件，有三种特定的试验方法可供选择，即三轴剪切试样中的不固结不排水剪、固结不排水剪和固结排水剪，对应直剪试验中的快剪、固结快剪和慢剪。

（1）不固结不排水剪（UU）。

简称不排水剪，在三轴剪切试验中自始至终不让试样排水固结，即施加周围压力 σ_3 和随后施加轴向应力增量 $\Delta\sigma$ 直至土样剪损的整个过程都关闭排水阀，使土样的含水量不变。

用直剪仪进行快剪（Q）时，在土样的上、下面与透水石之间用不透水薄膜隔开，施加预定的垂直压力后，立即施加水平剪力，并在 $3\sim5\mathrm{min}$ 内将土样剪损。

（2）固结不排水剪（CU）。

三轴试验中使试样先在 σ_3 作用下完全排水固结，即让试样中的孔隙水压力 $u_1 = 0$。然后关闭排水阀门，再施加轴向应力增量 $\Delta\sigma_1$，使试样在不排水条件下剪切破坏。

用直剪仪进行固结快剪（CQ）时，剪前使试样在垂直荷载下充分固结，剪切时速率较快，尽量使土样在剪切过程中不再排水。

（3）固结排水剪（CD）。

简称排水剪，三轴试验时先使试样在 σ_3 作用下排水固结，再让试样在能充分排水情况下，缓慢施加轴向压力增量，直至剪破，即整个试验过程中试样的孔隙水压力始终为零。

用直剪仪进行慢剪试验（s）时，施加垂直压力 σ 后待试样固结稳定，再以缓慢的速率施加水平剪切力，直至试样剪破。

按上述三种特定试验方法进行试验所得的成果，均可用总应力强度指标来表示，其表示方法是在 c、φ 符号右下角分别标以表示不同排水条件的符号，见表 4-1。

表 4-1　　　　　　　　　　　　剪 切 试 验 成 果 表 达

直接剪切		三轴剪切	
试验方法	成果表达	试验方法	成果表达
快剪	c_q　φ_q	不固结不排水剪	c_u　φ_u
固结快剪	c_{cq}　φ_{cq}	固结不排水剪	c_{cu}　φ_{cu}
慢剪	c_s　φ_s	固结排水剪	c_d　φ_d

4.4.2　抗剪强度指标的选用

如前所述，土的抗剪强度指标随试验方法、排水条件的不同而异，因而在实际工程中应该尽可能根据现场条件决定室内试验方法，让试验条件更接近工程实际，以获得合适的抗剪强度指标。

一般认为，由三轴固结不排水试验确定的有效应力强度参数 c' 和 φ' 宜用于分析地基的长期稳定性，例如土坡的长期稳定分析，估计挡土结构物的长期土压力，位于软土地基上结构物的地基长期稳定分析等。而对于饱和软黏土的短期稳定问题，则宜采用不排水剪的强度指标。但在进行不排水剪试验时，宜在土的有效自重压力下预固结，以避免试验得出的指标过低，使之更符合实际情况。

一般工程问题多采用总应力分析法，其测试方法和指标的选用大致见表 4-2。

表 4-2　　　　　　　　　　　地基土抗剪强度指标的选择

试验方法	适用条件
不排水剪或快剪	地基土的透水性和排水条件不良，建筑物施工速度较快
排水剪或慢剪	地基土的透水性好，排水条件较佳，建筑物加荷速率较慢
固结不排水剪或固结快剪	建筑物竣工以后较久，荷载又突然增大（如房屋增层），或地基条件介于上述两种情况之间

4.5　地基破坏变形与地基承载力

地基承载力是指地基土单位面积上所能承受荷载的能力，以 kPa 计。一般用地基承载力特征值来表述。《地基规范》规定，地基承载力的特征值是指由载荷试验测定的地基土压力变形曲线线性变形段内规定的变形所对应的压力值，其最大值为比例界限值。一般认为地基承载力可分为允许承载力和极限承载力。允许承载力是指地基土允许承受荷载的能力，极限承载力是地基土发生剪切破坏而失去整体稳定时的基底最小压力。确定地基承载力的方法有载荷试验法、理论计算法、规范查表法、经验估算法等许多种。单一一种方法估算出的地基承载力的值为承载力的基本值，基本值经标准数理统计后可得地基承载力的标准值，经过对承载力标准值进行修正则得到承载力设计值。在工程设计中为了保证地基土不发生剪切破坏而失去稳定，同时也为使建筑物不致因基础产生过大的沉降和差异沉降，而影响其正常使用，必须限制建筑物基础底面的压力，使其不得超过地基的承载力设计值。因此，确定地基承载力是工程实践中迫切需要解决的问题。

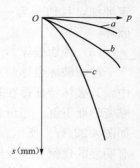

图 4-21　p-s 曲线
a—整体剪切破坏；b—局部剪切破坏；c—刺入剪切破坏

4.5.1　地基的破坏模式

可以通过现场载荷试验或室内模型试验来研究地基承载力。现场载荷试验是在要测定的地基上放置一块模拟基础的载荷板，如图 4-21 所示。载荷板的尺寸较实际基础为小，一般约为 0.25～1.0m²。然后在载荷板上逐级施加荷载，同时测定在各级荷载下载荷板的沉降量及周围土的位移情况，直到地基土破坏失稳为止。通过试验可以得到载荷板在各级压力 p 的作用下，其相应的稳定沉降量，绘得 p-s 曲线如图 4-21 所示。

4.5.2　地基变形破坏形式

1. 地基破坏的形式

根据试验研究，地基变形有三种破坏形式：

（1）整体剪切破坏。

图 4-22（a）所示为整体剪切破坏的特征。当基础上荷载较小时，基础下形成一个三角形压密区，随同基础压入土中，这时 p-s 曲线呈直线关系（图 4-21 中曲线 a）。随着荷载增加，压密区向两侧挤压，土中产生塑性区，塑性区先在基础边缘产生，然后逐步向侧面向下扩展。这时基础的沉降增长率较前一阶段增大，故 p-s 曲线呈曲线状。当荷载达到最大值后，土中形成连续滑动面，并延伸到地面，土从基础两侧挤出并隆起，基础沉降急剧增加，整个地基失稳破坏。这时 p-s 曲线上出现明显的转折点，其相应的荷载称为极限荷载 p_u，见图 4-22（d）。整体剪切破坏常发生在浅埋基础下的密砂或硬黏土等坚实地基中。

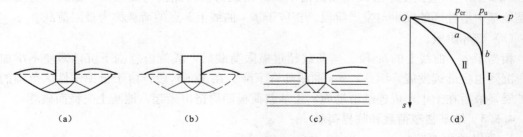

图 4-22　地基破坏形式

（2）局部剪切破坏。

图 4-22（b）所示局部剪切破坏。随着荷载的增加，塑性变形区同样从基础底面边缘处开始发展；但仅仅局限于地基一定范围内，土体中形成一定的滑动面，但并不延伸至地表面，如图 4-22（b）中虚线所示。地基失稳时，基础两侧地面微微隆起，没有出现明

显的裂缝。其在相应的 $p\text{-}s$ 曲线中，直线拐点 a 不像整体剪切破坏那么明显，曲线转折点 b 后的沉降速率虽然较前一阶段为大，但不如整体剪切破坏那样急剧增加。但基础有一定埋深，且地基为一般黏性土或具有一定压缩性的砂土时，地基可能会出现局部剪切破坏。

(3) 冲切破坏。

冲切破坏也称刺入破坏。这种破坏形式常发生在饱和软黏土、松散的粉土、细砂等地基中。其破坏特征是在基础下没有明显的连续滑动面，随着荷载的增加，基础随着土层发生压缩变形而下沉，当荷载继续增加，基础周围附近土体发生竖向剪切破坏，使基础刺入土中，如图 4-22 (c) 所示。刺入剪切破坏的 $p\text{-}s$ 曲线如图 4-21 中曲线 c，没有明显的转折点，没有明显的比例界限及极限荷载，这种破坏形式发生在松砂及软土中。总之，冲切破坏以显著的基础沉降为主要特征。

地基的剪切破坏形式，除了与地基土的性质有关外，还同基础埋置深度、加荷速度等因素有关。如在密砂地基中，一般常发生整体剪切破坏，但当基础埋置深时，在很大荷载作用下密砂就会产生压缩变形，而产生刺入剪切破坏；在软黏土中，当加荷速度较慢时会产生压缩变形而产生刺入剪切破坏，但当加荷很快时，由于土体不能产生压缩变形，就可能发生整体剪切破坏。

2. 地基变形的三个阶段

根据现场载荷试验，地基从加荷到产生破坏一般经过三个阶段：

(1) 压密阶段（或称直线变形阶段）。

相当于 $p\text{-}s$ 曲线上的 oa 段。在这一阶段，$p\text{-}s$ 曲线接近于直线，土中各点的剪应力均小于土的抗剪强度，土体处于弹性平衡状态。载荷板的沉降主要是由于土的压密变形引起的。把 $p\text{-}s$ 曲线上相应于 a 点的荷载称为比例界限 p_{cr}，也称临塑荷载。

(2) 剪切阶段。

相当于 $p\text{-}s$ 曲线上的 ab 段。此阶段 $p\text{-}s$ 曲线已不再保持线性关系，沉降的增长率 $\Delta s/\Delta p$ 随荷载的增大而增加。地基土中局部范围内的剪应力达到土的抗剪强度，土体发生剪切破坏，这些区域也称塑性区。随着荷载的继续增加，土中塑性区的范围也逐步扩大 [图 4-23 (b)]，直到土中形成连续的滑动面，由载荷板两侧挤出而破坏。因此，剪切阶段也是地基中塑性区的发生与发展阶段。相应于 $p\text{-}s$ 曲线上 b 点的荷载称为极限荷载 p_u。

(3) 破坏阶段。

相当于 $p\text{-}s$ 曲线上的 bc 段。当荷载超过极限荷载后，载荷板急剧下沉，即使不增加荷载，沉降也将继续发展，因此，$p\text{-}s$ 曲线陡直下降。在这一阶段，由于土中塑性区范围的不断扩展，最后在土中形成连续滑动面，土从载荷板四周挤出隆起，地基土失稳而破坏。

4.5.3 地基临塑荷载和临界荷载

1. 地基的临塑荷载

(1) 定义：临塑荷载 p_{cr} 是地基变形的第一、二阶段的分界荷载，即地基中刚开始出现塑性变形区时，相应的基底压力。此时塑性区开展的最大深度 $z_{max}=0$（z 从基底计起）。图 4-24 所示为在荷载 p（大于 p_{cr}）作用下土体中塑性区开展示意图。现以浅埋条形基础为例，介绍在竖向均匀荷载作用下 p_{cr} 的计算方法。

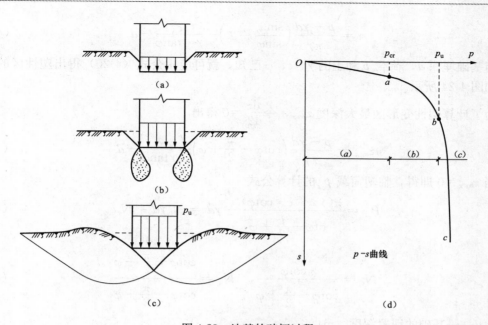

图 4-23　地基的破坏过程

(a) 压密阶段；(b) 剪切阶段；(c) 破坏阶段；(d) 地基破坏过程的 3 个阶段

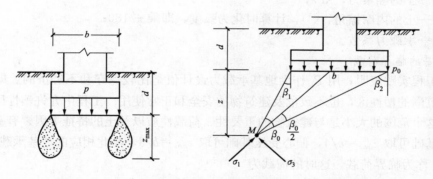

图 4-24　条形均布荷载作用下地基中的主应力和塑性区

（2）临塑荷载的计算公式。条形基础在均布荷载作用下，当基础埋深为 d，宽度为 b，侧压力系数为 1，由建筑物荷载引起的基底压力为 $p(\text{kPa})$。假设地基的天然重度为 γ，则基础底面的附加压力应该是 $p_0 = p - \gamma d$，地基中任意深度 z 处一点 M，它的最大，最小主应力（图 4-23）。

$$\frac{\sigma_1}{\sigma_3} = \frac{p - \gamma d}{\pi}(\beta_0 \pm \sin\beta_0) + \gamma(d + z) \tag{4-18}$$

式中　p——基底压力，kPa；

β_0——M 点至基础边缘两连线的夹角，rad。

当地基内 M 点达到极限衡状态时，大小主应力，应满足下列关系式

$$\frac{1}{2}(\sigma_1 - \sigma_3) = \left[\frac{1}{2}(\sigma_1 + \sigma_3) + c \cdot \cot\varphi\right]\sin\varphi \tag{4-19}$$

将式（4-18）代入式（4-19）中，整理后可得出轮廓界限方程为

$$z = \frac{p - \gamma d}{\pi \gamma} \left(\frac{\sin\beta_0}{\sin\varphi} - \beta_0 \right) - \frac{c}{\gamma \cdot \tan\varphi} - d \tag{4-20}$$

当基础埋深 d，荷载 p 和土的 γ、c、φ 已知，就可应用公式（4-20）得出塑性区的边界线，如图 4-24 所示。

为了计算塑性变形区最大深度 $z_{\max}$，令 $\dfrac{\mathrm{d}z}{\mathrm{d}\beta_0} = 0$ 得出

$$z_{\max} = \frac{p - \gamma d}{\pi \gamma} \left(\cot\varphi - \frac{\pi}{2} + \varphi \right) - \frac{c}{\gamma \tan\varphi} - d \tag{4-21}$$

当 $z_{\max} = 0$ 即得，临塑荷载 p_{cr} 的计算公式

$$P_{cr} = \frac{\pi(\gamma d + c \cdot \cot\varphi)}{\cot\varphi - \frac{\pi}{2} + \varphi} + \gamma d = N_q \gamma d + N_c c \tag{4-22}$$

$$N_c = \frac{\pi \cot\varphi}{\cot\varphi - \frac{\pi}{2} + \varphi}, \quad N_q = \frac{\cot\varphi + \frac{\pi}{2} + \varphi}{\cot\varphi - \frac{\pi}{2} + \varphi} \tag{4-23}$$

式中　d——基础的埋置深度，m；

γ——基底平面以上土的重度，$\mathrm{kN/m^2}$；

c——土的黏聚力，kPa；

φ——土的内摩擦角，$(°)$，计算时化为弧度，即乘 $\pi/180$；

N_q，N_c——承载力系数。

2. 地基的临界荷载

大量工程实践表明，用 P_{cr} 作为地基承载力设计值是比较保守和不经济的。即使地基中出现一定范围的塑性区，也不致危及建筑物的安全和正常使用。工程中允许塑性区发展到一定范围，这个范围的大小是与建筑物的重要性、荷载性质以及土的特征等因素有关的。一般中心受压基础可取 $z_{\max} = b/4$，偏心受压基础可取 $z_{\max} = b/3$，与此相应的地基承载力用 $P_{1/3}$、$P_{1/4}$ 表示，称为临界荷载，这时的荷载为

$$p_{1/4} = \frac{\pi\left(\gamma d + c \cdot \cot\varphi + \frac{1}{4}\gamma b \right)}{\cot\varphi - \frac{\pi}{2} + \varphi} + \gamma d = cN_c + \gamma dN_q + \gamma bN_{\frac{1}{4}} \tag{4-24}$$

$$p_{1/3} = \frac{\pi\left(\gamma d + c \cdot \cot\varphi + \frac{1}{3}\gamma b \right)}{\cot\varphi - \frac{\pi}{2} + \varphi} + \gamma d = cN_c + \gamma dN_q + \gamma bN_{\frac{1}{3}} \tag{4-25}$$

$$N_{\frac{1}{4}} = \frac{\frac{\pi}{4}}{\cot\varphi - \frac{\pi}{2} + \varphi} \tag{4-26}$$

$$N_{\frac{1}{3}} = \frac{\frac{\pi}{3}}{\cot\varphi - \frac{\pi}{2} + \varphi} \tag{4-27}$$

式（4-24）与式（4-25）中，与 d 同项的 γ 系基底以上土层的加权平均重度；与 b 同项的 γ 系基底以下持力层的重度。另外，如地基中存在地下水时，则位于水位以下的地基土取浮重度 γ' 值计算。其余的符号意义同前。

上述临塑荷载与临界荷载计算公式均由条形基础均布荷载推导得来。

4.5.4 地基承载力的确定方法

极限荷载即地基变形第二阶段与第三阶段的分界点相对应的荷载，是地基达到完全剪切破坏时的最小压力。极限荷载除以安全系数可作为地基的承载力设计值。

极限承载力的理论推导目前只能针对整体剪切破坏模式进行。确定极限承载力的计算公式可归纳为两大类：一类是假定滑动面法，先假定在极限荷载作用时土中滑动面的形状，然后根据滑动土体的静力平衡条件求解。另一类是理论解，根据塑性平衡理论导出在已知边界条件下，滑动面的数学方程式来求解。

由于假定不同，计算极限荷载的公式的形式也各不相同。但不论哪种公式，都可写成如下基本形式 $p_u = \dfrac{1}{2}\gamma b N_\gamma + N_q q + N_c c$。下面介绍在平面问题中浅基础应用较多的太沙基与汉森公式。

（1）太沙基公式。

太沙基利用塑性理论推导了条形浅基础，在铅直中心荷载作用下，地基极限荷载的理论公式。本公式是属于假定滑动面如图 4-25 所示分成三个区，求极限荷载的方法。其假定为：

1）基底面粗糙，Ⅰ区在基底面下的三角形弹性楔体，处于弹性压密状态，它在地基破坏时随基础一同下沉。楔体与基底面的夹角为 φ。

2）Ⅱ区（辐射受剪区）的下部近似为对数螺旋曲线。Ⅲ区（朗肯被动区）下部为一斜直线，其与水平面夹角为（$45° - \varphi/2$），塑性区（Ⅱ与Ⅲ）的地基，同时达到极限平衡。

3）基础两侧的土重视为"边载荷" $q = \gamma d$，不考虑这部分土的抗剪强度。

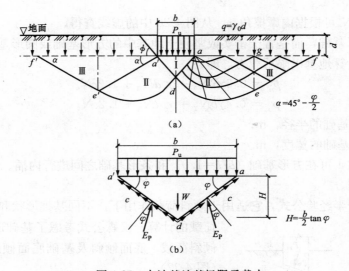

图 4-25 太沙基地基极限承载力

根据对弹性楔体（基底下的三角形土楔体）的静力平衡条件分析，经过一系列的推导，

整理得出如下公式

$$p_u = \frac{1}{2}\gamma b N_\gamma + N_c c + N_q q \qquad (4\text{-}28)$$

式中　　　　p_u——地基极限承载力，kPa；

　　　　　　φ——土的内摩擦角，(°)；

　　　　　　c——基底以下土的黏聚力，kPa；

　　　　　　q——基底以上土体荷载，kPa，且 $q = \gamma_0 d$（γ_0 为基底以上土层的加权平均重度，d 为基础埋深）；

　　　　　　γ——基底以下土的重度，kN/m³；

N_γ，N_c，N_q——太沙基地基承载力系数，它们是土的内摩擦角的函数，可由图 4-26 中的曲线（实线）确定。

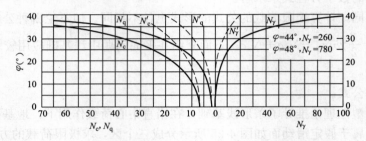

图 4-26　太沙基地基承载力系数

　　上述太沙基极限承载力公式适用于地基土较密实，发生整体剪切破坏的情况。对于压缩性较大的松散土体，地基可能发生局部剪切破坏。

　　太沙基根据经验将式（4-28）改为

$$p_u = \frac{1}{2}\gamma b N_\gamma' + q N_q' + \frac{2}{3} c N_c' \qquad (4\text{-}29)$$

式中，N_γ'，N_c'，N_q' 可根据内摩擦角 φ，从图 4-26 中的虚线查得。

　　如果不是条形基础，而是置于密实或坚硬土地基中的方形基础或圆形基础，太沙基建议按修正后的公式计算地基极限承载力，即

圆形基础　　　　　　　　$p_u = 0.6\gamma R N_\gamma + \gamma_0 d N_q + 1.2 c N_c \qquad (4\text{-}30)$

方形基础　　　　　　　　$p_u = 0.4\gamma b N_\gamma + \gamma_0 d N_q + 1.2 c N_c \qquad (4\text{-}31)$

式中　R——圆形基础的半径，m；

　　　b——方形基础的宽度，m。

对于矩形基础，可在方形基础（$b/l = 1.0$）和条形基础之间进行内插。

（2）汉森公式。

汉森公式是个半经验公式，它适用于倾斜荷载作用下，不同基础形状和埋置深度的极限荷载的计算。汉森公式考虑了基础形状、埋置深度、倾斜荷载、底面倾斜及基础底面倾斜等因素的影响（图 4-27）。

图 4-27　底面倾斜与基础倾斜

　　每种修正均需在承载力系数 N_γ、N_c、N_q 上乘以相应的修正系数，修正后的汉森极限承载力公

式为

$$p_u = \frac{1}{2}\gamma b N_\gamma s_\gamma d_\gamma i_\gamma g_\gamma b_\gamma + \gamma_0 d N_q s_q d_q i_q g_q b_q + c N_c s_c d_c i_c g_c b_c \quad (4\text{-}32)$$

$$N_q = \tan^2\left(45° + \frac{\varphi}{2}\right)\exp(\pi\tan\varphi)$$

$$N_c = (N_q - 1)\cot\varphi, \quad N_\gamma = 1.8(N_q - 1)\cot\varphi$$

式中　N_γ, N_q, N_c——地基承载力系数;

$\quad\quad s_\gamma$, s_q, s_c——基础形状修正系数;

$\quad\quad d_\gamma$, d_q, d_c——考虑埋深范围内土强度的深度修正系数;

$\quad\quad i_\gamma$, i_q, i_c——荷载倾斜修正系数;

$\quad\quad g_\gamma$, g_q, g_c——地面倾斜修正系数;

$\quad\quad b_\gamma$, b_q, b_c——基础底面倾斜修正系数。

以上系数的计算公式见表 4-3。

表 4-3　　　　　　　　　　　汉森承载力公式中的修正系数

形状修正系数	深度修正系数	荷载倾斜修正系数	地面倾斜修正系数	基底倾斜修正系数
$s_c = 1 + \dfrac{N_q b}{N_c l}$	$d_c = 1 + 0.4\dfrac{d}{b}$	$i_c = i_q - \dfrac{1-i_q}{N_q-1}$	$g_c = 1 - \beta/14.7°$	$b_c = 1 - \bar{\eta}/14.7°$
$s_q = 1 + \dfrac{b}{l}\tan\varphi$	$d_q = 1 + 2\tan\varphi\,(1-\sin\varphi)^2\dfrac{d}{b}$	$i_q = \left(1 - \dfrac{0.5P_h}{P_v + A_f c\cot\varphi}\right)^5$	$g_q = (1 - 0.5\tan\beta)^5$	$b_q = \exp(-2\bar{\eta}\tan\varphi)$
$s_\gamma = 1 - 0.4\dfrac{b}{l}$	$d_\gamma = 1.0$	$i_\gamma = \left(1 - \dfrac{0.7P_h}{P_v + A_f c\cot\varphi}\right)^5$	$q_\gamma = (1 - 0.5\tan\beta)^5$	$b_\gamma = \exp(-2\bar{\eta}\tan\varphi)$

表中符号:

A_f——基础的有效接触面积 $A_f = b' \cdot l'$　　　　　　p_b——平行于基底的荷载分量

b'——基础的有效宽度 $b' = b - 2e_b$　　　　　　　　p_v——垂直于基底的荷载分量

l'——基础的有效长度 $l' = 1 - 2e_l$　　　　　　　　　β——地面倾角

d——基础的埋置深度　　　　　　　　　　　　　　　　$\bar{\eta}$——基底倾角

e_b, e_l——相对于基础面积中心的荷载偏心矩

b——基础的宽度

l——基础的长度

e——地基的黏聚力

φ——地基土的内摩擦角

以上介绍了两种典型的极限承载力理论计算公式,另外魏锡克公式、斯凯普顿公式、梅耶霍夫公式等都要各自适用的范围。在实际应用中,根据行业的特点,这些理论在相应的规范中有所应用。

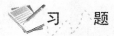　习　　题

4-1　已知某黏性土的 $c=0$, $\varphi=35°$,对该土取样做试验。

(1) 如果施加的大小主应力分别为 400kPa 和 120kPa,该试样破坏吗? 为什么?

(2) 如果施加的小主应力不变,你认为能否将大主应力加到 500kPa? 为什么?

4-2　假设黏性土地基内某点的大主应力为 48kPa，小主应力为 200kPa，土的内摩擦角 $\varphi = 18°$，黏聚力 $c = 35$kPa。试判断该点所处的状态。

4-3　对横截面 32.2cm² 的粉质黏土样进行直接剪切试验得到表 4-4 中的成果，试求：

（1）黏聚力 c；

（2）内摩擦角 φ。

表 4-4　　　　　　　　　　　　　　试　验　结　果

法向荷载（kN）	1.0	0.5	0.25
破坏时的剪力（kN）	0.47	0.32	0.235

4-4　某条形基础宽度 $b = 3$m，埋置深度 $d = 2$m，地下水位位于地表下 2m。基础底面以上为粉质黏土，重度为 18kN/m³；基础底面以下为透水黏土层，$\gamma = 19.8$kN/m³，$c = 15$kPa，$\varphi = 24°$。试求：地基的临塑荷载 p_{cr} 及临界荷载 $p_{1/4}$。

4-5　某一条形基础宽为 1m，埋深为 $d = 1.0$m，承受竖向均布荷载 250kPa，基底以上土的重度为 18.5kN/m³，地下水在基底处，饱和重度为 20kN/m³，地基土强度指标 $c = 10$kPa，$\varphi = 25°$。试用太沙基极限承载力公式（安全系数 $K = 2$）来判断地基是否稳定。

第5章　土压力与土坡稳定

5.1　概　　述

挡土结构物是土木水利、建筑、交通等工程中的一种常见的构筑物，其目的是用来支挡土体的侧向移动，保证土结构物或土体的稳定性。例如道路工程中在路堑段用来支挡两侧人工开挖边坡而修筑的挡土墙和用来支挡路提稳定的挡土墙、桥梁工程中连接路堤的桥台、港口码头及基坑工程中的支护结构物（图5-1）。此外，高层建筑物地下室、隧道和地铁工程中的衬砌及涵洞和输油管道等地下结构物也是一类典型的挡土结构物。

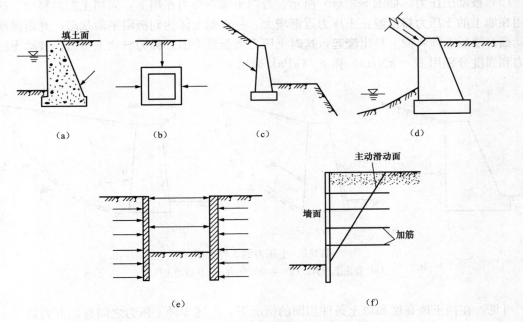

图 5-1　各种形式的挡土结构物
（a）码头；（b）地下结构物；（c）路堑挡土墙；（d）桥台；（e）基坑支护；（f）加筋土挡墙

各类挡土结构物在支挡土体的同时必然会受到土体的侧向压力的作用，此即所谓土压力问题。土压力的计算是挡土结构物断面设计和稳定验算的主要依据，而形成土压力的主要荷载一般包括土体自身重量引起的侧向压力、水压力、影响区范围内的构筑物荷载、施工荷载、交通荷载等。在某些特定的条件下，还需要计算在地震荷载作用下挡土墙上可能引起的侧向压力，即动土压力。挡土结构物按其刚度和位移方式可以分为刚性挡土墙和柔性挡土墙两大类，前者如由砖、石或混凝土所构筑的断面较大的挡土墙，对于这类挡土墙，由于其刚性较大，在侧向土压力作用下仅能发生整体平移或转动，墙身的挠曲变形可以忽略；而后者如结构断面尺寸较小的钢筋混凝土桩、地下连续墙或各种材料的板桩等，由于其刚度较小，在侧向土压力作用下会发生明显的挠曲变形。本章将重点讨论针对刚性挡土墙的经典土压力理论。

一般而言，土压力的大小及其分布规律同挡土结构物的侧向位移的方向、大小，土的性质，挡土结构物的高度等因素有关。根据挡土结构物侧向位移的方向和大小可分为 3 种类型的土压力。

（1）静止土压力。如图 5-2（a）所示，若刚性的挡土墙保持原来位置静止不动，则作用在挡土墙上的土压力称为静止土压力。作用在单位长度挡土墙上静止土压力的合力用 E_0（kN/m）表示，静止土压力强度用 p_0（kPa）表示。

（2）主动土压力。如图 5-2（b）所示，若挡土墙在墙后填土压力作用下，背离填土方向移动，这时作用在墙上的土压力将由静止土压力逐渐减小，当墙后土体达到极限平衡状态，并出现连续滑动面而使土体下滑时，土压力减到最小值，称为主动土压力。主动土压力合力和强度分别用 E_a（kN/m）和 p_a（kPa）表示。

（3）被动土压力。如图 5-2（c）所示，若挡土墙在外力作用下，向填土方向移动，这时作用在墙上的土压力将由静止土压力逐渐增大，一直到土体达到极限平衡状态，并出现连续滑动面，墙后土体将向上挤出隆起，这时土压力增至最大值，称为被动土压力。被动土压力合力和强度分别用 E_p（kN/m）和 p_p（kPa）表示。

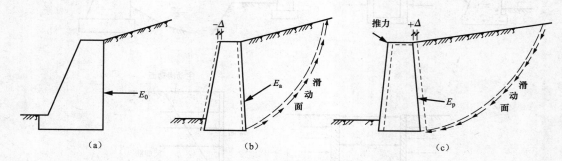

图 5-2　土压力的 3 种类型
（a）静止土压力；（b）主动土压力；（c）被动土压力

可见，在挡土墙高度和填土条件相同的情况下，上述 3 种土压力之间有如下关系

$$E_a < E_0 < E_p$$

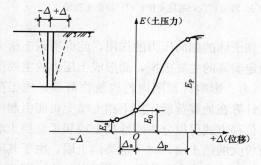

图 5-3　土压力与挡土墙位移关系

在影响土压力大小及其分布的诸因素中，挡土结构物的位移是其中的关键因素之一。图 5-3 给出土压力与挡土结构物水平位移之间的关系。可以看出，挡土结构物要达到被动土压力所需的位移远大于导致主动土压力所需的位移。根据大量试验观测和研究，可给出砂土和黏土中产生主动和被动土压力所需的墙顶水平位移参考值，见表 5-1。

表 5-1		产生主动和被动土压力所需的墙顶水平位移	
土　类	应力状态	运动形式	所需位移（H 表示挡土墙高度）
砂土	主动	平行于墙体	$0.001H$
	主动	绕墙趾转动	$0.001H$
	被动	平行于墙体	$0.05H$
	被动	绕墙趾转动	$>0.1H$
黏土	主动	平行于墙体	$0.004H$
	主动	绕墙趾转动	$0.004H$

事实上，挡墙背后土压力是挡土结构物、土及地基三者相互作用的结果，实际工程中大部分情况均介于上述 3 种极限平衡状态之间，土压力值的实际大小也介于上述 3 种土压力之间。目前，根据土的实际的应力—应变关系，利用数值计算的手段，可以较为精确地确定挡土墙位移与土压力大小之间的定量关系，这对于一些重要的工程建筑物是十分必要的。

【小贴士】
- -○

土 压 力 与 挤 公 交 车

有时要挤上一辆拥挤的公交车实属不易。使劲向上挤，甚至都要把前面的人挤"冒起来"（"土体破坏"），自己才能挤上去，这时相当于对上面的人群施加了被动土压力，显然是相当吃力而辛苦的。之后，自己刚挤上去，司机关上车门，自己紧贴在静止的车门上动弹不得，虽比先前好受些，但被静止的车门顶住亦还难受。这相当于受到静止土压力。好容易熬到一个站台，车门打开（身体向外有位移），自己瞬间轻松许多，此时受到的便是主动土压力，感到压力小多了，但要稳住脚跟，防止跌落。从这个形象的比喻容易理解三种土压力中，被动土压力大于静止土压力，静止土压力大于主动土压力的感性认识。

5.2　静止土压力计算

如前所述，计算静止土压力时，可假定挡土墙后填土处于弹性平衡状态。这时，由于挡土墙静止不动，土体无侧向位移；故土体表面下任意深度处的静止土压力，可按半无限体水平向自重应力的计算公式计算，即

$$p_0 = K_0 \sigma_{sz} = K_0 \gamma z \tag{5-1}$$

式中　K_0——侧压力系数或静止土压力系数；

　　　γ——土的重度。

可见，静止土压力沿挡土墙高度呈三角形分布［图 5-4（a）］。关于静止土压力系数 K_0，理论上有 $K_0 = \dfrac{\mu}{1-\mu}$，μ 为土的泊松比。实际应用中，K_0 可由三轴仪等室内试验测定，也可用原位试验测得。在缺乏试验资料时，还可用经验公式来估算：

对于砂性土　　　　　　　　　$K_0 = 1 - \sin\varphi'$

对于黏性土　　　　　　　　　$K_0 = 0.95 - \sin\varphi'$

对于超固结黏性土　　　　$K_0 = (OCR)^m \cdot (1 - \sin\varphi')$

式中　φ'——土的有效内摩擦角；

　　　OCR——土的超固结比；

　　　m——经验系数，一般可取 $0.4 \sim 0.5$。

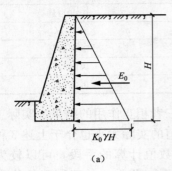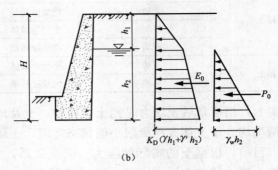

图 5-4　静止土压力的分布
(a) 均匀土时；(b) 有地下水时

研究表明，黏性土的 K_0 值随塑性指数 I_p 的增大而增大，Alpan（1967）给出的估算公式为 $K_0 = 0.19 + 0.233 \lg I_p$。此外，$K_0$ 值与超固结比 OCR 也有密切的关系，对于 OCR 较大的土，K_0 值甚至可以大于 1.0。

由式（5-1）可知，作用在单位长度挡土墙上的静止土压力合力为

$$E_0 = \frac{1}{2} K_0 \gamma H^2 \qquad (5\text{-}2)$$

式中　H——挡土墙高度。

对于成层土或有超载的情况，第 n 层土底面处静止土压力分布大小可按式（5-3）计算，即

$$p_0 = K_{0n} \left(\sum_{i=1}^{n} \gamma_i h_i + q \right) \qquad (5\text{-}3)$$

式中　γ_i——计算点以上第 i 层土的重度（$i=1, 2, 3, \cdots, n$）；

　　　h_i——计算点以上第 i 层土的厚度；

　　　K_{0n}——第 n 层土的静止土压力系数；

　　　q——填土面上的均布荷载。

当挡土墙后填土有地下水存在时，对于透水性较好的砂性土应采用有效重度 γ' 计算，同时考虑作用于挡土墙上的静水压力 p_w，如图 5-4（b）所示。

【例 5-1】　如图 5-5 所示，挡土墙后作用有无限均布荷载 $q = 20\text{kPa}$，填土的物理力学指标为 $\gamma = 18\text{kN/m}^3$，$\gamma_{sat} = 19\text{kN/m}^3$，$c = 0$，$\varphi = 30°$。试计算作用在挡土墙上的静止土压力分布 E_0。

解　静止土压力系数为

$$K_0 = 1 - \sin\varphi' = 1 - \sin 30° = 0.5$$

土中各点静止土压力值分别为

a 点　$p_{0a} = K_0 q = 0.5 \times 20 = 10\text{kPa}$

b 点　$p_{0b} = K_0(q + \gamma h_1) = 0.5 \times (20 + 18 \times 6) = 64\text{kPa}$

c 点　$p_{0c} = K_0(q + \gamma h_1 + \gamma' h_2) = 0.5 \times [20 + 18 \times 6 + (19 - 9.81) \times 4] = 82.4\text{kPa}$

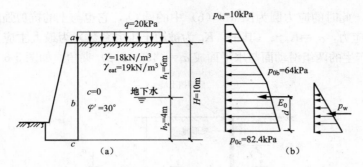

图 5-5 ［例 5-1］附图

(a) 计算简图；(b) 静止土压力分布

于是可得静止土压力合力为

$$E_0 = \frac{1}{2}(p_{0a} + p_{0b})h_1 + (p_{0b} + p_{0c})h_2$$

$$= \frac{1}{2}(10 + 64) \times 6 + \frac{1}{2}(64 + 82.4) \times 4$$

$$= 514.8 \text{kN/m}$$

静止土压力 E_0 的作用点距墙底的距离 d 为

$$d = \frac{1}{E_0}\left[p_{0a}h_1\left(\frac{h_1}{2} + h_2\right) + \frac{1}{2}(p_{0b} - p_{0a})h_1\left(h_2 + \frac{h_1}{3}\right) + p_{0b} \times \frac{h_2^2}{2} + \frac{1}{2}(p_{0c} - p_{0b})\frac{h_2^2}{3}\right]$$

$$= \frac{1}{514.8}\left[6 \times 10 \times 7 + \frac{1}{2} \times 54 \times 6 \times \left(4 + \frac{3}{6}\right) + 64 \times \frac{4^2}{2} + \frac{1}{2}(82.4 - 64)\frac{4^2}{3}\right]$$

$$= 3.79 \text{m}$$

此外，作用在墙上的静水压力合力 P_w 为

$$p_w = \frac{1}{2}\gamma_w h_2^2 = \frac{1}{2} \times 9.81 \times 4^2 = 78.5 \text{kN/m}$$

5.3 朗肯土压力理论

5.3.1 基本原理和假定

朗肯土压力理论是土压力计算中的两个著名的古典土压力理论之一。由于其概念明确，方法简单，至今仍被广泛使用。英国学者朗肯（Rankine WJM，1857 年）研究了半无限弹性土体处于极限平衡状态时的应力情况。如图 5-6 (a) 所示，假想在半无限土体中一竖直截面 AB 处有一挡土墙，在深度 z 处取一微单元土体 I，则作用在其上的法向应力为 σ_z 和 σ_x。由于 AB 面上无剪应力存在，故 σ_z 和 σ_x 均为主应力。当土体处于弹性平衡状态时有 $\sigma_z = \gamma z$，$\sigma_x = K_0\gamma z$，其应力圆如图 5-6 (b) 中的圆 O_1，远离土的抗剪强度包线。假设挡土墙产生一定的转动，则单元土体 II 在竖向法向应力 σ_z 不变的条件下，其水平向法向应力 σ_x 逐渐减小，直到土体达到极限平衡状态，此时的应力圆将与抗剪强度包线相切，如图 5-6 (b) 中的应力圆 O_2，σ_z 和 $\sigma_x = K_a\gamma z$（其中，K_a 为主动土压力系数）分别为最大及最小主应力，为朗肯主动状态。此时，土体中产生的两组滑动面与水平面成 $\alpha_f = (45° + \varphi/2)$ 夹角，如图 5-6 (c) 所示。另一方面，单元土体 III 在 σ_z 不变的条件下，水平向法向应力 σ_x 不断增大，直到土体达

到极限平衡状态，此时的应力圆为图 5-6（b）中的圆 O_3，它也与土的抗剪强度包线相切，但此时 σ_z 为最小主应力，$\sigma_x = K_p \gamma z$（其中，K_p 为被动土压力系数）为最大主应力，为朗肯被动状态，而土体中产生的两组滑动面与水平面成 $a_f = (45° - \varphi/2)$ 夹角，如图 5-6（c）所示。

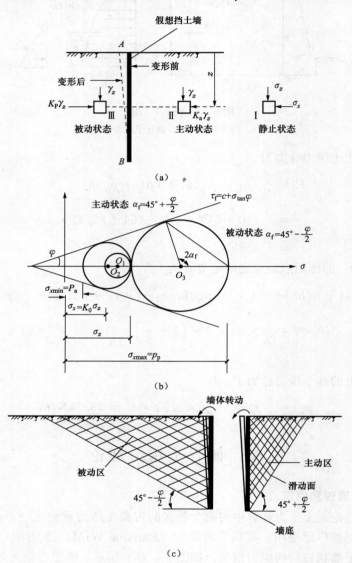

图 5-6　朗肯主动及被动状态
(a) 土单元应力状态；(b) 不同平衡状态下的应力圆；(c) 破坏面方向

朗肯认为，当挡土墙墙背直立、光滑，墙后填土表面水平并无限延伸时，作用在挡土墙墙背上的土压力相当于半无限土体中当土体达到上述极限平衡状态时的应力情况。这样就可以利用上述两种极限平衡状态时的最大和最小主应力的相互关系来计算作用在挡土墙上的主动土土力学原理压力或被动土压力。下面分别给予介绍。

5.3.2　朗肯主动土压力计算

如图 5-7（a）所示，挡土墙墙背直立、光滑，填土面为水平。墙背 AB 在填土压力作用

下背离填土移动至 $A'B'$，使墙后土体达到主动极限平衡状态。对于墙后土体深度 z 处的单元体，其竖向应力 $\sigma=\gamma z$ 是最大主应力 σ_1，而水平应力 σ_x 是最小主应力 σ_3，也即要计算的主动土压力 p_a。

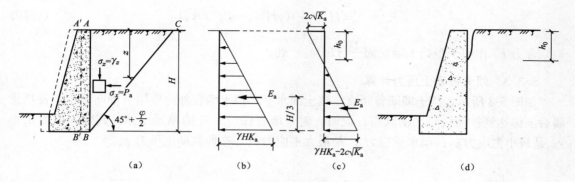

图 5-7　朗肯主动土压力计算

(a) 挡土墙向外移动；(b) 砂性土；(c) 黏性土；(d) 黏性土粒裂区

由土体极限平衡理论公式可知，大小主应力应满足下述关系：

黏性土
$$\sigma_3 = \sigma_1 \tan^2\left(45° - \frac{\varphi}{2}\right) - 2c \cdot \tan\left(45° - \frac{\varphi}{2}\right) \tag{5-4}$$

砂性土
$$\sigma_3 = \sigma_1 \tan^2\left(45° - \frac{\varphi}{2}\right) \tag{5-5}$$

将 $\sigma_3 = p_a$ 和 $\sigma_1 = \gamma z$ 代入式 (5-4) 和式 (5-5)，即可得朗肯主动土压力计算公式为

黏性土
$$p_a = \gamma z \tan^2\left(45° - \frac{\varphi}{2}\right) - 2c \cdot \tan\left(45° - \frac{\varphi}{2}\right) = \gamma z K_a - 2c \sqrt{K_a} \tag{5-6}$$

砂性土
$$p_a = \gamma z \tan^2\left(45° - \frac{\varphi}{2}\right) = \gamma z K_a \tag{5-7}$$

式中　γ——土的重度，kN/m^3；

c，φ——土的黏聚力，kPa，以及内摩擦角，(°)；

z——计算点处的深度，m；

K_a——朗肯主动土压力系数，且 $K_a = \tan^2\left(45° - \frac{\varphi}{2}\right)$。

可以看出，主动土压力 p_a 沿深度 z 呈直线分布，如图 5-7 (b)、(c) 所示。作用在单位长度挡土墙上的主动土压力合力 E_a 即为 p_a 分布图形的面积，其作用点位置位于分布图形的形心处。对于砂性土有

$$E_a = \frac{1}{2}\gamma K_a H^2 \tag{5-8}$$

合力 E_a 作用在距挡土墙底面 $\frac{1}{3}H$ 处。

对于黏性土，当 $z=0$ 时，由式 (5-6) 知 $p_a = -2c\sqrt{K_a}$，表明该处出现拉应力。令式 (5-6) 中的 $p_a=0$，即可求得拉应力区的高度为

$$h_0 = \frac{2c}{\gamma \sqrt{K_a}} \tag{5-9}$$

事实上，由于填土与墙背之间不可能承受拉应力，因此在拉应力区范围内将出现裂缝 [图 5-7 (d)]。一般在计算墙背上的主动土压力时不考虑拉力区的作用，则此时的主动土压力合力为

$$E_a = \frac{1}{2}(H - h_0)(\gamma H K_a - 2c\sqrt{K_a}) \tag{5-10}$$

合力 E_a 作用于距挡土墙底面 $\frac{1}{3}(H - h_0)$ 处。

5.3.3 朗肯被动土压力计算

如图 5-8 所示，挡土墙墙背竖直，填土面水平。挡土墙在外力作用下推向填土，使挡土墙后土体达到被动极限平衡状态。此时，对于墙背深度 z 处的单元土体，其竖向应力 $\sigma_z = \gamma z$ 是最小主应力 σ_3；而水平应力 σ_x 是最大主应力 σ_1，亦即被动土压力 p_p。

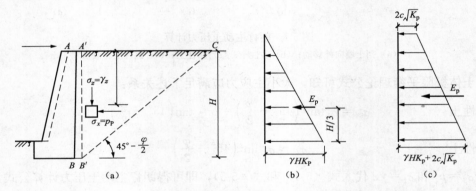

图 5-8　朗肯被动土压力
(a) 挡土墙向填土移动；(b) 砂性土；(c) 黏性土

将 $\sigma_1 = p_p$，$\sigma_3 = \gamma z$ 代入土体极限平衡理论公式，即得朗肯被动土压力计算公式为

黏性土　　$$p_p = \gamma z \tan^2\left(45° + \frac{\varphi}{2}\right) + 2c \cdot \tan\left(45° + \frac{\varphi}{2}\right) = \gamma z K_p + 2c\sqrt{K_p} \tag{5-11}$$

砂性土　　　　　　　　$$p_p = \gamma z \tan^2\left(45° + \frac{\varphi}{2}\right) = \gamma z K_p \tag{5-12}$$

式中　K_p——朗肯被动土压力系数，且 $K_p = \tan^2\left(45° + \frac{\varphi}{2}\right)$。

可以看出，被动土压力 p_p 沿深度 z 呈直线分布，如图 5-8 (b)、(c) 所示。作用在墙背上单位长度的被动土压力合力 E_p 可由 p_p 的分布图形面积求得。

此外，由三角函数关系可得

$$K_p = 1/K_a$$

5.3.4 几种典型情况下的朗肯土压力

1. 填土表面有超载作用

如图 5-9 所示，当挡土墙后填土表面有连续均布荷载 q 的超载作用时，相当于在深度 z 处的竖向应力增加 q 的作用。此时，只要将式 (5-6) 和式 (5-7) 中的 γz 用 $(q + \gamma z)$ 代替，即可得到填土表面有超载作用时的主动土压力计算公式，即

黏性土　　　　　　　　$$p_a = (\gamma z + q)K_a - 2c\sqrt{K_a} \tag{5-13}$$

砂性土　　　　　　　　　　　　　$$p_{\text{a}} = (\gamma z + q)K_{\text{a}} \qquad\qquad (5\text{-}14)$$

2. 成层填土中的朗肯土压力

当挡土墙后填土为成层土时，仍可按式（5-6）和式（5-7）计算主动土压力。但应注意在土层分界面上，由于两层土的抗剪强度指标 φ 不同，土压力系数也不同，使土压力的分布有突变。如图 5-10 所示，各点的土压力分别为

a 点　　　　　　　　　　　$$p_{\text{a1}} = -2c_1\sqrt{K_{\text{a1}}}$$

b 点上（在第 1 层土中）　　$$p'_{\text{a2}} = \gamma_1 h_1 K_{\text{a1}} - 2c_1\sqrt{K_{\text{a1}}}$$

b 点下（在第 2 层土中）　　$$p''_{\text{a2}} = \gamma_1 h_1 K_{\text{a2}} - 2c_2\sqrt{K_{\text{a2}}}$$

c 点　　　　　　　$$p_{\text{a3}} = (\gamma_1 h_1 + \gamma_2 h_2)K_{\text{a2}} - 2c_2\sqrt{K_{\text{a2}}}$$

$$K_{\text{a1}} = \tan^2\left(45° - \frac{\varphi_1}{2}\right), \quad K_{\text{a2}} = \tan^2\left(45° - \frac{\varphi_2}{2}\right)$$

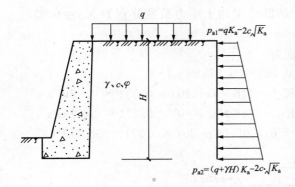

图 5-9　填土表面有超载作用时的主动土压力

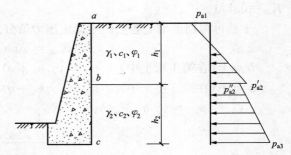

图 5-10　成层填土中的土压力

【例 5-2】　如图 5-11 所示，挡土墙高度为 7m，墙背垂直光滑，填土顶面水平并作用有连续均布荷载 $q = 15\text{kPa}$。填土为黏性土，其主要物理力学指标为 $\gamma = 17\text{kN/m}^3$，$c = 15\text{kPa}$，$\varphi = 20°$。试求主动土压力大小及其分布。

解　填土表面处的主动土压力值为

$$p_{\text{a}} = (\gamma z + q)\tan^2\left(45° - \frac{\varphi}{2}\right) - 2c \cdot \tan\left(45° - \frac{\varphi}{2}\right)$$

$$= (17 \times 0 + 15) \times \tan^2\left(45° - \frac{20°}{2}\right) - 2 \times 15 \times \tan\left(45° - \frac{20°}{2}\right)$$

$$= 15 \times 0.49 - 2 \times 15 \times 0.7$$

$$= -13.65\text{kPa}$$

由 $p_{\text{a}} = 0$ 可求出临界深度 h_0，即

$$p_{\text{a}} = (\gamma h_0 + q)\tan^2\left(45° - \frac{\varphi}{2}\right) - 2c \cdot \tan\left(45° - \frac{\varphi}{2}\right)$$

令 $p_{\text{a}} = 0$，有

$$(17h_0 + 15) \times 0.49 - 2 \times 15 \times 0.7 = 0$$

故得 $h_0 = 1.64\text{m}$。

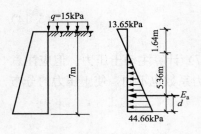

图 5-11 [例 5-2] 附图

墙底处主动土压力值为

$$p_a = (17 \times 7 + 15) \times 0.49 - 2 \times 15 \times 0.7$$
$$= 65.66 - 21 = 44.66 \text{kPa}$$

主动土压力分布如图 5-11 所示。

主动土压力合力 E_a 为土压力分布图形的面积，即

$$E_a = \frac{1}{2}(7 - 1.64) \times 44.66 = 119.69 \text{kN/m}$$

合力作用点距墙底离为

$$d = \frac{1}{3} \times (7 - 1.64) = 1.79 \text{m}$$

【例 5-3】 如图 5-12 所示，挡土墙墙后填土为两层砂土，其物理力学指标分别为 $\gamma_1 = 18 \text{kN/m}^3$，$c_1 = 0$，$\varphi_1 = 30°$，$\gamma_2 = 20 \text{kN/m}^3$，$c_2 = 0$，$\varphi_2 = 35°$，填土面上作用均布荷载 $q = 20 \text{kPa}$。试用朗肯土压力公式计算挡土墙上的主动土压力分布及其合力。

解 由 $\varphi_1 = 30°$ 和 $\varphi_2 = 35°$，可求得两层土的朗肯主动土压力系数分别为 $K_{a1} = 0.333$，$K_{a2} = 0.271$。

于是可得挡土墙上各点的主动土压力值分别为

a 点 $p_{a1} = qK_{a1} = 20 \times 0.333 = 6.67 \text{kPa}$

b 点上（在第 1 层土中） $p'_{a2} = (\gamma_1 h_1 + q)K_{a1} = (18 \times 6 + 20) \times 0.333 = 42.6 \text{kPa}$

b 点下（在第 2 层土中） $p''_{a2} = (\gamma_1 h_1 + q)K_{a2} = (18 \times 6 + 20) \times 0.271 = 34.7 \text{kPa}$

c 点 $p_{a3} = (\gamma_1 h_1 + \gamma_2 h_2 + q)K_{a2} = (18 \times 6 + 20 \times 4 + 20) \times 0.271 = 56.4 \text{kPa}$

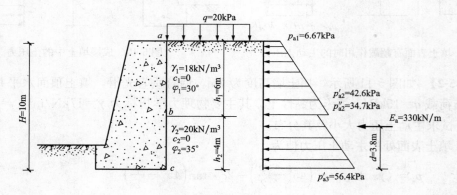

图 5-12 [例 5-3] 附图

主动土压力分布见图 5-12。由分布图可求得主动土压力合力 E_a 及其作用点位置。

$$E_a = \left(6.67 \times 6 + \frac{1}{2} \times 35.93 \times 6\right) + \left(34.7 \times 4 + \frac{1}{2} \times 21.7 \times 4\right)$$
$$= (40.0 + 107.79) + (138.8 + 43.4) = 330 \text{kN/m}$$

合力 E_a 作用点距墙底距离为

$$d = \frac{1}{330} \times \left(40 \times 7 + 107.79 \times 6 + 138.8 \times 2 + 43.4 \times \frac{4}{3}\right) = 3.8 \text{m}$$

3. 挡土墙后填土中有地下水存在

挡土墙后填土常会有地下水存在，此时挡土墙除承受侧向土压力作用之外，还受到水压力的作用。对地下水位以下部分的土压力，应考虑水的浮力作用，一般有"水土分算"和"水土合算"两种基本思路。对砂性土或粉土，可按水土分算的原则进行，即先分别计算土压力和水压力，然后再将两者叠加；而对于黏性土则可根据现场情况和工程经验，按水土分算或水土合算进行。现简单介绍水土分算或水土合算的基本方法：

（1）水土分算法。

采用有效重度 γ' 计算土压力，并同时计算静水压力，然后将两者叠加。对于黏性土和砂性土，土压力分别为

$$p_{a} = \gamma' z K'_{a} - 2c' \sqrt{K'_{a}} \tag{5-15}$$

$$p_{a} = \gamma' z K'_{a} \tag{5-16}$$

式中　γ'——土的有效重度；

　　　K'_{a}——按有效应力强度指标计算的主动压力系数，$K'_{a} = \tan^2\left(45° - \dfrac{\varphi}{2}\right)$；

　　　z——计算点处的深度，m；

　　　c'——有效黏聚力，kPa；

　　　φ'——有效内摩擦角。

在工程应用中，为简化起见，式（5-15）和式（5-16）中的有效应力强度指标 c' 和 φ' 常用总应力强度指标 c 和 φ 代替。

（2）水土合算法。

对于地下水位以下的黏性土，可用土的饱和重度 γ_{sat} 计算总的水土压力，即

$$p_{a} = \gamma_{sat} z K_{a} - 2c \sqrt{K_{a}} \tag{5-17}$$

式中　γ_{sat}——土的饱和重度；

　　　K_{a}——按总应力强度指标计算的主动土压力系数，$K_{a} = \tan^2\left(45° - \dfrac{\varphi}{2}\right)$。

【例 5-4】　如图 5-13 所示，挡土墙高度 $H = 10\text{m}$，填土为砂土，墙后有地下水位存在，填土的物理力学性质指标见图示。试计算挡土墙上的主动土压力及水压力的分布及其合力。

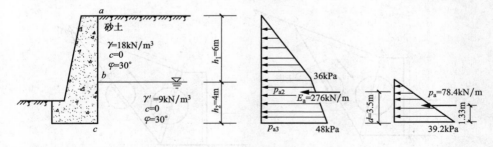

图 5-13　[例 5-4] 附图

解　填土为砂土，按水土分算原则进行。主动土压力系数

$$K_{a} = \tan^2\left(45° - \frac{\varphi}{2}\right) = \tan^2\left(45° - \frac{30°}{2}\right) = 0.333$$

于是可得挡土墙上各点的主动土压力分别为

a 点　　　　　　　　　　　$p_{a1} = \gamma_1 z K_{a} = 0$

b 点 $\qquad p_{a2} = \gamma_1 h_1 K_a = 18 \times 6 \times 0.333 = 36.0 \text{kPa}$

由于水下土的 φ 值与水上土的 φ 值相同，故在 b 点处的主动土压力无突变现象。

c 点 $\qquad p_{a3} = (\gamma_1 h_1 + \gamma' h_2) K_a = (18 \times 6 + 9 \times 4) \times 0.333 = 48.0 \text{kPa}$

主动土压力分布如图 5-13 所示，同时可求得其合力 E_a 为

$$E_a = \frac{1}{2} \times 36 \times 6 + 36 \times 4 + \frac{1}{2} \times (48 - 36) \times 4 = 108 + 144 + 24 = 276 \text{kN/m}$$

合力 E_a 作用点距墙底距离 d 为

$$d = \frac{1}{276} \times \left(108 \times 6 + 144 \times 2 + 24 \times \frac{4}{3}\right) = 3.5 \text{m}$$

此外，c 点水压力为

$$p_w = \gamma_w h_2 = 9.8 \times 4 = 39.2 \text{kPa}$$

作用在墙上的水压力合力 p_w 为

$$p_w = \frac{1}{2} \times 39.2 \times 4 = 78.4 \text{kN/m}$$

水压力合力 p_w 作用在距墙底 $\dfrac{h_2}{3} = \dfrac{4}{3} = 1.33 \text{m}$ 处。

5.4　库仑土压力理论

5.4.1　基本原理和假定

库仑在 1776 年提出的土压力理论也是著名的古典土压力理论之一。由于其计算原理比较简明，适应性较广，特别是在计算主动土压力时有足够的精度；因此至今仍在工程上得到广泛的应用。库仑土压力理论最早假定挡土墙墙后的填土是均匀的砂性土，后来又推广到黏性土的情形。其基本假定是：当挡土墙背离土体移动或推向土体时，墙后土体达到极限平衡状态，其滑动面是通过墙脚 B 的平面 BC（图 5-14），假定滑动土楔 ABC 是刚体，则根据土楔 ABC 的静力平衡条件，按平面问题可解得作用在挡土墙上的土压力。

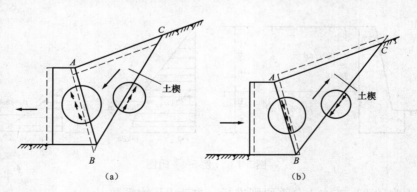

图 5-14　库仑土压力理论

(a) 主动状态；(b) 被动状态

5.4.2　库仑主动土压力计算

如图 5-15 所示，挡土墙墙背 AB 倾斜，与竖直线的夹角为 ε；填土表面 AC 是一倾斜平

面，与水平面间的夹角为 β。当挡土墙在填土压力作用下离开填土向外移动时，墙后土体会逐渐达到主动极限平衡状态，此时土体中将产生两个通过墙脚 B 的滑动面 AB 及 BC。假定滑动面 BC 与水平面夹角为 α，并取单位长度挡土墙进行分析。考虑滑动土楔 ABC 的静力平衡条件，则作用在其上的力有以下几个：

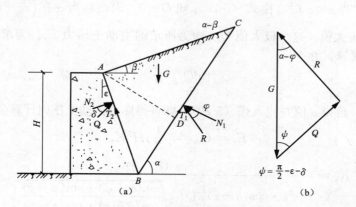

图 5-15　库仑主动土压力计算
(a) 计算模型；(b) 力平衡三角形

（1）土楔 ABC 的重力 G。若 α 值已知，则 G 的大小、方向及作用点位置均已知。

（2）土体作用在滑动面 BC 上的反力 R。R 是 BC 面上摩擦力 T_1 与法向反力 N_1 的合力，它与 BC 面法线间的夹角等于土的内摩擦角 φ。由于滑动土楔 ABC 相对于滑动面 BC 右边的土体是向下移动的，故摩擦力 T_1 的方向向上。R 的作用方向已知，大小未知。

（3）挡土墙对土楔的作用力 Q。它与墙背法线间的夹角等于墙背与填土间的摩擦角 δ。由于滑动土楔 ABC 相对于墙背是向下滑动的，故墙背在 AB 面上产生的摩擦力 T_2 的方向向上。Q 的作用方向已知，大小未知。

如图 5-15 所示，根据滑动土楔 ABC 的静力平衡条件，可绘出 G、R 和 Q 的力平衡三角形。由正弦定律得

$$\frac{G}{\sin[\pi-(\psi+\alpha-\varphi)]}=\frac{Q}{\sin(\alpha-\varphi)} \tag{5-18}$$

式中　$\psi=\frac{\pi}{2}-\varepsilon-\delta$。由图 5-15 可知

$$G=\frac{1}{2}\overline{AD}\cdot\overline{BC}\cdot\gamma$$

$$\overline{AD}=\overline{AB}\cdot\sin\left(\frac{\pi}{2}+\varepsilon-\alpha\right)=H\cdot\frac{(\varepsilon-\alpha)}{\cos\varepsilon}$$

$$\overline{BC}=\overline{AB}\cdot\frac{\sin\left(\frac{\pi}{2}+\beta-\varepsilon\right)}{\sin(\alpha-\beta)}=H\cdot\frac{\cos(\beta-\varepsilon)}{\cos\cdot\sin(\alpha-\beta)}$$

$$G=\frac{1}{2}\gamma H^2\frac{\cos(\varepsilon-\alpha)\cdot\cos(\beta-\varepsilon)}{\cos^2\varepsilon\cdot\sin(\alpha-\beta)} \tag{5-19}$$

将式（5-19）代入式（5-18），得

$$Q = \frac{1}{2}\gamma H^2 \left[\frac{\cos(\varepsilon-\alpha) \cdot \cos(\beta-\varepsilon) \cdot \sin(\alpha-\varphi)}{\cos^2\varepsilon \cdot \sin(\alpha-\beta) \cdot \cos(\alpha-\varphi-\varepsilon-\delta)} \right] \tag{5-20}$$

式中 γ、H、ε、β、δ、φ 均为常数，Q 随滑动面 BC 的倾角 α 而变化。当 $\alpha = \frac{\pi}{2} + \varepsilon$ 时，$G=0$，故 $Q=0$；当 $\alpha = \varphi$ 时，由式（5-20）知 $Q=0$。因此，当 α 在 $\left(\frac{\pi}{2}+\varepsilon\right)$ 和 φ 之间变化时，Q 存在一个极大值。这个极大值 Q_{max} 即为所求的主动土压力 E_a。为求得 Q_{max} 值，可将式（5-20）对 α 求导，并令

$$\frac{dQ}{d\alpha} = 0 \tag{5-21}$$

由式（5-21）解得 α 值并代入式（5-20），即可得库仑主动土压力计算公式为

$$E_a = Q_{max} = \frac{1}{2}\gamma H^2 K_a \tag{5-22}$$

$$K_a = \frac{\cos^2(\varphi-\varepsilon)}{\cos^2\varepsilon \cdot \cos(\delta+\varepsilon)\left[1+\sqrt{\dfrac{\sin(\delta+\varphi) \cdot \sin(\varphi-\beta)}{\cos(\delta+\varepsilon) \cdot \cos(\varepsilon-\beta)}}\right]^2} \tag{5-23}$$

式中 γ，φ——挡土墙后填土的重度及内摩擦角；

　　　H——挡土墙的高度；

　　　ε——墙背与竖直线间夹角，当墙背俯斜时为正（图 7-15），反之为负；

　　　δ——墙背与填土间的摩擦角，与墙背面粗糙程度、填土性质、墙背面倾斜形状等有关，可由试验确定或参考经验数据确定；

　　　β——填土面与水平面间的倾角；

　　　K_a——库仑主动土压力系数，它是 φ、δ、ε、β 的函数；当 $\beta=0$ 时，K_a 值可由表 5-2 查得。

表 5-2 　　　　　　　　　　　**库仑主动土压力系数 K_a （$\beta=0$）**

墙背倾斜情况	ε (°)	δ (°)	K_a φ (°)					
			20	25	30	35	40	45
仰斜	−15	$\frac{1}{2}\varphi$	0.357	0.274	0.208	0.156	0.114	0.081
		$\frac{2}{3}\varphi$	0.346	0.266	0.202	0.153	0.112	0.079
	−10	$\frac{1}{2}\varphi$	0.385	0.303	0.237	0.184	0.139	0.104
		$\frac{2}{3}\varphi$	0.375	0.295	0.232	0.180	0.139	0.104
	−5	$\frac{1}{2}\varphi$	0.415	0.334	0.268	0.214	0.168	0.131
		$\frac{2}{3}\varphi$	0.406	0.327	0.263	0.211	0.168	0.131
竖直	0	$\frac{1}{2}\varphi$	0.447	0.367	0.301	0.246	0.199	0.160
		$\frac{2}{3}\varphi$	0.438	0.361	0.297	0.244	0.200	0.162

墙背倾斜情况	ε (°)	δ (°)	K_a					
			φ (°)					
			20	25	30	35	40	45
俯斜	+5	$\frac{1}{2}\varphi$	0.482	0.404	0.338	0.282	0.234	0.193
		$\frac{2}{3}\varphi$	0.450	0.398	0.335	0.282	0.236	0.197
	+10	$\frac{1}{2}\varphi$	0.520	0.444	0.378	0.322	0.273	0.230
		$\frac{2}{3}\varphi$	0.514	0.439	0.377	0.323	0.277	0.237
	+15	$\frac{1}{2}\varphi$	0.564	0.489	0.424	0.368	0.318	0.274
		$\frac{2}{3}\varphi$	0.559	0.486	0.425	0.371	0.325	0.284
	+20	$\frac{1}{2}\varphi$	0.615	0.541	0.476	0.463	0.370	0.325
		$\frac{2}{3}\varphi$	0.611	0.540	0.479	0.474	0.381	0.340

如果填土面水平（$\beta=0$）、墙背竖直（$\varepsilon=0$）及墙背光滑（$\delta=0$）时，由式（5-23）可得

$$K_a = \frac{\cos^2\varphi}{(1+\sin\varphi)^2} = \frac{1-\sin^2\varphi}{(1+\sin\varphi)^2} = \frac{1-\sin\varphi}{1+\sin\varphi} = \tan^2\left(45° - \frac{\varphi}{2}\right) \tag{5-24}$$

式（5-24）即为朗肯主动土压力系数的表达式。可见，在某种特定条件下，两种土压力理论得到的结果是一致的。由式（5-22）可以看出，主动土压力 E_a 是墙高 H 的二次函数。将式（5-22）中的 E_a 对 z 求导，可得

$$p_a = \frac{dE_a}{dz} = \frac{d}{dz}\left(\frac{1}{2}\gamma z^2 K_a\right) = \gamma z K_a \tag{5-25}$$

可见，主动土压力 p_a 沿墙高按直线规律分布。由图 5-16 还可以看出，作用在墙背上的主动土压力合力 E_a 的作用方向与墙背法线成 δ 角，与水平面成 θ 角，其作用点在墙高的 $\frac{1}{3}$ 处。可以将合力 E_a 分解为水平分力和竖向分力 E_{ax} 两部分，则 E_{ax} 和 E_{ay} 都是线性分布，即

$$E_{ax} = E_a\cos\theta = \frac{1}{2}\gamma H^2 K_a \cos\theta \tag{5-26}$$

$$E_{ay} = E_a\cos\theta = \frac{1}{2}\gamma H^2 K_a \cos\theta \tag{5-27}$$

式中 θ——E_a 与水平面的夹角，且 $\theta=\delta+\varepsilon$。

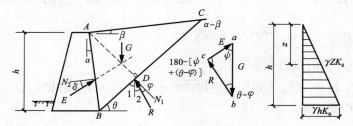

图 5-16 库仑主动土压力分布

【**例 5-5**】 如图 5-17 所示，已知某挡土墙墙高 $H=5\text{m}$，墙背倾角 $\varepsilon=10°$，填土为细砂，填土面水平（$\beta=0$），填土重度 $\gamma=19\text{kN/m}^3$，内摩擦角 $\varphi=30°$，墙背与填土间的摩擦角 $\delta=15°$。试按库仑土压力理论计算作用在墙上的主动土压力，并与朗肯土压力理论的计算结果进行比较。

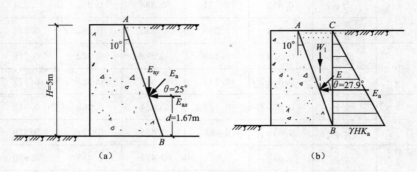

图 5-17 ［例 5-5］附图

(a) 计算简图；(b) 土压力分布

（1）当 $\beta=0$、$\varepsilon=10°$、$\varphi=30°$ 时，由式（5-23）计算或由表 7-2 查得库仑主动土压力系数 $K_a=0.378$。由式（5-22）、式（5-26）和式（5-27）求得作用在单位长度挡土墙上的主动土压力合力为

$$E_a = \frac{1}{2}\gamma H^2 K_a = \frac{1}{2}\times 19 \times 5^2 \times 0.378 = 89.78\text{kN/m}$$

$$E_{ax} = E_a\cos\theta = 89.78 \times \cos(15°+10°) = 81.36\text{kN/m}$$

$$E_{ay} = E_a\sin\theta = 89.78 \times \sin(15°+10°) = 37.94\text{kN/m}$$

主动土压力合力 E_a 的作用点位置距墙底距离为

$$d = \frac{H}{3} = \frac{5}{3} = 1.67\text{m}$$

（2）按朗肯土压力理论计算。如前所述，朗肯主动土压力计算公式（式（5-8））适应于墙背竖直（$\varepsilon=0$），墙背光滑（$\delta=0$）和填土面水平（$\beta=0$）的情况，与本例题（$\varepsilon=10°$，$\delta=15°$）的情况有所不同。但也可以作如下的近似计算：从墙脚 B 点作竖直面 BC，用朗肯主动土压力公式计算作用在 BC 面上的主动土压力 E_a，假定作用在墙背 AB 上的主动土压力为 E_a 与土体 ABC 重力 W_1 的合力，见图 5-17（b）。

由 $\varphi=30°$ 求得朗肯主动土压力系数 $K_a=0.333$。按式（5-8）求作用在 BC 上的主动土压力 E_a 为 $E_a=\frac{1}{2}\gamma H^2 K_a=\frac{1}{2}\times 19\times 5^2\times 0.333=79.09\text{kN/m}$，土体 ABC 的重力 W_1 为 $W_1=\frac{1}{2}\gamma H^2\tan\varepsilon=\frac{1}{2}\times 19\times 5^2\times\tan10°=41.88\text{kN/m}$。

作用在墙背 AB 上的合力 E 为

$$E = \sqrt{E_a^2 + W_1^2} = \sqrt{79.09^2 + 41.88^2} = 89.49\text{kN/m}$$

合力 E 与水平面夹角 θ 为

$$\theta = \arctan\frac{W_1}{E_a} = \arctan\frac{41.88}{79.09} = 27.9°$$

可以看出，用朗肯理论近似计算的土压力合力与库仑理论计算结果是比较接近的。

5.4.3　库仑被动土压力计算

如图 5-18 所示，当挡土墙在外力作用下推向填土，直至墙后土体达到被动极限平衡状态，墙后土体将出现通过墙脚的两个滑动面 AB 和 BC。由于滑动土体 ABC 向上挤出隆起，故滑动面 AB 和 BC 上的摩阻力 T_2 及 T_1 作用方向向下，与主动平衡状态时的情形正好相反。据滑动土体 ABC 的静力平衡条件，可给出其力平衡三角形。由正弦定律可得

$$Q = G\frac{\sin(\alpha+\varphi)}{\sin\left(\dfrac{\pi}{2}+\varepsilon-\delta-\alpha-\varphi\right)} \tag{5-28}$$

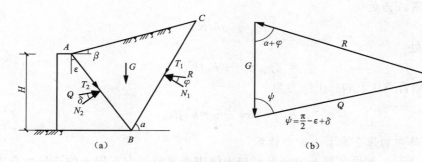

图 5-18　库仑被动土压力计算简图

（a）计算模型；（b）力平衡三角形

由式（5-28）可知，在其他参数不变的条件下，抵抗力 Q 值随滑动面 BC 的倾角 α 而变化。事实上，当挡土墙推向填土时，最危险滑动面上的抵抗力应该是其中的最小值 $Q_{\min}$，此即作用在墙背上的被动土压力。为了求得 $Q_{\min}$，同样可对式（5-28）求导数，并令

$$\frac{\mathrm{d}Q}{\mathrm{d}\alpha} = 0 \tag{5-29}$$

由式（5-29）解得 α 值，并代入式（5-28），即可得库仑被动土压力 E_p 的计算公式为

$$E_p = Q_{\min} = \frac{1}{2}\gamma H^2 K_p \tag{5-30}$$

$$K_p = \frac{\cos^2(\varphi+\varepsilon)}{\cos^2\varepsilon \cdot \cos(\varepsilon-\delta)\left[1-\sqrt{\dfrac{\sin(\delta+\varphi)\cdot\sin(\varphi+\beta)}{\cos(\varepsilon-\delta)\cdot\cos(\varepsilon-\beta)}}\right]^2} \tag{5-31}$$

式中　K_p——库仑被动土压力系数。

库仑被动土压力合力 E_p 的作用方向与墙背法线成 δ 角。由式（5-30）可以看出，被动土压力压力 E_p 也是墙高 H 的二次函数。将式（5-30）中的 E_p 对 z 求导数，可得

$$p_p = \frac{\mathrm{d}E_p}{\mathrm{d}z} = \frac{\mathrm{d}}{\mathrm{d}z}\left(\frac{1}{2}\gamma z^2 K_p\right) = \gamma z K_p \tag{5-32}$$

式（5-32）表明，被动土压力 p_p 沿墙高为线性分布。

5.4.4　几种特殊情况下的库仑土压力计算

1. 地面荷载作用下的库仑主动土压力计算

挡土墙后的土体表面常作用有不同形式的荷载，从而使作用在墙背上的主动土压力有所

增大。考虑最简单的情况，即土体表面作用有均布荷载 q（图 5-19）。此时，可首先将均布荷载 q 换算为土体的当量厚度 $h_0 = q/\gamma$（γ 为土体的重度），以此确定假想中的墙顶 A' 点，然后再根据无地面荷载作用时的情况求出土压力强度及总土压力。具体步骤如下。

在三角形 $AA'A_0$ 中，由几何关系可得

$$AA' = h_0 \cdot \frac{\cos\beta}{\cos(\varepsilon - \beta)} \tag{5-33}$$

AA' 在竖向的投影为

$$h' = AA'\cos\varepsilon = \frac{q}{\gamma} \cdot \frac{\cos\varepsilon \cdot \cos\beta}{\cos(\varepsilon - \beta)} \tag{5-34}$$

故可得墙顶 A 点处

$$p_{aA} = \gamma h' K_a \tag{5-35}$$

墙底 B 点处

$$p_{aB}\gamma(h + h')K_a \tag{5-36}$$

于是可得墙背 AB 上的总土压力为

$$E_a = \gamma h\left(\frac{1}{2}h + h'\right)K_a \tag{5-37}$$

2. 成层土体中的库仑主动土压力计算

如图 5-20 所示，假设各层土的分界面与土体表面平行。求下层土的土压力强度时，可将上面各层土的重量看作是布荷载的作用。各点的土压力强度如下。

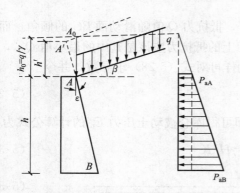 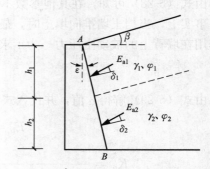

图 5-19　均布荷载作用下的库仑主动土压力　　　　图 5-20　成层土中库仑主动土压力

在第一层土顶面处 $p_a = 0$。

在第一层土底面处 $p_a = \gamma_1 h_1 K_{a1}$。

将 $\gamma_1 h_1$ 的土重换算为第二层土的当量土厚度，即

$$h_1' = \frac{\gamma_1 h_1}{\gamma_2} \cdot \frac{\cos\varepsilon \cdot \cos\beta}{\cos(\varepsilon - \beta)} \tag{5-38}$$

则在第二层土顶面处

$$p_a = \gamma_2 h_1' K_{a2} \tag{5-39}$$

在第二层土底面处

$$p_{\mathrm{a}} = \gamma_2(h_1' + h_2)K_{\mathrm{a}2} \tag{5-40}$$

式中　$K_{\mathrm{a}1}$，$K_{\mathrm{a}2}$——第一、第二层土的库仑主动土压力系数；

　　　　γ_1，γ_2——第一、第二层土的重度，$\mathrm{kN/m^3}$。

每层土的总压力 $E_{\mathrm{a}1}$、$E_{\mathrm{a}2}$ 的大小等于土压力分布图形的面积，作用方向与 AB 法线方向成 δ_1、δ_2 角（δ_1、δ_2 分别为第一、第二层土与墙背之间的摩擦角），作用点位于各层土压力分布图的心处。

3. 黏性土中的库仑主动土压力计算

如前所述，库仑土压力最早是基于填土为砂性土的假定，但在实际工程中无论是一般的挡土结构，还是基坑工程中的支护结构，墙背后面的土体大多为黏性土、粉质黏性土等具有一定黏聚力的填土；所以将库仑土压力理论推广到黏性土中是十分必要的。为此，有学者提出"等效内摩擦角"的概念，在此基础上建立相应的计算公式。所谓等效内摩擦角，就是将黏性土的黏聚力作用折算成内摩擦角。等效内摩擦角可用 φ_{D} 表示。下面是工程中常采用的两种等效内摩擦角 φ_{D} 的确定方法。

（1）根据土压力相等的概念计算。

假定挡土墙墙背竖直、光滑，墙后填土面水平。由朗肯主动土压力计算公式知，墙后填土有黏聚力存在时的主动土压力为

$$E_{\mathrm{a}1} = \frac{1}{2}\gamma H^2\tan^2\left(45° - \frac{\varphi}{2}\right) - 2cH\tan\left(45° - \frac{\varphi}{2}\right) + \frac{2c^2}{\gamma} \tag{5-41}$$

如果按等效内摩擦角的概念（无黏聚力）计算，则有

$$E_{\mathrm{a}2} = \frac{1}{2}\gamma H^2\tan^2\left(45° - \frac{\varphi_{\mathrm{D}}}{2}\right)$$

令 $E_{\mathrm{a}1} = E_{\mathrm{a}2}$，即可以得

$$\tan\left(45° - \frac{\varphi_{\mathrm{D}}}{2}\right) = \tan\left(45° - \frac{\varphi}{2}\right) - \frac{2c}{\gamma H}$$

于是，可得等效内摩擦角 φ_{D} 为

$$\varphi_{\mathrm{D}} = 2\left\{45° - \arctan\left[\tan\left(45° - \frac{\varphi}{2}\right) - \frac{2c}{\gamma H}\right]\right\} \tag{5-42}$$

（2）根据抗剪强度相等的概念计算。

对于图 5-21 所绘出的基坑挡土墙土压力的计算问题，可由土的抗剪强度包线，通过作用在基坑底面标高上的土中竖直应力 σ_{v} 来计算等效内摩擦角 φ_{D}，即有

$$\varphi_{\mathrm{D}} = \arctan\left(\tan\varphi + \frac{c}{\sigma_{\mathrm{v}}}\right) \tag{5-43}$$

式中　σ_{v}——竖直应力；

　　　c——黏聚力；

　　　φ——内摩擦角。

需要指出，等效内摩擦角的概念只是一种简化的工程处理方法，其物理意义并不明确，计算土压力时有时会产生较大的误差；所以也有采用图解法进行的。

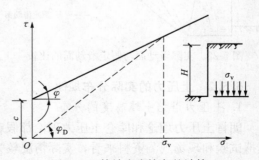

图 5-21　等效内摩擦角的计算

5.5 关于土压力计算的讨论

5.5.1 朗肯土压力理论与库仑土压力理论的比较

朗肯土压力理论和库仑土压力理论均属于极限状态土压力理论，即它们所计算出的土压力均是墙后土体处于极限平衡状态下的主动或被动土压力。但这两种理论在具体分析时，分别根据不同的假定来计算挡墙背后的土压力，两者只有在最简单的情况下（$\varepsilon=0$，$\beta=0$，$\delta=0$）才有相同的理论推导结果。

朗肯土压力理论应用半空间中的应力状态和极限平衡状态理论，从土中一点的极限平衡条件出发，首先求出作用在挡土墙竖直面上的土压力强度及其分布形式，然后再计算作用在墙背上的总土压力。其概念比较明确，公式简单，对于黏性土和无黏性土都可以直接计算；故在工程中得到广泛应用。但由于该理论假设墙背直立、光滑、墙后填土水平并延伸至无穷远；因而其应用范围受到很大限制。由于这一理论不考虑墙背与填土之间摩擦作用的影响；故其主动土压力计算结果偏大，而被动土压力计算结果则偏小。

库仑土压力理论根据墙后滑动土楔的整体静力平衡条件推导土压力计算公式，先求作用在墙背上的总土压力，需要时再计算土压力强度及其分布形式。该理论考虑了墙背与土体之间的摩擦力，并可用于墙背倾斜、填土面倾斜的复杂情况。但由于它假设填土是无黏性土；因此不能用库仑理论的原公式直接计算黏性土的土压力，尽管后来又发展了许多改进的方法，但一般均较为复杂。此外，库仑土压力理论假设墙后填土破坏时，破裂面是一平面，而实际上却是一曲面；因而其计算结果与实际情况有较大差别（图5-22）。工程实践表明，在计算主动土压力时，只有当墙背的倾斜程度不大，墙背与填土间的摩擦角较小时，破裂面才接近于一个平面。一般情况下，这种偏差在计算主动土压力时约为2‰～10‰，可以认为其精度满足实际工程的需要；但在计算被动土压力时，由于破裂面接近于对数螺旋线，因此计算结果误差较大，有时可达2～3倍，甚至更大。

库仑理论计算的主动土压力值比朗肯理论结果略小。但在朗肯理论中，侧压力的合力平行于挡土墙后的土坡，而库仑理论由于考虑了挡土墙摩擦的影响，侧压力合力的倾角更大一些。总体而言，利用朗肯理论计算结果评价挡土墙稳定性时偏于安全的一面。需要指出，在实际工程中应根据不同的边界条件和土性条件选择合适的计算理论。

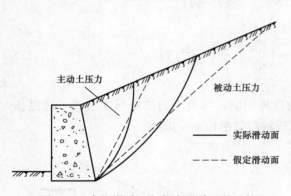

图 5-22　实际滑动面与假定滑动面的比较

5.5.2 土压力的实际分布规律

1. 土压力沿挡土墙高度的分布

朗肯土压力理论和库仑土压力理论都假定墙背土压力随深度呈线性分布，但从一些室内模拟试验和现场观测资料来看，实际情况较为复杂。事实上，土压力的大小及沿墙高的分布规律与挡土墙的形式和刚度、挡土墙表面的粗糙程度、墙背面边坡的开挖坡度、填土的性质，挡土墙的位移方式等因素密切相关。

即使对于形状较为简单的刚性挡土墙而言，土压力沿墙高的分布也与挡土墙的位移方式有较大的关系。一般地，当挡土墙以墙踵为中心，偏离填土的方向相对转动时，才满足前述朗肯土压力理论的极限平衡假定，此时墙背面的土压力沿墙高的分布为三角形分布 [图 5-23 (a)]，其值为 $K_a\gamma z$；当挡土墙以墙顶为中心，偏离填土方向相对转动，而土体上端不动，则此处附近土压力与静止土压力 $K_0\gamma z$ 接近，下端向外变形很大，土压力应该比主动土压力 $K_a\gamma z$ 还小很多，墙背面土压力沿墙高的分布为非线性分布 [图 5-23 (b)]；当挡土墙偏离填土方向水平位移时，上端附近土压力处于静止土压力 $K_0\gamma z$ 和主动土压力 $K_a\gamma z$ 之间，而下端附近土压力比主动土压力 $K_a\gamma z$ 还要小，挡土墙背面的土压力分布为非线性分布 [图 5-23 (c)]；当挡土墙以墙中为中心，向填土方向相对转动时，上端墙体挤压土体，土压力分布与被动土压力 $K_p\gamma z$ 接近，而下端附近墙壁外移，土压力比主动土压力 $K_a\gamma z$ 还要小，墙背面土压力沿墙高的分布为曲线分布 [图 5-23 (d)]。

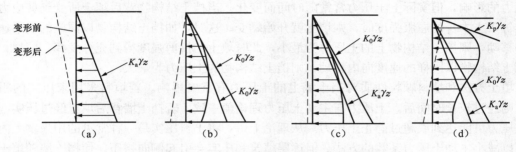

图 5-23　挡土墙位移方式对土压力分布的影响

此外，对于一般刚性挡土墙，根据大尺寸模型试验结果可得出两个基本结论：

(1) 曲线分布的实测土压力总值与按库仑理论计算的线性分布的土压力总值近似相等。

(2) 当墙后填土为平面时，曲线分布土压力的合力作用点距墙底高度约为 $0.40H \sim 0.43H$ 处（H 为墙高）。

以上为挡土墙刚度较大而自身变形可以忽略的情形。如果挡土墙刚度较小（如各类板桩墙），则其受力过程中会产生自身的挠曲变形，墙后土压力分布图形呈不规则的曲线分布，也不适宜按刚性挡土墙所推导的经典土压力理论计算公式进行计算，具体计算方法可参见有关文献。

2. 土压力沿挡土墙长度的分布

朗肯理论和库仑理论均将挡土墙作为平面问题来考虑，也就是取无限长挡土墙中的单位长度来研究。实际上，所有挡土墙的长度都是有限的，作用在挡土墙上的土压力随其长度而变化，即作用在中间断面上的土压力与作用在两端断面上的土压力有明显的不同，是一个空间问题。这种性质与挡土墙墙背面填土的破坏机理有关，当挡土墙在填土或外力作用下产生一定位移后，墙背面填土中形成两个不同的应力区。其中，随同墙体位移的这一部分土体处于塑性应力状态，远离墙体未产生位移的土体则保持弹性应力状态。而处于两个应力区域之间的土体虽未产生明显的变形；但由于受到随同墙体变形土体的影响，在靠近产生较大变形的土体部分产生应力松弛现象，并逐步过渡到弹性应力状态，从而形成一个过渡区域。

对于松散的土介质，应力的传递主要依靠颗粒接触面间的相互作用来进行。在过渡区内，当介质的一个方向产生微小变形或应力松弛时，与之正交的另一个方向就极易形成较强的卸荷拱作用，并且随土体变形的增长而更为明显。当变形达到一定值后，土体中的拱作用得到充分发挥，最终形成所谓的极限平衡拱。这样，在平衡拱范围内的土体随同墙体产生明显的变形，而在平衡拱以外的土体并未由于墙体的位移而产生明显的变形。

当平衡拱土柱随同墙体向前产生较大的位移时，由于受到底部地基的摩擦阻力作用，土柱的底面形成一曲线形的滑动面，即在墙背面形成一个截柱体形的滑裂土体，从而使作用在挡土墙上的土压力沿长度方向呈现对称的分布规律。对于长度较短的挡土墙，卸荷拱作用非常明显，必须考虑它的空间效应问题。目前，已有不少学者开展了这方面的研究工作，获得一定的成果，具体内容可参考有关文献。

5.5.3 土压力随时间的变化

前已指出，土体需要满足一定的位移量，才可以达到极限平衡状态。在静力计算中，一般很难估算位移量的大小；故在挡土结构设计时一般不考虑位移量的大小，也不考虑时间对土压力的影响，但实际上土压力常常随时间而变化。当挡土结构物背后填土所受到剪应力大于或等于土本身的屈服强度时，则填土就开始蠕变。这时，如挡土结构物以同样的变形速率向外移动，则挡土结构物上的土压力为最小，此时填土的抗剪强度得到充分发挥。同样，如果挡土结构物以同样的速度向内移动，则挡土结构物的土压力为最大。

填土方法和填料颗粒性质对挡土墙上的土压力有重要影响。若填料采用未压实的粗粒土，则经过较长时间后，土压力与主动土压力理论值一致。若挡土墙背后填土经过压实，最终土压力可能达到或超过静止土压力。从理论上讲，将土料压实是一种常见的用来增大内摩擦角以减小主动土压力系数的方法。但逐层填筑和压实会引起侧向挤压，使挡土墙随填土高度的增加而逐渐偏转，而挡土墙建成后不再可能发生主动状态所需的位移；故即使挡土墙发生位移而使土压力减小到主动土压力理论值，其后土压力仍将随时间增大并趋于静止土压力值。

松弛现象对土压力也有一定的影响。当挡土结构物背后填土后，如果结构物的位移保持不变，则土的蠕变变形受到限制，其抗剪强度得不到充分发挥。这时，土体内的应力将产生松弛现象，即作用在挡土结构物上的主动土压力将随时间而增加，并逐渐达到静止土压力状态。

当挡土结构物位移停止时，土的蠕变变形速率越小，则土的应力松弛作用也越小；反之，土的蠕变变形速率越大，则土的应力松弛作用也越大。土的应力松弛程度与土的性质有关，如硬黏土的应力松弛程度一般小于软黏土的应力松弛程度。有研究表明，硬黏土在 3d 内，应力松弛约为起始值的 55%，软黏土则应力松弛到 0。

5.6 挡土墙结构

5.6.1 挡土墙的类型及特点

挡土墙就其结构形式可分为以下几个主要类型：重力式挡土墙、悬臂式挡土墙、扶壁式挡土墙及锚杆挡土墙、锚碇板挡土墙、土工织物挡土墙等。

1. 重力式挡土墙

重力式挡土墙如图 5-24（a）所示，墙面暴露于外，墙背可以做成倾斜和垂直的。墙基的前缘称为墙趾，后缘称为墙踵，重力式挡土墙通常由块石或混凝土砌筑而成，因而墙体抗拉强度较小，作用于墙背的土压力所引起的倾覆力矩全靠墙身自重产生的抗倾覆力矩来平衡。重力式挡土墙具有结构简单、施工方便、就地取材等优点，是工程中应用较广泛的一种形式。

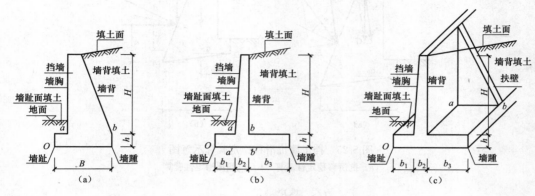

图 5-24　挡土墙主要类型
(a) 重力式挡墙；(b) 悬臂式挡墙；(c) 扶壁式挡墙

2. 悬臂式挡土墙

悬臂式挡土墙一般由钢筋混凝土建造，它由三个悬臂板组成，即立壁、墙趾悬臂和墙踵悬臂，如图 5-24 (b) 所示。墙的稳定性主要靠墙踵底板上的土重，而墙体内的拉应力则由钢筋承担。因此，这类挡土墙的优点是能充分利用钢筋混凝土的受力特性，墙体截面较小，在市政工程以及厂矿储库中广泛应用这种挡土墙。

3. 扶壁式挡土墙

当墙后填土比较高时，为了增强悬臂式挡土墙中立壁的抗弯能力，常沿墙的纵向每隔一定距离设一道扶壁，故称为扶壁式挡土墙，如图 5-24 (c) 所示。

其他挡土墙还有锚杆挡土墙、锚碇板挡土墙、土工织物挡土墙等。

5.6.2　挡土墙的设计工作

挡土墙的设计主要包括以下工作：

(1) 根据地形、荷载条件及平面布置，结合当地经验和现场地质条件，初步选定挡土墙的体型和尺寸。

(2) 进行挡土墙的验算。

(3) 做好排水设施。若设计的挡土墙无挡水要求时，必须做好排水设施。排水不良，大量雨水将使墙后侧压力增大，土的抗剪强度降低，造成挡土墙的破坏。

(4) 控制填土质量。挡土墙的回填土料应尽量选择透水性较大的土，例如砂性土、砾石、碎石等。不应采用淤泥、耕植土、膨胀性黏土等作为填料。填土时应分层夯实。

5.6.3　挡土墙的计算

挡土墙的计算通常包括下列内容：稳定性验算，包括抗倾覆和抗滑移稳定验算；地基的承载力验算；墙身强度验算。

1. 稳定性验算

(1) 抗滑移稳定性应按下式验算 [图 5-25 (a)]：

基本假定：挡土墙沿墙底面方向滑动，且不考虑墙趾 D 后填土的被动土压力对抗滑移稳定性的有利影响。

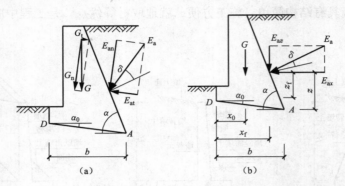

图 5-25　挡土墙抗滑移稳定验算示意图
(a) 抗滑移稳定性验算　(b) 抗倾覆稳定性验算

$$\frac{(G_n + E_{an})\mu}{E_{at} - G_t} \geqslant 1.3 \tag{5-44}$$

与墙底面垂直的墙自重分量　$G_n = G\cos\alpha_0$

与墙底面平行的墙自重分量　$G_t = G\sin\alpha_0$

与墙底面平行的土压力合力分量　$E_{at} = E_a\sin(\alpha - \alpha_0 - \delta)$

与墙底面垂直的土压力合力分量　$E_{an} = E_a\cos(\alpha - \alpha_0 - \delta)$

式中　G——挡土墙每延米自重，kN/m；

　　　α_0——挡土墙基底的倾角；

　　　α——挡土墙墙背的倾角；

　　　δ——土对挡土墙墙背的摩擦角；

　　　μ——土对挡土墙基底的摩擦系数，由试验确定，也可按表 5-3 选用。

表 5-3　　　　　　　　　　　土对挡土墙基底的摩擦系数 μ

土的类别		摩擦系数 μ	说　明
黏性土	可塑	0.25~0.30	1. 对易风化的软质岩和塑性指数 $I_P > 22$ 的黏性土，基底摩擦系数应通过试验确定。 2. 对碎石土，可根据其密实程度、填充物状况、风化程度等确定
	硬塑	0.30~0.35	
	坚硬	0.35~0.45	
粉土		0.30~0.40	
中砂、粗砂、砾砂		0.40~0.50	
碎石土		0.40~0.60	
软质岩		0.40~0.60	
表面粗糙的硬质岩		0.65~0.75	

(2) 抗倾覆稳定性应按式 (5-45) 验算 [图 5-25 (b)]。

假定：挡土墙以墙趾 D 为倾覆转动点，且不考虑墙趾 D 后填土的被动土压力对抗倾覆稳定性的有利影响。

$$\frac{Gx_0 + E_{az}x_f}{E_{ax}z_f} \geqslant 1.6 \tag{5-45}$$

土压力合力的水平分量 $\qquad E_{ax}=E_a\sin(\alpha-\delta)$

土压力合力的垂直分量 $\qquad E_{az}=E_a\mathrm{con}(\alpha-\delta)$

E_{az} 作用点与 D 点的水平距离 $\qquad x_f=b-z\cot\alpha$

E_{ax} 作用点与 D 点的垂直距离 $\qquad z_f=z-b\tan\alpha_0$

式中　z——土压力作用点离墙踵 A 的高度；

$\quad x_0$——挡土墙重心离墙趾 D 的水平距离；

$\quad b$——基底的水平投影宽度。

2. 地基的承载力验算

地基的承载力验算，一般与偏心荷载作用下基础的计算方法相同。

3. 墙身强度验算

墙身强度验算应根据墙身材料分别按砌体结构、素混凝土结构或钢筋混凝土结构的有关计算方法进行。

5.7 土 坡 稳 定

土坡是指具有倾斜坡面的土体，土坡简单的外形和各部位名称如图 5-26 所示。

由于地质作用在自然条件下形成的土坡，称为天然土坡，如山坡、江河的边坡或岸坡等；由于人工填筑或开挖而形成的土坡，称为人工土坡，如基坑、路堑、基槽、土坝、路堤等的边坡。土坡滑动又称为滑坡或土坡失稳，是指土坡在一定范围内整体地沿某一滑动面向下和向外移动而丧失其稳定性。土体重量及水的渗透力等各种因素会在坡体内引起剪应力，如果

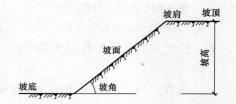

图 5-26　土坡的简单外形和各部位名称

剪应力大于其作用方向上的抗剪强度，土体就要产生剪切破坏。所以，土坡稳定分析是土的抗剪强度理论在实际工程中运用的一个范例。土坡发生滑动的根本原因在于土坡体内部某个面上的剪应力达到了该面上的抗剪强度，土体的稳定平衡遭到破坏。土坡失稳具体表现如下。

（1）坡体中剪应力的增加。在坡顶堆载或修筑建筑物使坡顶荷载增加，降水使土体的重量增加，渗透引起的动水力及土裂缝中的静水压力等，地下水位面大幅度下降导致土体内有效应力增大或因打桩、地震、爆破等振动引起的动力荷载都会导致坡体内部剪应力增大。

（2）坡体中抗剪强度的降低。自然界气候变化引起土体干裂和冻融，黏土夹层因雨水的浸入而软化，膨胀土反复胀缩及黏性土的蠕变效应或因振动使土的结构破坏或孔隙水压力升高等都会导致土的抗剪强度降低。

土坡稳定分析具有以下目的：验算所拟定的土坡是否稳定、合理或根据给定的土坡高度、土的性质等已知条件设计出合理的土坡断面（主要是安全的坡角）；对一旦滑坡会对人类生命财产造成危害或造成重大经济损失的天然土坡进行稳定性分析，研究其潜在的滑动面的位置，给出安全性评价及相应的加固措施；对人工土坡还应采取必要的工程措施，加强工程管理，以消除某些可能导致滑坡的不利因素，确保土坡的安全。

本节主要介绍简单土坡稳定分析的基本原理。简单土坡是指土坡的坡度不变，顶面和底

面水平，且土质均匀，无地下水等其他因素影响的土坡。土坡失稳时滑动面的形状要具体分析。呈散粒体的均质无黏性土土坡，其滑动面常接近一平面，而均质黏性土土坡的滑动面通常是一光滑的曲面，该曲面底部曲率大、形状平滑，而靠近坡顶曲率半径较小，近乎垂直于坡顶。经验表明，在稳定分析中，所假设的滑动面的形状对安全系数高低影响不大。为方便起见，一般假设均质黏性土土坡破坏时的滑动面为一圆柱面，它在横断面上的投影就是一个圆弧，即滑动面是圆弧。对于非均质的多层土或含软弱夹层的土坡，往往沿着软弱夹层的层面发生滑动，此时整个土坡的滑动面常常是由直线和曲线组合而成的不规则滑动面。

5.7.1 无黏性土土坡稳定分析

图 5-27 是一坡角为 β 的均质无渗透力作用的无黏性土土坡。对于这种情况，无论是在干坡还是完全浸水条件下，由于无黏性土土粒间无黏聚力，只有摩擦力；因此只要位于坡面上的土单元能保持稳定，则整个土坡就是稳定的。

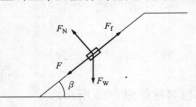

图 5-27 无渗透力作用的
无黏性土土坡稳定分析

现从坡面上任取一侧面垂直、底面与坡面与坡面平行的土单元体，假设不考虑单元体侧表面上各种应力和摩擦力对单元体的影响。设单元体所受重力为 F_W，无黏性土土坡的内摩擦角为 φ，则使单元体下滑的滑动力就是 F_W 沿坡面的分力 F，即 $F = F_W \sin\beta$。

阻止单元体下滑的力时该单元体与它下面土体之间的摩擦力，也称为抗滑力，它的大小与法向分力 F_N 有关，抗滑力的极限值即最大静摩擦力值，即

$$F_f = F_N \tan\varphi = F_W \cos\beta \tan\varphi$$

抗滑力与滑动力之比称为土坡稳定安全系数，用 K_s 表示，即

$$K_s = \frac{F_f}{F} = \frac{F_W \cos\beta \tan\varphi}{F_W \sin\beta} = \frac{\tan\varphi}{\tan\beta} \tag{5-46}$$

由式（5-46）可知，当 $\beta = \varphi$ 时，$K_s = 1.0$，抗滑力等于滑动力，土坡处于极限平衡状态；当 $\beta < \varphi$ 时，$K_s > 1.0$，土坡处于安全稳定状态。因此，土坡稳定的极限坡角等于无黏性土的内摩擦角 φ，此坡角也称为自然休止角。式（5-46）表明，均质无黏性土土坡的稳定性与坡高无关，而仅与坡角 β 有关，只要 $\beta < \varphi$，则必有 $K_s > 1.0$，满足此条件的土坡在理论上就是稳定的。φ 值越大，则土坡安全坡角就越大。为了保证土坡具有足够的安全储备，可取 $K_s = 1.1 \sim 1.5$。

上述分析只适用于无黏性土坡的最简单情况。即只有重力作用，且土的内摩擦角是常数。工程实际中只有均质干土坡才完全符合这些条件。对有渗透水流的土坡、部分浸水土坡以及高应力水平下 φ 角变小的土坡，则不完全符合这些条件。这些情况下的无黏性土土坡稳定分析可参考有关书籍。

5.7.2 黏性土土坡稳定分析

由于黏聚力的存在，黏性土土坡不会像无黏性土土坡那样沿坡面表面滑动（滑动面是平面），黏性土坡危险滑动面深入土体内部。基于极限平衡理论可以推导出，均质黏性土土坡发生滑坡时，其滑动面形状为对数螺旋线曲面，形状近似于圆柱面，在断面上的投影则近似为一圆弧曲面，如图 5-28 所示。通过对现场土坡滑坡、失稳实例的调查表明，实际滑动面也与圆弧面相似。因此，工程设计中常把滑动面假定为圆弧面来进行稳定分析。如条分法、

瑞典圆弧法、毕肖甫法等均基于滑动面是圆弧这一假定。本节重点介绍上述各种方法。

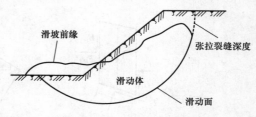

图 5-28 黏性土土坡的滑动面

1. 瑞典圆弧法（整体圆弧滑动法）

1915 年，瑞典人彼得森（Petterson）提出，边坡稳定安全系数可按下式计算

$$K_s = \frac{M_R}{M_s} = \frac{\tau_f l R}{F_w d} \quad (5\text{-}47)$$

式中 l——圆弧 AC 的弧长，其余见符号图 5-29。

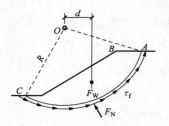

图 5-29 瑞典圆弧法

以上求出的 K_s 是与任意假定的某个滑动面相对应的安全系数，而土坡稳定分析要求的是与最危险的滑动面相对应的最小安全系数。为此，通常需要假定一系列滑动面进行多次试算，才能找到所需要的最危险滑动面对应的安全系数。随着计算技术的广泛应用和数值计算方法的普及，通过大量计算快速确定最危险滑动面的问题已得到很好的解决。

实际上，当 $\sigma\tan\varphi\neq0$ 时或土质变化时，还要确定各点的抗剪强度指标 c 和 φ，从而计算滑面上各点的抗剪强度 τ_f。至于法向应力 σ 的确定，可以采用有限单元法和极限平衡分析法。而目前常用极限平衡分析法中的条分法计算 σ。整体圆弧滑动法的另一个缺陷就是对于外形比较复杂，特别是土坡由多层土构成时，要确定滑动体的自重及形心位置就比较困难，可见整体圆弧滑动法的应用存在局限性，比较适合解决简单土坡的稳定计算问题。

2. 条分法

对多层土以及边坡外形比较复杂的情况，要确定边坡的形心和重量是比较困难的。这时采用条分法就比较容易。条分法的原理是：将边坡垂直分条，计算各条对滑弧中心的抗滑力矩和滑动力矩，然后分别求其和，再按式（5-47）计算边坡稳定安全系数，见图 5-30。对条间力假定的不同，就构成了不同的计算方法。

（1）太沙基公式。1936 年，太沙基（Terzaghi K）假定，土条两侧的外作用力大小相等方向相反，并且作用在同一条直线上。边坡稳定安全系数为

$$K_s = \frac{M_R}{M_s} = \frac{\sum (c_i l_i + W_i \cos\alpha_i \tan\varphi_i)}{\sum W_i \sin\alpha_i}$$

$$(5\text{-}48)$$

（2）毕肖甫公式。1955 年，毕肖甫（Bishop A W）认为，不考虑条间作用力是不妥当的。

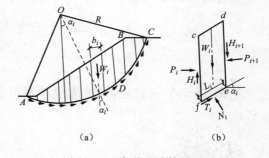

图 5-30 条分法计算原理

如图 5-31 示，当边坡处于稳定状态时，土条内滑弧面上的抗剪强度只发挥了一部分，并与切向力 T_i 相等，即

$$T_i = \frac{c_i l_i + N_i \tan\varphi_i}{K_s} \quad (5\text{-}49)$$

将所有的力都投影到弧面的法线方向，得

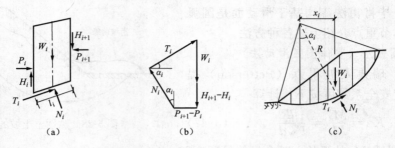

图 5-31　毕肖甫计算简图

$$N_i = [W_i + (H_{i+1} - H_i)]\cos\alpha_i - (P_{i+1} - P_i)\sin\alpha_i \tag{5-50}$$

当土坡处于极限平衡时，各土条的力对滑弧中心的力矩之和为零（注意这时条间内力互相抵消），得

$$\sum W_i x_i - \sum T_i R = 0 \tag{5-51}$$

将式（5-50）、式（5-51）代入式（5-49）得稳定安全系数

$$K_s = \frac{\sum \{c_i l_i + [(W_i + H_i - H_{i+1})\cos\alpha_i - (P_{i+1} - P_i)\sin\alpha_i]\tan\varphi_i\}}{\sum W_i \sin\alpha_i} \tag{5-52}$$

毕肖甫建议不计土条间的摩擦力之差，即令 $H_{i+1} - H_i = 0$，代入上式，得

$$K_s = \frac{\sum \{c_i l_i + [W_i \cos\alpha_i - (P_{i+1} - P_i)\sin\alpha_i]\tan\varphi_i\}}{\sum W_i \sin\alpha_i} \tag{5-53}$$

利用平衡条件，$F_x = 0$，$F_y = 0$，并结合式（5-49）和 $H_{i+1} - H_i = 0$，得

$$P_{i+1} - P_i = \frac{\dfrac{1}{K_s} W_i \cos\alpha_i \tan\varphi_i + \dfrac{c_i l_i}{K_s} - W_i \sin\alpha_i}{\dfrac{\tan\varphi_i}{K_s}\sin\alpha_i + \cos\alpha_i} \tag{5-54}$$

将式（5-54）代入式（5-53），得

$$K_s = \frac{\sum (c_i l_i \cos\alpha_i + W_i \tan\varphi_i)\dfrac{1}{\dfrac{\tan\varphi_i \sin\alpha_i}{K_s} + \cos\alpha_i}}{\sum W_i \sin\alpha_i} \tag{5-55}$$

式（5-55）这就是著名的简化毕肖甫公式。

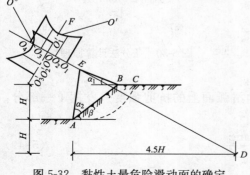

图 5-32　黏性土最危险滑动面的确定

（3）使用条分法时简单土坡最危险滑动面的确定方法。

简单土坡指的是土坡坡面单一、无变坡、土质均匀、无分层的土坡。如图 5-32 所示，这种土坡最危险的滑动面可用以下方法快速求出。

1）根据土坡坡度或坡角 β，由表 5-4 查出相应 α_1、α_2 的数值。

2）根据 α_1 角，由坡角 A 点作线段 AE，使角 $\angle EAB = \alpha_1$。根据 α_2 角，由坡顶 B 点作线段

BE，使该线段与水平线夹角为 α_2。

3）线段 AE 与线段 BE 的交点为 E，这一点是 $\varphi=0$ 的黏性土土坡最危险的滑动面的圆心。

4）由坡脚 A 点竖直向下取坡高 H 值，然后向右沿水平方向线上取 $4.5H$，并定义该点为 D 点。连接线段 DE 并向外延伸，在延长线上距 E 点附近，为 $\varphi>0$ 的黏性土坡最危险的滑动面的圆心位置。

5）在 DE 的延长线上选 3～5 个点作为圆心 O_1，O_2，O_3 等，计算各自的土坡稳定安全系数 K_1，K_2，K_3 等。而后按一定的比例尺，将 K_i 数值画在过圆心 O_i 与 DE 正交的线上，并连成曲线（由于 K_1，K_2，K_3 等数值一般不等）。取曲线下凹处的最低点 O'，过 O' 作直线 $O'F$ 与 DE 正交。$O'F$ 与 DE 相交于 O 点。

6）同理，在 $O'F$ 直线上，在靠近 O 点附近再选 3～5 个点，作为圆心 O'_1，O'_2，O'_3 等，计算各自的土坡稳定安全系数 K'_1，K'_2，K'_3 等。而后按相同的比例尺，将 K'_i 的数值画在通过各圆心 O'_i 并与 $O'F$ 正交的直线上，并连成曲线（因为 K'_1，K'_2，K'_3 等数值一般不等）。取曲线下凹处最低点 O'' 点，该点即为所求最危险滑动面的圆心位置。

表 5-4 α_1、α_2 角的数值

土坡坡度	坡角 β	α_1 角	α_2 角
1：0.58	60°	29°	40°
1：1.0	45°	28°	37°
1：1.5	33°41′	26°	35°
1：2.0	26°34′	25°	35°
1：3.0	18°26′	25°	35°
1：4.0	14°03′	25°	36°

前面提到，均质无黏性土土坡的稳定性与坡高无关，而仅与坡角 β 有关；但均质黏性土土坡的稳定性与坡高有关。当土体的物理力学参数一定，土坡坡高与临界坡角存在一定关系，2002 年，我国岩土专家王长科参考朗肯、库尔曼理论和李妥德公式，建立了基坑边坡的坡高与临界坡角的关系

$$\alpha_{cr} = \varphi + 2\cot\frac{\pi c}{q + \gamma H} \tag{5-56}$$

式中 α_{cr}，H——临界坡角、坡高；

          γ，c，φ——坡土的重力密度、黏聚力、内摩擦角；

          q——坡顶均布超载。

5.8 基坑支护简介

5.8.1 概述

自 20 世纪 90 年代以来，由于社会经济发展的各种要求，高层建筑设置地下室已是一种普遍做法。基坑围护工程作为岩土工程学科的一个分支就应运而生。又由于课题本身的多样性和复杂性，围护工程成了近年来岩土学界经久不衰的热点和难点课题。目前有关基坑工程学的专著、手册已相当多，论文更是不计其数。作为教材的一节，在此只能介绍最简单、最

基本、最成熟的一些知识。

所谓基坑工程指的是在建造埋置深度较大的基础或地下工程时，需要进行较深的土方开挖。这个由地面向下开挖的地表下空间成为基坑，为保证基坑及地下室施工条件所采取的措施称为基坑围护工程，简称为基坑工程。基坑开挖最简单的施工方法是放坡开挖。这种方法既方便又经济，在空旷地区应优先选用。受到场地局限，在基坑平面以外往往没有足够的放坡空间，或者为了保证基坑周围的建筑物、构筑物以及地下管线不受损坏，又或者为了满足无水条件下施工的要求，需要设置挡土和截水的结构，这种结构称为围护结构。一般来说，围护结构应满足以下三个方面的要求：

（1）保证基坑周边未开挖土体的稳定。

（2）保证临近基坑的相邻建筑物、构筑物和地下管线在地下结构施工期间不受损害，即要求围护结构能有效地控制坑周和坑底土体变形。

（3）要求围护结构起截水作用，并结合降水、排水等措施，保证施工作业面再地下水位以上。

5.8.2　基坑围护结构的常见形式

围护结构最早采用木桩，近年常用钢筋混凝土排桩、钢板桩、地下连续墙，在条件许可时也可采用水泥土挡墙、土钉墙等。钢筋混凝土排桩的设置方法可选择钻孔灌注桩、人工挖孔桩、沉管灌注桩和预制桩等。常用的基坑围护结构形式有：

（1）放坡开挖及简易围护。

（2）悬臂式围护结构。

（3）重力式围护结构。

（4）内撑式围护结构。

（5）锚拉式围护结构。

（6）土钉墙围护结构。

（7）其他形式围护结构主要包括门架式围护结构、拱式组合型围护结构、沉井围护结构、冻结法围护结构等。

下面分别对常见的围护结构进行简述。

1. 悬臂式围护结构

从广义的角度来讲，一切没有支撑和锚固的而又不是借自重满足稳定条件的围护结构，均可归属悬臂式围护结构（图 5-33），如不设支撑和锚固的板桩墙、排桩墙和地下连续墙等围护结构。悬臂式围护结构依靠足够的入土深度和结构的抗弯能力来挡土和控制墙后土体及结构的变形。悬臂式围护结构在开挖深度相同时，产生的变形较内撑或锚拉式往往大得多。因此这种结构适用于土质较好、开挖深度较小且周边场地对变形控制要求不严的基坑。

2. 重力式围护结构

重力式围护结构通常由水泥土搅拌桩组成，有时也采用高压喷射注浆等方法形成。当基坑开挖深度较大时，常采用格构体系。水泥土和它包

图 5-33　悬臂式排桩围护结构

围的天然土形成了重力式挡土墙，可以维系土体的稳定。水泥土重力式挡土墙适用于开挖深度不大、基坑周边对变形控制要求不高的软弱场地的基坑工程。水泥土搅拌桩围护结构的布置形式见图 5-34。

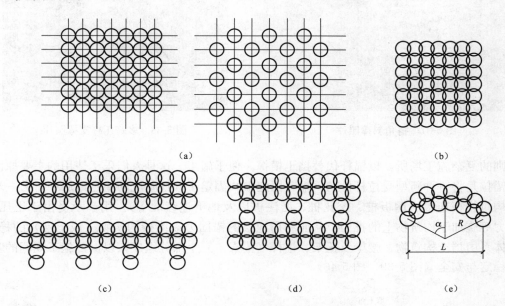

图 5-34 搅拌桩的平面布置形式

（a）柱式，正方形排列或三角形排列；（b）块式；（c）壁式，带肋或不带肋；（d）格栅式；（e）拱式

3. 内撑式围护结构

内撑式围护结构由挡土墙和支撑结构两部分组成。挡土结构常采用排桩和地下连续墙。支撑结构由水平支撑和斜支撑两种，以水平支撑常用。根据不同的开挖深度等因数，可采用单层或多层水平支撑。

内支撑常采用钢筋混凝土梁、钢梁、型钢格构等形式。钢筋混凝土支撑的优点是刚度大、变形小，而钢支撑的优点是材料可回收，且施加预应力交方便。

钢筋混凝土内撑式围护结构刚度大，容易控制围护体系变形，因此广泛适用于各种土层和深度的基坑，如图 5-35～图 5-38 所示。

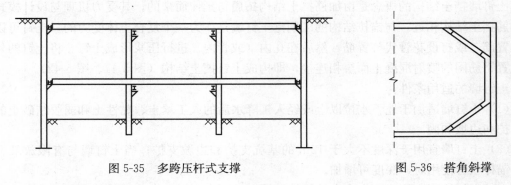

图 5-35 多跨压杆式支撑   图 5-36 搭角斜撑

4. 锚拉式围护结构

锚拉式围护结构最大的优点是在基坑内部施工时，开挖土方与支撑互不干扰，尤其是在

图 5-37　搭角斜撑照片

图 5-38　多跨压杆支撑照片

不规则的复杂施工场所，以锚杆代替挡土横撑，便于施工。这是人们乐于使用的主要原因。

锚拉是将一种新型受拉杆件的一端（固定端）固定于开挖基坑的稳定地层中，另一端与工程构筑物相连接（钢板桩、挖孔桩、灌注桩以及地下连续墙等）。用于承受由于土压力、水压力等施加于构筑物上的推力，从而利用地层的锚固力以维持构筑物（或土层）的稳定。锚拉体系由挡土构筑物、腰梁及托架、锚杆（锚索）三个部分组成，以保证施工期间的基坑边坡稳定与安全（图 5-39、图 5-40）。

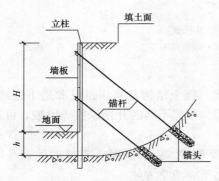

图 5-39　锚拉体系构造

图 5-40　锚拉体系照片

5. 土钉墙围护结构

土钉墙挡土结构的概念是由加筋挡土结构拓展与延伸而来的，其受力机理与设计模式也与加筋挡土结构相近。与锚拉结构的区别是土钉墙是作为一个复合土体受力的。土钉可以用钻孔置筋，或打设花管代替置筋，然后在孔内（或管内）进行压浆形成土钉。将土钉的外端与设置钢筋网的喷射混凝土面层相连接，即构成土钉挡土结构（图 5-41、图 5-42）。

土钉墙的适用条件：

（1）土钉墙适用于地下水位以上或经人工降水后的人工填土、黏性土和弱胶结砂土的基坑支护和边坡加固。

（2）土钉墙宜用于深度不大于 12m 的基坑支护和边坡支护，当土钉墙与有限放坡、预应力锚杆联合使用时，深度可增加。

（3）土钉墙不宜用于含水丰富的粉细砂层、砂砾卵石层和淤泥质土；不得用于没有自稳能力的淤泥和饱和软弱土层。

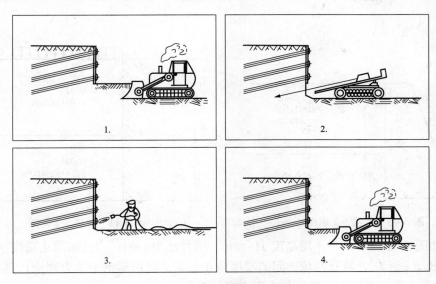

图 5-41 土钉墙施工工艺流程

图 5-42 土钉墙施工照片

（4）现场需有允许设置土钉的地下空间。如为永久性土钉，更需长期占用这些地下空间。当基坑附近有地下管线或建筑物基础时，则在施工时有相互干扰的问题。

（5）土钉支护如果作为永久性结构，需要专门考虑锈蚀等耐久性问题。

其他围护结构形式不再一一介绍。

 习 题

5-1 如图 5-43 所示，挡土墙墙背填土分层情况及其物理力学指标分别为：黏土 $\gamma=18\mathrm{kN/m^3}$，$c=10\mathrm{kPa}$，$\varphi=30°$；中砂 $\gamma_{sat}=20\mathrm{kN/m^3}$，$c=0$，$\varphi=35°$。试按朗肯土压力理论计算挡土墙上的主动土压力及其合力 E_a 并绘出分布图。

5-2 某挡土墙的墙背垂直、光滑，墙高 7.0m，墙后有两层填土，物理力学性质指标如图 5-44 所示，地下水位在填土表面下 3.5m 处于第二层填土面齐平。填土表面作用有大小为 $q=100\mathrm{kPa}$ 的连续均布荷载。试求作用在挡土墙上的主动土压力 E_a 和水压力 P_w。

的大小。

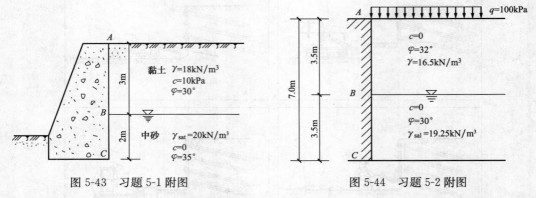

图 5-43　习题 5-1 附图　　　　　　　图 5-44　习题 5-2 附图

5-3　如图 5-45 所示，挡土墙高度 $H=5$m，墙背倾角 $\varepsilon=10°$，已知填土重度 $\gamma=20$kN/m³，$c=0$kPa，$\varphi=30°$，墙背与填土间的摩擦角 $\delta=15°$。试用库伦土压力理论计算挡土墙上的主动土压力大小、作用点位置及与水平方向的夹角。

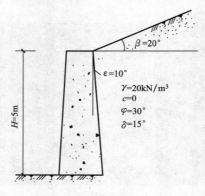

图 5-45　习题 5-3 附图

5-4　有一简单黏性土坡，高 25m，坡比 1：2，填土的重度 $\gamma=20$kN/m³，内摩擦角为 26.6°，黏聚力 c 为 10kPa，假设滑动圆弧半径为 49m，并假设滑动面通过坡脚位置，试用太沙基条分法求该土坡对应这一滑动圆弧的安全系数。

5-5　试述支护结构的类型及其各自的主要特点与适用范围。

第6章　岩土工程勘察

6.1　概　　述

在课程绪论中提到的因地基岩土引起的工程问题，多与岩土工程勘察相关。例如谷仓地基事先未经勘察，事后勘察了解，基础下面埋藏有 15m 厚的高塑性软黏土，承载力仅有 194kPa，远远低于装载后基础底面实际的平均压力 329kPa，所以造成地基破坏。又如地震条件下的液化问题，如果勘察时能够客观地评价液化等级，并采取相应的地基处理措施，该问题便能很好地避免。再如住宅楼开裂变形问题，如果勘察工作认真细致些，及早发现古河道，并在设计施工中采取相应措施，严重地基不均匀沉降也可以得到避免。岩土工程包括岩土工程勘察、岩土工程设计、岩土工程施工和岩土工程监测四个方面。岩土工程勘察时岩土工程技术体制中的一个重要环节，是工程建设前期要开展的基础性工作。了解岩土体，需要查明其空间分布及工程性质，在此基础上才能对场地的稳定性、工程建造适宜性，以及不同地段地基的承载力、变形特征等作出评价。了解岩土体特性的基本手段，就是进行岩土工程勘察，为各类工程设计提供必要的工程地质资料，在定性的基础上作出定量的工程地质评价，并对相应工程提出一定建议。

岩土工程勘察是指根据工程建设的要求，查明、分析、评价建设场地的地质、环境特征和岩土工程条件，编制勘察文件的活动。其内容主要有工程地质调查和测绘、勘探及采取土试样、原位测试、室内试验、现场检验和检测，最终根据以上几种或全部手段，对场地工程地质条件进行定性或定量分析评价，编制满足不同阶段所需的成果报告文件。

6.1.1　岩土工程勘察的基本规定

《地基规范》规定：地基基础设计前应进行岩土工程勘察，并应符合下列规定：

岩土工程勘察报告应提供下列资料：

（1）有无影响建筑场地稳定性的不良地质条件及其危害程度。

（2）建筑物范围内的地层结构及其均匀性，以及各岩土层的物理力学性质。

（3）地下水埋藏情况、类型和水位变化幅度及规律，以及对建筑材料的腐蚀性。

（4）在抗震设防区应划分场地类型和场地类别，并对饱和砂土及粉土进行液化判别。

（5）对可供采用的地基基础设计方案进行论证分析，提出经济合理的设计方案建议。提供与设计要求相对应的地基承载力及变形计算参数，并对设计与施工应注意的问题提出建议。

（6）当工程需要时，尚应提供下列资料：

1）深基坑开挖的边坡稳定计算和支护设计所需的岩土技术参数，论证其对周围已有建筑物和地下设施的影响。

2）基坑施工降水的有关技术参数及施工降水方法的建议。

3）提供用于计算地下水浮力的设计水位。

地基评价宜采用钻探取样、室内土工试验、触探，并结合其他原位测试方法进行。设计等级为甲级的建筑物应提供载荷试验指标、抗剪强度指标、变形参数指标和触探资料；设计等级为乙级的建筑物应提供抗剪强度指标、变形参数指标和触探资料；设计等级为丙级的建筑物应提供触探及必要的钻探和土工试验资料。

建筑物地基均应进行施工验槽。如地基条件与原勘察报告不符时，应进行施工勘察。

6.1.2　岩土工程勘察的基本程序

岩土工程勘察时分阶段进行的。工业与民用建筑工程的设计分为可行性研究、初步设计和施工图设计三个阶段，所以岩土工程勘察相应地也分为：可行性研究勘察（选址勘察）、初步勘察（初勘）和详细勘察（详勘）三个阶段。对于工程地质条件复杂或有特殊施工要求的高重建筑地基，尚进行施工勘察。而对面积不大、工程地质条件简单的建筑场地，其勘察阶段可以适当简化。不同的勘察阶段，其勘察任务和内容不同。

岩土工程勘察工作的程序要因工程特性、场地特性和地基特征而因地制宜。作为一般的原则，可按下列程序进行岩土工程勘察工作：

首先，初步了解场地的工程地质条件及主要岩土工程问题，明确工程设计与施工方案中所需要解决的岩土工程问题以及要求提出的岩土工程技术参数。

其次，有针对性地制定勘察方案，选择有效的勘探测试手段，积极采用综合方法和新技术，安排合理的工作量，获得所需要的岩土技术参数。

再次，认真分析工程中岩土体性状与室内试验和现场测试的岩土样性状间的关系，通过统计分析和判断，提供工程所需要的岩土指标和计算参数。

最后，利用科学合理的分析原理与计算方法，依据建议的岩土设计参数，结合实践经验的判断，对特定的岩土工程问题做出分析评价并以文字和图表等形式编制成"岩土工程勘察报告"。

6.2　岩土工程勘察方法

6.2.1　工程地质测绘与调查

工程地质测绘的基本方法，是在地形图上布置一定数量的观察点和观测线，以便按点和线进行观测和描绘。

工程地质测绘与调查的目的是通过对场地的地形地貌、地层岩性、地质构造、地下水、地表水、不良地质现象进行调查和测绘，为评价场地工程地质条件及合理确定勘探工程提供依据。而对建筑场地的稳定性进行研究，则是工程地质调查和测绘的重点。

在可行性研究阶段进行工程地质测绘与调查时，应搜集、研究有的地质资料，进行现场踏勘；在初勘阶段，当地质条件较复杂时，应继续进行工程地质测绘；详勘阶段，仅在初勘测绘基础上，对某些专门地质问题作必要的补充。测绘与调查的范围，应包括场地及其附近与研究内容有关的地段。

6.2.2　勘探方法

常用的勘探方法有坑探、钻探和触探。地球物理勘探只在弄清某些地质问题时才采用。

勘探是岩土工程勘察过程中查明地下地质情况的一种必要手段，它是在地面的工程地质测绘和调查所取得的各项定性资料的基础上，进一步对场地的工程地质条件进行定量的评价。

1. 坑探

坑探是一种不必使用专门机具的勘探方法。通过坑探的开挖可以取得直观资料和原状土样。特别是在场地地质条件比较复杂时，坑探能直接观察地层的结构和变化，但坑探的深度较浅，不能了解深层的情况。坑探是一种挖掘探井（槽）（图 6-1）的简单勘探方法。探井的平面形状一般采用 1.5m×1.0m 的矩形或直径为 0.8～1.0m 的圆形，其深度视地层的土质和地下水埋藏深度等条件而定，较深的探坑须进行坑壁支护。

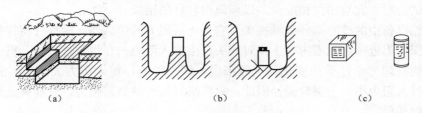

图 6-1　坑探示意图

(a) 探井；(b) 在探井中取原状土样；(c) 原状土样

在探井中取样［图 6-1 (b)］可按下列步骤进行：先在井底或井壁的制定深度处挖一土柱，土柱的直径必须稍大于取土筒的直径。将土柱顶面削平，放上两端开口的金属筒并削去筒外多余土，一面削土一面将筒压入，直到筒已完全套入土柱后切断土柱。

削平器两端的土体，盖上筒盖，用熔蜡密封后贴上标签，注明土样的上下方向［图 6-1 (c)］。坑探的取土质量常较好。

2. 钻探

钻探是用钻机在地层中钻孔，以鉴别和划分土层也可沿孔深取样，用以测定岩石和土层的物理力学性质，同时也可直接在孔内进行某些原位测试。

钻机一般分回转式与冲击式两种。回转式钻机是利用钻机的回转器带动钻具旋转，磨削孔底的底层而钻进，这种钻机通常使用管状钻具，能去柱状岩样。冲击式钻机则利用卷扬机钢丝绳带动钻具，利用钻具的重力上下反复冲击，使钻头冲击孔底，破碎地层形成钻孔。在成孔过程中，它只能取出岩石碎块和扰动土样。

场地内布置的钻孔，一般分技术孔和鉴别孔两类。钻进时，仅取扰动土样，用以鉴别土层分布、厚度及状态的钻孔，称鉴别孔。如在钻进中按不同的土层和深度采取原状土样的钻孔，称为技术孔。原状土样的采取常用取土器。实践证明，取土器的结构和规格决定了土样的保持原状的程度，影响着试样的质量和随后土工试验的可靠性。按不同土质条件，取土器可分别采用击入取土或压进取土两种方式，以便从钻孔中取出原状土样。

在一些地质条件简单的小型工程（三级岩土工程）的简易勘探中，可采用小型麻花（螺旋）钻头，以人力回转钻进（图 6-2）。这种钻孔直径较小，深度只达 10m，且只能取扰动黏性土样，以便在现场鉴别土的性质。简易勘探常与坑探和轻便触探配合使用。

3. 触探

触探是用静力或动力将金属探头贯入土层，根据土对触探头的贯入阻力或锤击数来间接判断土层及其性质。触探是一种勘探方法，又是一种原位测试技术。作为勘

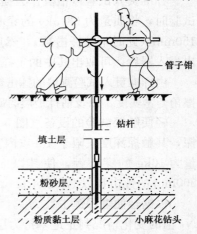

管子钳

钻杆

填土层

粉砂层

粉质黏土层　　小麻花钻头

图 6-2　手摇麻花钻钻进示意图

探方法，触探可用于划分土层，了解地层的均匀性；作为测试技术，则可估计土的某些特性指标或估计地基承载力。触探按其贯入方式不同，分为静力触探和动力触探。

（1）静力触探。静力触探借静压力将触探头压入土层，利用电测技术测得贯入阻力来判断土的力学性质。与常规的勘探手段比较，它能快速、连续地探测土层及其性质的变化。采用静力触探试验时，宜与钻探相配合，以期取得较好的结果。

静力触探设备中的核心部分是触探头。它是土层阻力的传感器。触探杆将探头匀速向土层贯入时，探头附近一定范围内的土体对探头产生贯入阻力。在贯入过程中，贯入阻力的变化反映了土的物理力学性质的变化。一般来说，同一种土，贯入阻力大，土层的力学性质好。反之，贯入阻力小，土层软弱。因此，只要测得探头的贯入阻力，就能据此评价土的强度和其他工程性质。

静力触探试验适用于软土、一般黏性土、粉土、砂土和含少量碎石的土。根据静力触探资料并利用地区经验，可进行力学分层，估算土的软硬状态或密实度、强度与变形参数、地基承载力、单桩承载力，进行液化判别等。根据孔压消散曲线，可估算土的固结系数和渗透系数。

（2）动力触探。动力触探是将一定质量的穿心锤，以一定的高度（落距）自由下落，将探头贯入土中，然后记录贯入一定深度所需的锤击数，并以此判断土的性质。

勘探中常用的动力触探类型及规格见表 6-1，触探前可根据所测土层种类、软硬、松密等情况而选用不同类型。下面重点介绍标准贯入（SPT）和轻便触探试验。

表 6-1　　　　　　　　　　　国内常用的动力触探类型及规格

类　型		锤的质量（kg）	落距（mm）	探头或贯入器	贯入指标	触探杆外径（mm）
轻型		10	500	圆锥头，规格详见图 6-4，锥底面积为 12.6cm²	贯入 300mm 的锤击数 N_{10}	25
中型		28	800	圆锥头，锥角为 60°，锥底直径为 6.18cm，锥底面积为 30cm²	贯入 100mm 的锤击数 N_{28}	33.5
重型	（1）	63.5	760	管式贯入器，规格详见图 6-3	贯入 300mm 的锤击数 N	42
	（2）			圆锥头，锥角为 60°，锥底直径为 7.4cm，锥底面积为 43cm²	贯入 100mm 的锤击数 $N_{63.5}$	42

注　重型（1）动力触探即标准贯入试验。

标准贯入试验以钻机作为提升架，并配有标准贯入器、钻杆和穿心锤等设备（图 6-3）。试验时，将质量为 63.5kg 的穿心锤以 760mm 的落距自由下落，先将贯入器竖直打入土中 150mm（此时不计锤击数），然后记录每打入土中 300mm 的锤击数（实测锤击数 N'）。拔出贯入器后，可取出其中的土样进行鉴别描述。

由标准贯入试验测得的锤击数 N，可用于估计黏性土的变形指标与软硬状态、砂土的内摩擦角与密实度，以及估计地震时砂土、粉土液化的可能性和地基承载力等，因而被广泛采用。

轻便触探试验的设备（图 6-4）简单，操作方便，适用于黏性土和黏性素填土地基的勘探，其触探深度只限于 4m 以内。试验时，先用轻便钻具开孔至被测试的土层，然后提升质量为 10kg 的穿心锤，使其以 500mm 的落距自由下落，把尖锥头竖直打入土中。每隔 300mm 的锤击数以 N_{10} 表示。

根据轻便触探锤击数 N_{10}，可确定黏性土和塑填土的地基承载力，也可按不同位置的 N_{10} 值的变化情况判定地基持力层的均匀程度。

除了上面介绍的触探试验外，原位试验还有静载试验、十字板剪切试验、扁铲侧胀、旁

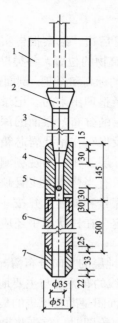

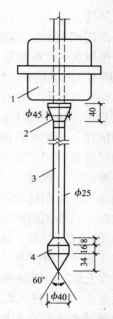

图 6-3 标准贯入试验设备（单位：mm）
1—穿心锤；2—锤垫；3—钻杆；4—贯入器头；5—出水孔；
6—由两个半圆形管并合而成的贯入器身；7—贯入器靴

图 6-4 轻便触探设备
1—穿心锤；2—锤垫；
3—触探杆；4—尖锥头

压试验等，它们与前面介绍的室内压缩试验及剪切试验是相辅相成、取长补短的。

6.3 岩土工程勘察报告

6.3.1 勘察报告书的编制

岩土工程勘察报告是岩土工程勘察工作的总结性文件，一般由文字和所附图标组成。此项工作是在岩土工程勘察过程中形成的各种原始资料编录的基础上进行，为了保证报告的质量，原始资料必须真实、系统、完整。岩土工程勘察报告的任务是阐明工作地区的工程地质条件，分析论证存在的岩土工程问题，针对工程设计、施工的具体要求，得出结论，提出建议。

勘察报告书的内容应根据勘察阶段、任务要求和工程地质条件编制。单项工程的勘察报告书一般包括如下部分：

1）任务要求及勘察工作概况。

2）场地位置、地形地貌、地质构造、不良地质现象及地震基本烈度。

3）场地的底层分布、岩石和土的均匀性、物理力学性质、地基承载力和其他设计计算指标。

4）地下水的埋藏条件和腐蚀性以及土层的冻结深度。

5）对建筑场地及地基进行综合的工程地质评价，对场地的稳定性和适宜性作出结论，指出可能存在的问题，提出有关地基基础方案的建议。

报告书所附的图表，常见的有勘察点平面位置图、钻孔柱状图、工程地质剖面图、土工试验成果总表和其他测试成果图表（如现场载荷试验、标准贯入试验、静力触探试验等）。

上列内容并不是每一份勘察报告都必须全部具备的，而应视具体要求和实际情况有所侧重，并以说明问题为准。对于地质条件简单和勘察工作量小且无特殊要求的工程，勘察报告可以酌情简化。

现将常用图表的编制方法简述如下（常用图表可参见后边"勘察报告实例"）。

（1）勘察点平面布置图。在建筑场地地形图上，把建筑物的位置，各类勘探、测试点的编号、位置用不同的图例表示出来，并注明各勘探点、测试点的标高和深度、剖面连线及其编号等。

（2）钻孔柱状图。钻孔柱状图是根据钻孔的现场记录整理出来的。记录中除了注明钻进所用的工具、方法和具体事项外，其主要内容是关于地层的分布（层面的深度、厚度）和地层特征的描述。绘制柱状图之前，应根据土工试验成果及保存在钻孔岩芯箱的土样，对其分层情况和野外鉴别记录进行认真的校核，并做好分层和并层工作。当现场测试和室内试验成果与野外鉴别不一致时，一般应以测试试验成果为主，只有当样本太少且缺乏代表性时才以野外鉴别为准。绘制柱状图时，应自上而下对地层进行编号和描述，并按一定的比例、图例和符号绘制。这些图例和符号应符合有关勘察规范的规定。在柱状图中还应同时标出取土深度、标准贯入试验位置、地下水位等资料。

（3）工程地质剖面图。柱状图只反映场地某一勘探点地层的竖向分布情况；剖面图则反映某一勘探线上地层岩竖向和水平向的分布情况。由于勘探线的布置常与主要地貌单元或地质构造轴线相垂直，或与建筑物的轴线相一致，故工程地质剖面图是勘察报告的最基本的图件。

剖面图的垂直距离和水平距离可采用不同的比例尺。绘图时，首先将勘探线的地形剖面线画出，然后标出勘探线上各钻孔中的地层层面，并在钻孔的量测分别标出层面的高程和深度，再将相邻钻孔中相同的土层分界点以直线相连。当某地层在邻近钻孔中缺失时，该层可假定于相邻两孔中间消失。剖面图中应标出原状土样的取样位置和地下水的深度。各土层应用一定的图例表示，也可以只绘出某一地段的图例，该层未绘出图例的部分，可用地层编号来识别，这样可使图面更为清晰。

在柱状图和剖面图上，也可同时附上土的主要物理力学性质指标及某些试验曲线（如触探和标准贯入试验曲线等）。

（4）土工试验成果总表。土的物理力学性质指标是地基基础设计的重要数据。应该将土工试验和原位测试所得的成果总列表示出来。由于土层固有的不均匀性、取样及运送过程的扰动、试验仪器及操作方法的差异等原因，同一土层测得的任一指标，其数值可能比较分散。因此试验资料应该按地段及层次分别进行统计整理，以便求得具有代表性的指标，统计整理应在合理分层的基础上进行。对物理力学性质指标、标准贯入试验、轻便触探锤击数，每项参加统计的数据不宜少于 6 个。统计分析后的指标可分为平均值与标准值。

6.3.2　勘察报告实例

某单位拟在××市东区建设"××花苑"，现将该建设项目的《岩土工程勘察报告》摘录如下，以作为学习的参考。

（1）勘察的任务、要求及工作概况。根据工程地质勘察任务书，某花苑工程包括兴建两幢 28 层塔楼及四层裙楼。场地整平高程为 30.00m。塔楼底面积 73m×40m，设一层地下室，拟采用钢筋混凝土框剪结构，最大柱荷载为 17 000kN，采用桩基方案。裙楼底面积 73m×60m，钢筋混凝土框架结构，采用天然地基浅基础或沉管灌注桩基础方案。

（2）场地描述。拟建场地位于河流西岸一级阶地上，由于场地基岩受河水冲刷，松散覆盖层下为坚硬的微风化砾岩。阶地上冲积层呈"二元结构"：上部颗粒细，为黏土或粉土层；下层颗粒粗，为砂砾或卵石层。根据场地岩、土样剪切波速测量结果，地表下 15m 范围内

剪切波速平均值 $v_{sm}=324.4\text{m/s}$，属中硬土类型。又据有关地震烈度区划图资料，场地一带地震基本烈度为 6 度。

（3）地层分布。据钻探显示，场地的地层自上而下分为六层：

1）人工填土：浅黄色，松散。以中、粗砂和粉质黏土为主。有混凝土块、碎砖、瓦片。厚约 3m。

2）黏土：冲积，硬塑，压缩系数 $a_{1-2}=0.29\text{MPa}^{-1}$，具中等的压缩性。地基承载力特征值 $f_{ak}=288.5\text{kPa}$，桩侧土侧阻力特征值 $q_{sia}=40\text{kPa}$，厚度为 4～5m。

3）淤泥：灰黑色，冲积，流塑，具高压缩性，底夹薄粉砂层。厚度为 0～3.70m，场地西部较厚，东部缺失。

4）砾石：褐黄色，冲积，稍密，饱和，层中含卵石和粉粒，透水性强，厚度为 3.70～8.20m。

5）粉质黏土：褐黄色，残积，硬塑至坚硬，为砾岩风化产物。压缩系数 $a_{1-2}=0.22\text{MPa}^{-1}$。

具中偏低压缩性。桩侧土侧阻力特征值 $q_{sia}=53\text{kPa}$，桩端土端阻力特征值 $q_{pa}=3200\text{kPa}$，厚度为 5～6m。

6）砾岩：褐红色，岩质坚硬，岩样单轴抗压强度标准值 $f_{rk}=58.5\text{MPa}$，场地东部的基岩埋藏浅，而西部较深，埋深一般为 24～26m。

（4）地下水情况。

本区地下水为潜水，埋深约 2.10m。表层黏土层为隔水层，渗透系数 $k=1.28\times10^{-7}\text{cm/s}$，砾石层为强透水层，渗透系数 $k=2.07\times10^{-1}\text{cm/s}$，砾石层地下水量丰富。经水质分析，地下水化学成分对混凝土无腐蚀性。场地一带的地下水与邻近的河水有水力联系。

（5）工程地质条件评价。

1）本场地地层建筑条件评价：

① 人工填土层物质成分复杂，含有分布不均的混凝土块和砖瓦等杂物，呈松散状，承载力低。

② 黏土层呈硬塑状，具中等的压缩性，场地内厚度变化不大，一般为 4～5m。地基承载力特征值 $f_{ak}=288.5\text{kPa}$，可直接作为 5～6 层建筑物的天然地基。

③ 淤泥层，含水量高，孔隙比大，具有高压缩性，厚度变化大，不宜作为建筑物地基的持力层。

④ 砾石层，呈稍密状态，厚度变化颇大，土的承载能力不高。

⑤ 粉质黏土，硬塑至坚硬，桩侧土侧阻力特征值 $q_{sia}=53\text{kPa}$，桩端土端阻力特征值 $q_{pa}=3200\text{kPa}$，可作为沉管灌注桩的地基持力层。

⑥ 微风化砾岩，岩样的单轴抗压强度标准值 $f_{rk}=58.5\text{MPa}$，呈整体块状结构，是理想的高层建筑桩基持力层。

2）对 4 层高裙楼可采用天然地基上的浅基础方案，以硬塑黏土作为持力层。由于裙楼上部荷载较小，黏土层相对来说承载力较高，并有一定厚度，其下又没有软弱淤泥层。

3）塔楼层数高，荷载大，宜选择砾岩岩层作桩基持力层。由于砾石层地下水量丰富，透水性强，因而不宜采用人工挖孔桩，而应选用钻孔灌注桩，并以微风化砾岩作为桩端持力层。

本工程的钻孔平面位置图、钻孔柱状图、工程地质剖面图和土工试验成果总表分别见图 6-5～图 6-7 和表 6-2。

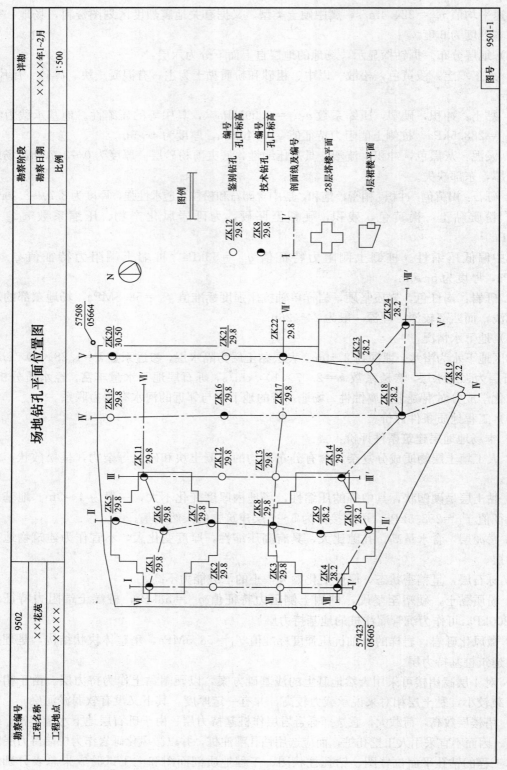

图 6-5 场地钻孔平面位置图

勘察编号	9502						孔口标高		29.8m	
工程名称	××花苑			钻孔柱状图			地下水位		27.6m	
钻孔编号	ZK1						钻探日期		××××年2月7日	
地质代号	层底标高（m）	层底深度（m）	分层厚度（m）	层序号	地质柱状图 1:200	岩芯采取率 %	工程地质简述	标贯N		岩土样	备注
								深度（m）	实际击数 / 校正击数	编号 / 深度（m）	
Qᵐˡ	3.0	3.0		①		75	填土： 杂色、松散，内有碎砖、瓦片、混凝土块、粗砂及黏性土，钻进时常遇混凝土板				
Qᵃˡ	10.7	7.7		②		90	黏土： 黄褐色、冲积、可塑、具黏滑感，顶部为灰黑色耕作层，底部土中含较多粗颗粒	10.85 / 11.15	31 / 25.7	ZK1-1 / 10.5~10.7	
	14.3	3.6		④		70	砾石： 土黄色、冲积、松散—稍密，上部以砾、砂为主，含泥量较大，下部颗粒变粗，含砾石、卵石，粒径一般为20~50mm，个别达70~90mm，磨圆度好				
Qᵉˡ	27.3	13.0		⑤		85	粉质黏土： 褐黄色带白色斑点、残积，为砾岩风化产物，硬塑—坚硬，土中含较多粗石英粒，局部为砾石颗粒	20.55 / 20.85	42 / 29.8	ZK1-2 / 20.2~20.4	
cg	32.4	5.1		⑥		80	砾岩： 褐红色，铁质硅质胶结，中—微风化，岩质坚硬、性脆，砾石成分有石英、砂岩、石灰岩块，岩芯呈柱状			ZK1-3 / 31.2~31.3	
										图号 9502-7	

▲ 标贯位置　　　　　　■ 岩样位置　　　　　　● 砂、土样位置

拟编：　　　　　　　　　　　　　审核：

图6-6　钻孔柱状图

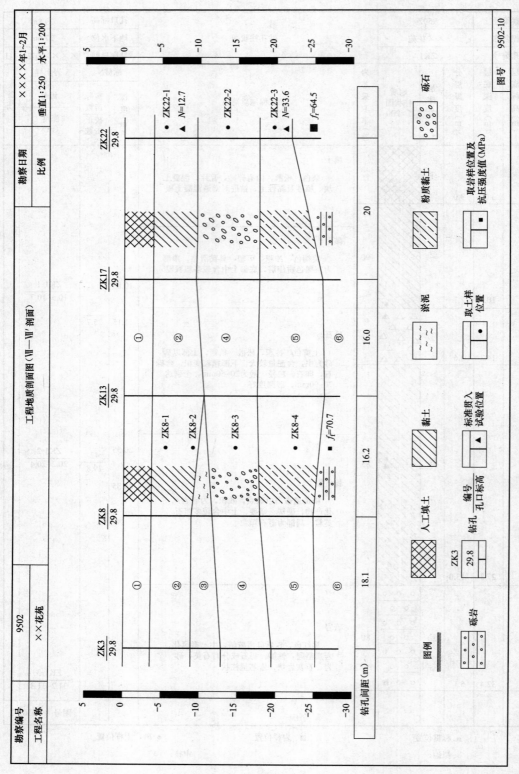

图 6-7　工程地质剖面图

表 6-2 土（岩）物理力学指标的标准值

主要指标		天然含水量 w (%)	土的天然重度 γ (kN/m³)	孔隙比 e	液限 w_L (%)	塑限 w_p (%)	塑性指数 I_p	液性指数 I_L	压缩系数 a_{1-2} (MPa⁻¹)	压缩模量 E_{s1-2} (MPa)	饱和单轴抗压强度 f_{rk} (MPa)	抗剪强度		地基承载力特征值 f_{ak} (kPa)
												黏聚力 c_{cu} (MPa)	内摩擦角 φ_{cu} (°)	
②	黏土	25.3	19.1	0.710	39.2	21.2	18.0	0.23	0.29	5.90		25.7	14.8	288.5
③	淤泥	77.4	15.3	2.107	47.3	26.0	21.3	2.55	1.16	2.18		6	6	35
⑤	粉质黏土	18.1	19.5	0.647	36.5	20.3	16.2	<0	0.22	7.49		30.8	17.2	355
⑥	砾岩										58.5			

6.4 勘察报告的阅读和使用

为了充分发挥勘察报告在设计和施工工作中的作用，必须重视对勘察报告的阅读和使用。阅读时应先熟悉勘察报告的主要内容，了解勘察结构和计算指标的可靠程度，进而判断报告中的建议对该项工程的适用性，做到正确使用勘察报告。这里需要把场地的工程地质条件与拟建建筑物具体情况和要求联系起来进行综合分析。工程设计与施工，既要从场地和地基的工程地质条件出发，也要充分利用有利的工程地质条件。下面我们通过一些实例来说明建筑场地和地基工程地质条件综合分析的主要内容及其重要性。

1. 地基持力层的选择

对不存在可能威胁场地稳定性的不良地质现象的地段，地基基础设计应在满足地基承载力和沉降这两个基本要求的前提下，尽量采用比较经济的天然地基上的浅基础。这时地基持力层的选择应该从地基、基础和上部结构的整体性出发，综合考虑场地的土层分布情况和土层的物理力学性质，以及建筑物的体型、结构类型和荷载的性质与大小等情况。

通过勘察报告的阅读，在熟悉场地各土层的分布和性质（层次、状态、压缩性和抗剪强度、土层厚度、埋深及其均匀程度等）的基础上，初步选择适合上部结构特点和要求的土层作为持力层，经过试算或方案比较后作出最后决定。

在上述实例中，四层高裙楼选择黏土层作为持力层是适宜的。因为考虑到该层具有下列的有利因素：

（1）地基承载力完全可以满足设计要求（其地基承载力特征值达 288.5kPa）。

（2）该层具有一定厚度，在本场地内的厚度为 4~5m，分布稳定，且其下方不存在淤泥等软弱土层。

（3）黏土层呈硬塑状，是场地内的隔水层，预计基坑开挖后的涌水量较少，基坑边坡易于维持稳定状态。

（4）上部结构荷载不大。若柱基的埋深和宽度加大，黏土层承载力还可提高。对 28 层塔楼来说，情况与裙楼完全不同，塔楼荷载大且集中，其柱荷载为 17 000kN；黏土层虽有一定承载力和厚度，但该地段下方分布有厚薄不均的软弱淤泥土层，加之塔楼设置有一层地下室，部分黏土层被挖去后，将使基底更接近软弱淤泥层顶面，其不均匀沉降可能更大；场地内基岩强度高，埋藏深度又不大，故选择砾岩作为桩基持力层合理可靠。从地下室底面起算的桩长，一般为 20m 左右，施工难度不大。

根据勘察资料的分析，合理地确定地基土的承载力是选择地基持力层的关键。而地基承载力实际上取决于许多因素，单纯依靠某种方法确定承载力值未必十分合理。必要时，可以通过多种测试手段，并结合实践经验适当予以增减。这样做，有时会取得很好的实际效果。

某地区拟建十二层商业大厦，上部采用框架结构，设有地下室，建筑场地位于丘陵地区，地质条件并不复杂，表土层是花岗岩残积土，厚 14～25m 不等，覆盖层下为强风化花岗岩。

场地勘探采用钻探和标准贯入试验进行，在不同深度处采取原状试样进行室内岩石和土的物理力学性质指标试验。试验结果表明：残积土的天然孔隙比 $e>1.0$，压缩模量 $E_s<5.0\text{MPa}$，属中等偏高压缩性土。而标准贯入试验 N 值变化很大：10～25 击。据土的物理性质指标查得，地基土的承载力特征值为 $f_{ak}=120～140\text{kPa}$。如果上述意见成立，该建筑物需采用桩基础，桩端应支承在强风化花岗岩上。

根据当地建筑经验，对于花岗岩残积土，由室内测试成果所得的 f_{ak} 值常偏低。为了检验室内成果的可靠程度，以便对建筑场地作出符合实际的工程地质评价，又在现场进行 3 次载荷试验，并按不同深度进行 15 次旁压试验，各次试验算出的 f_{ak} 值均在 200kPa 以上。此外，考虑到该建筑物可能采用筏形基础，基础的埋深和宽度都较大，地基承载力还可提高。于是决定采用天然地基浅基础方案，并在建筑、结构和施工各方面采取了某些减轻不均匀沉降影响的措施，终于使该商业大厦顺利建成。

由这个实例中可以看出，在阅读和使用勘察报告时，应该注意所提供资料的可靠性。有时，由于勘察工作不够详细，地基土特殊工程性质不明以及勘探方法本身的局限性，勘察报告不可能充分地或准确地反映场地的主要特征。或者，在测试工作中，由于人为的和仪器设备的影响，也可能造成勘察成果的失真而影响报告的可靠性。因此，在编写和使用报告过程中，应该注意分析、发现问题，并对有疑问的关键性问题进一步查清，以便少出差错。但对于一般中小型工程，可用室内试验指标作为主要依据，不一定都要进行现场载荷试验或更多的工作。

2. 场地稳定性评价

地质条件复杂的地区，综合分析的首要任务是评价场地的稳定性，其次才是地基的强度和沉降问题。

场地的地质构造（断层、褶皱等）、不良的地质现象（如滑坡、崩塌、岩溶、塌陷和泥石流等）、地层的成层条件和地震的发生都可能影响场地的稳定性。在这些场地进行勘察，必须查明其分布规律、条件和危害程度，从而在场地之内划分出稳定、较稳定和危险的地段，作为选址的依据。

在断层、向斜、背斜等构造地带和地震区修建建筑物，必须慎重对待。在选址勘察中指明应予避开的危险场地，不应进行建设。但对已经判明属相对稳定的构造断裂地带，也可以进行工程建设。实际上，有的厂房的大直径钻孔桩就直接支承在相对稳定的断裂带岩层上。

在不良地质现象发育且对场地稳定性有直接危害或潜在威胁的地区，如不得不在其中较为稳定的地段进行建筑，必须事先采取有力措施，防患于未然，以免中途改变场址或需要处理而花费极高的费用。

习　题

6-1　岩土工程勘察如何分级?

6-2　技术钻孔和鉴别钻孔有何不同?

6-3　常用的岩土工程勘察方法有哪些?

6-4　土样质量可分为哪几个等级? 每个等级的土样对取样方法和工具有什么要求?

6-5　什么是岩土工程原位测试? 它有哪些优点、缺点?

6-6　静力载荷试验与静力触探试验的基本原理分别是什么?

6-7　标准贯入试验与圆锥动力触探试验有何异同点?

6-8　岩土工程勘察报告的基本内容和所附的图表包括哪些?

第7章　天然地基上的浅基础设计

7.1　地基基础设计的基本原则

7.1.1　概述

基础是连接上部结构（如房屋的墙和柱、桥梁的墩和台等）与地基之间的过渡结构，把整个建筑物的荷载传给地基，起承上启下的作用，因此基础的设计至关重要。

浅基础是指只需经过挖槽、排水等普通施工程序就可以建造起来的基础，其施工条件和工艺都比较简单。正因为浅基础埋深一般不大，浅基础在设计时，只考虑基础底面以下土的承载力，不考虑基础底面以上土的抗剪强度对地基承载力的作用，还忽略了基础侧面与土之间的摩擦力。

地基基础设计必须根据上部结构条件（建筑物的用途和安全等级、建筑布置、上部结构类型等）和工程地质条件（建筑场地、地基岩土和气候条件等），结合考虑其他方面的要求（工期、施工条件、造价和节约资源等），合理选择地基基础方案，因地制宜，精心设计，以确保建筑物和构筑物的安全和正常使用。天然地基上的浅基础结构比较简单，最为经济，如能满足要求，宜优先选用。天然地基上的浅基础的设计原则和方法，基本适用于人工地基上的浅基础，只是选择人工地基上的浅基础方案时，尚需对选择的地基处理方法进行设计，并处理好人工地基和浅基础之间的连接与相互影响。

天然地基浅基础设计内容和一般步骤是：

（1）充分掌握拟建场地的工程地质条件和地质勘查资料。例如不良地质现象和地震层的存在及危害性、地基土层分布的均匀性和软弱下卧层的位置和厚度、各层土的类别及其工程特性指标。

（2）在研究地基勘察资料的基础上，结合上部结构的类型，荷载性质、大小和分布情况，建筑布置和使用要求一级拟建基础对原有建筑设施或环境的影响，并充分了解当地建筑经验、施工条件、材料供应、保护环境、先进技术的推广应用等其他有关情况，综合考虑选择基础类型和平面布置方案。

（3）选择地基持力层和基础埋置深度。

（4）确定地基承载力。

（5）按地基承载力（包括持力层和软弱下卧层）确定基础底面尺寸。

（6）进行必要的地基稳定性和变形验算，使地基的稳定性得到充分的保证，并使地基沉降不致引起结构损坏、建筑倾斜和开裂，影响正常使用和外观。

（7）进行基础的结构设计，按基础结构布置进行结构的内力分析、强度计算，并满足构造设计要求，以保证基础具有足够的强度、刚度和耐久性。

（8）绘制基础施工图，并提出必要的技术说明。

上述各方面内容密切联系、相互制约，很难一次考虑周详。因此，地基基础设计工作往往需反复多次才能取得满意的结果。设计人员可根据具体工程情况，采用优化设计方法，以提高设计质量。

7.1.2　地基基础设计等级与基本规定

《地基规范》根据地基的复杂程度、建筑物的规模和功能特征以及由于地基问题可能造成建筑物破坏或影响正常使用的程度，将地基基础设计分为三个设计等级，见表 7-1。设计时应根据具体情况，按照地基基础设计安全等级，采用相应的设计验算原则。

表 7-1　　　　　　　　　　　　　　　地 基 基 础 设 计 等 级

设计等级	建筑和地基类型
甲级	重要的工业与民用建筑物； 30 层以上的高层建筑； 体型复杂，层数相差超过 10 层的高低层连成一体建筑物； 大面积的多层地下建筑物（如地下车库、商场、运动场等）； 对地基变形有特殊要求的建筑物； 复杂地质条件下的坡上建筑物（包括高边坡）； 对原有工程影响较大的新建建筑物； 场地和地基条件复杂的一般建筑物； 位于复杂地质条件及软土地区的二层及二层以上地下室的基坑工程； 开挖深度大于 15m 的基坑工程； 周边环境条件复杂、环境保护要求高的基坑工程
乙级	除甲级、丙级以外的工业与民用建筑物； 除甲级、丙级以外的基坑工程
丙级	场地和地基条件简单、荷载分布均匀的七层及七层以下民用建筑及一般工业建筑；次要的轻型建筑物； 非软土地区且场地地质条件简单、基坑周边环境条件简单、环境保护要求不高且开挖深度小于 5.0m 的基坑工程

根据建筑物地基基础设计等级及长期荷载作用下地基变形对上部结构的影响程度，地基基础设计应符合下列规定：

（1）所有建筑物的地基计算均应满足承载力计算的有关规定。

（2）设计等级为甲级、乙级的建筑物，均应按地基变形设计。

（3）设计等级为丙级的建筑物有下列情况之一时应作变形验算：

1）地基承载力特征值小于 130kPa，且体型复杂的建筑。

2）在基础上及其附近有地面堆载或相邻基础荷载差异较大，可能引起地基产生过大的不均匀沉降时。

3）软弱地基上的建筑物存在偏心荷载时。

4）相邻建筑距离近，可能发生倾斜时。

5）地基内有厚度较大或厚薄不均的填土，其自重固结未完成时。

（4）对经常受水平荷载作用的高层建筑、高耸结构和挡土墙等，以及建造在斜坡上或边坡附近的建筑物和构筑物，尚应验算其稳定性。

（5）基坑工程应进行稳定性验算。

（6）建筑地下室或地下构筑物存在上浮问题时，尚应进行抗浮验算。

7.1.3　地基基础设计荷载的规定

地基基础设计中的荷载通常由永久荷载、可变荷载和偶然荷载组成。永久荷载包括建筑物和基础的自重、固定设备的质量、土压力和正常水稳定水位的水压力。由于永久荷载长期作用在地基基础上，它是引起基础沉降的主要因素。偶然荷载（如地震荷载、爆炸荷载、撞击等）发生的机会相对不多，作用时间短，故沉降计算只考虑永久荷载和可变荷载，但在进行地基稳定性验算时，则要考虑偶然荷载的作用。

地基基础设计属于建筑工程领域，《工程结构可靠性设计统一标准》（GB 50153—2008）规范了建筑工程领域结构设计采用以概率论为基础的极限状态设计方法。极限状态可分为两类：

（1）承载能力极限状态。这种极限状态对应于结构或构件达到最大承载能力或不适于继续承载大变形，例如地基丧失承载能力而是失稳破坏（整体剪切破坏）。

（2）正常使用极限状态。这种极限状态对应于结构或构件达到正常使用或耐久性能的某项规定限值，例如影响建筑物正常使用或外观的地基变形。

结构的极限状态可采用极限状态方程 $g(X_1, X_2, \cdots, X_n) = 0$ 描述，其中功能函数 g 中的 X_i 是指结构上的各种作用和环境影响、材料和岩土的性能及几何参数的基本变量；在进行可靠度分析时，基本变量应作为随机变量。结构极限状态设计应符合下列要求：

$$g(X_1, X_2, \cdots, X_n) \geqslant 0 \tag{7-1}$$

当采用结构的作用效应和结构抗力作为综合基本变量时，结构按极限状态设计应符合下列要求

$$R - S \geqslant 0 \tag{7-2}$$

式中　R——结构的抗力；

　　　S——结构的作用效应。

地基基础设计时，应分析传至基础底面上的各种作用效应，所采用的作用效应与相应的抗力限值应符合下列规定：

（1）按地基承载力确定基础底面积及埋深时，传至基础底面上的作用效应应按正常使用极限状态下作用的标准组合。相应的抗力应采用地基承载力特征值。

（2）计算地基变形时，传至基础底面上的作用效应应按正常使用极限状态下作用的准永久组合，不应计入风荷载和地震作用。相应的限值应为地基变形允许值。

（3）计算地基稳定以及基础抗浮稳定时，作用效应应按承载能力极限状态下作用的基本组合，但其分项系数均为 1.0。

（4）在确定基础高度、计算基础结构内力、确定配筋和验算材料强度时，上部结构传来的作用效应和相应的基底反力、应按承载能力极限状态下作用的基本组合，采用相应的分项系数。当需要验算基础裂缝宽度时，应按正常使用极限状态作用的标准组合。

（5）基础设计安全等级、结构设计使用年限、结构重要性系数应按有关规范的规定采用，但结构重要性系数（γ_0）不应小于 1.0。

地基基础设计时，所采用的作用组合的效应设计值应符合下列规定：

（1）正常使用极限状态下，标准组合的效应设计值（S_k）应按下式确定

$$S_k = S_{Gk} + S_{Q1k} + \psi_{c2} S_{Q2k} + \cdots + \psi_{cn} S_{Qnk} \tag{7-3}$$

式中　S_{Gk}——永久作用标准值（G_k）的效应；

　　　S_{Qik}——第 i 个可变作用标准值（Q_{ik}）的效应；

　　　ψ_{ci}——第 i 个可变作用（Q_i）的组合值系数，按现行《建筑结构荷载规范》（GB 50009—2012）的规定取值。

（2）准永久组合的效应设计值（S_k）应按下式确定

$$S_k = S_{Gk} + \psi_{q1} S_{Q1k} + \psi_{q2} S_{Q2k} + \cdots + \psi_{qn} S_{Qnk} \tag{7-4}$$

式中　ψ_{qi}——第 i 个可变作用的准永久值系数，按现行国家标准《建筑结构荷载规范》（GB 50009—2012）的规定取值。

（3）承载能力极限状态下，由可变作用控制的基本组合的效应设计值（S_d），应按下式确定

$$S_d = \gamma_G S_{Gk} + \gamma_{Q1} S_{Q1k} + \gamma_{Q2} \psi_{c2} S_{Q2k} + \cdots + \gamma_{Qn} \psi_{cn} S_{Qnk} \tag{7-5}$$

式中　γ_G——永久作用的分项系数，按现行国家标准《建筑结构荷载规范》（GB 50009—2012）的规定取值；

　　　γ_{Qi}——第 i 个可变作用的分项系数，按现行国家标准《建筑结构荷载规范》（GB 50009—2012）的规定取值。

（4）对由永久作用控制的基本组合，也可采用简化规则，基本组合的效应设计值（S_d）可按下式确定

$$S_d = 1.35 S_k \tag{7-6}$$

式中　S_k——标准组合的作用效应设计值。

【小贴士】
----------------------------○

（1）基础的设计可能是一个反复计算的过程，里面有很多经验成分。

（2）不同设计等级的地基基础验算的内容有所不同。

（3）在进行地基基础设计时，计算不同的内容所采用的作用效应有可能是不一样的，这是值得注意的。

7.2　浅基础的类型及适用条件

了解浅基础常用类型和适用条件，对基础设计时的合理选型很有帮助。浅基础的类型很多，有些浅基础的名称很多，例如"墙下砖砌条形基础"，现行规范中称之为"无筋扩展基础"，也有人称之为"墙下条形基础"，过去习惯称为"刚性基础"，又俗称"大放脚"。

7.2.1　基础按受力性能的分类

基础按照受力性能可以分为无筋扩展基础和扩展基础。

1. 无筋扩展基础（刚性基础）

由砖、毛石、混凝土或毛石混凝土、灰土、三合土等材料组成的，且不需要配置钢筋的墙下条形基础或柱下独立基础，称为无筋扩展基础如图 7-1 所示。基础本身具有一定的抗压强度、能承受一定的上部结构竖向荷载，但其抗拉、抗剪强度低，不能承受挠曲变形长生的拉应力和剪应力，因而又称为刚性基础。当上部荷载分布不均或地基土层软硬不一时，易产生不均匀沉降，无筋扩展基础易断裂，加之无筋扩展基础受刚性角的限制，基础尺寸宜窄而深埋，不宜宽而浅埋，因此无筋扩展基础适用于上部结构荷载不大、且分布均匀，地基土层承载力较高的均质地基。如灰土基础可用于 6 层及 6 层以下的民用建筑，三合土基础用于不超过 4 层的房屋。

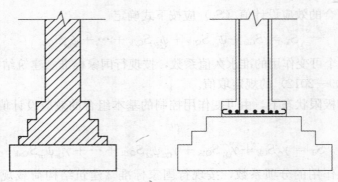

图 7-1 无筋扩展基础

2. 扩展基础（柔性基础）

扩展基础系指柱下钢筋混凝土独立基础和墙下钢筋混凝土条形基础，如图 7-2 所示。该基础在混凝土基础下部配置钢筋来承受底面的拉力，基础本身不仅具有一定的抗压强度，能承受上部结构的竖向荷载，而且具有一定的抗拉、抗剪强度，又能承受挠曲变形及其产生的拉应力和剪应力，因而又称为柔性基础。它能抵抗一定的不均匀沉降，并且不会受到刚性角的限制，可以宽而浅埋。当上部结构荷载较大，地基承载力较低时，可以采用扩展基础加大基础底面宽度，减少基底单位面积荷载；或当地基土层上部较硬、下部较软，需要充分利用上部硬土层时，可采用扩展基础。但基础面积大，影响深度也大，有软弱下卧层时需注意。

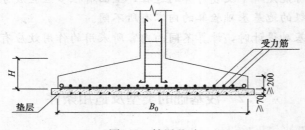

图 7-2 扩展基础

7.2.2 基础按构造型式分类

浅基础按照构造型式可以分为独立基础、条形基础、筏板基础和箱形基础等。

1. 独立基础

独立基础（也称单独基础）是整个或局部结构物下的无筋或配筋的单个基础。通常，柱、烟囱、水塔、高炉、机器设备基础多采用独立基础。独立基础是柱基础中最常用和最经济的基础形式，它所用的材料主要根据柱的材料、荷载大小和地质情况而定。独立基础的形式有阶梯形、锥形、杯形、壳体等，如图 7-3 所示。现浇钢筋混凝土柱下多采用现浇钢筋混凝土独立基础，基础截面做成阶梯形或锥形；预制柱下一般采用杯口形基础；烟囱、水塔、高炉等构筑物常采用钢筋混凝土圆板或圆环基础及混凝土实体基础，有时也可采用壳体基础。

独立基础的优点是土方工程量少，便于地下管道穿越，节约基础材料。但基础相互之间无联系，整体刚度差，一般适用于土质均匀、荷载均匀的骨架结构建筑中。当建筑物上部为墙体承重结构，并且基础埋深要求很大时，为了避免开挖土方量过大和便于穿越管道，墙下可以采用独立基础。

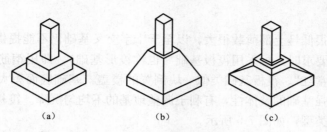

图 7-3　独立基础

（a）阶梯形基础；（b）锥形基础；（c）杯形基础

2. 条形基础

条形基础是指基础长度远远小于基础宽度的一种基础形式。按上部结构形式，可分为墙下条形基础、柱下条形基础和十字交叉条形基础等。墙下条形基础有无筋和配筋的条形基础两种，如图 7-4（a）所示。当上部荷载较大而土质较差时，可考虑采用"宽基浅埋"的墙下钢筋混凝土条形基础。

在钢筋混凝土框架结构中，当地基软弱而荷载较大时，若采用扩展基础，可能因为的基础底面积太大而使基础边缘互相接近甚至重叠，为增加基础整体性并便于施工，可将同一排的柱基础连在一起，便成为柱下钢筋混凝土条形基础，如图 7-4（b）所示。

当采用柱下钢筋混凝土条形基础仍不能满足地基基础设计要求时，可将柱下基础在纵横两个方向都连接起来，形成十字交叉条形基础，如图 7-4（c）所示。这种基础在纵横两向均具有一定的刚度，当地基软弱且两个方向荷载和土质不均匀时，十字交叉条形基础具有良好的抵抗不均匀沉降的能力。

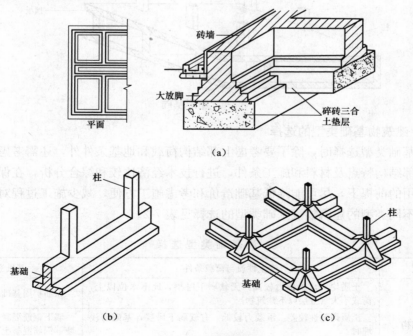

图 7-4　条形基础

（a）墙下钢筋混凝土条形基础；（b）柱下条形基础；（c）十字交叉基础

3. 筏板基础

当地基承载力很低且上部荷载很大，以至于十字交叉基础仍不能提供足够的基础底面积来满足地基承载力要求时，可采用筏板基础（也称筏形基础），即用钢筋混凝土做成连续整片基础，俗称"满堂红"。筏板基础类似一块倒置的楼盖，基础底面积大，故可减小基底压力，并能有效地增强基础的整体性，有利于调整地基的不均匀沉降。筏板基础又可以分为平板式和梁板式两种类型，如图 7-5 所示。

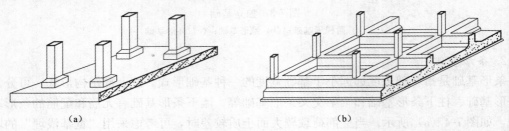

(a)   (b)

图 7-5　筏板基础
(a) 平板式；(b) 梁板式

4. 箱形基础

箱形基础是由钢筋混凝土底板、顶板和纵横内外隔墙形成的一个刚度极大的箱体形基础，如图 7-6 所示。箱型基础比筏板基础具有更大的抗弯刚度，可视为绝对的无筋扩展基础。其整体性非常好，内部空间还可作为地下室使用，因此，在高层公共建筑、住宅建筑及需地下室的建筑中被广泛使用。

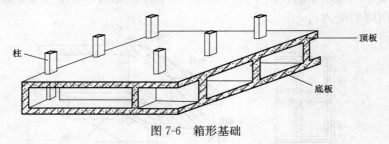

图 7-6　箱形基础

7.2.3　建筑物基础类型的选择

建筑物基础类型选择时，除了要考虑上部结构荷载和地基条件外，还需考虑建筑物的使用要求、上部结构特点及材料和施工条件，进行技术经济比较和综合分析，在保证建筑物安全和正常使用的前提下，尽可能降低基础造价和考虑施工方便，减少施工过程对环境造成的不利影响。不同类型的建筑物浅基础类型的选择见表 7-2。

表 7-2　　　　　　　　　　　　　　浅 基 础 类 型 选 择

结构形式	岩土性质与荷载条件	基础选型
多层砖混结构	土质均匀，承载力较高，无软弱下卧层，地下水位以上，荷载不大（五层以下建筑物）	无筋扩展基础
	土质均匀性较差，承载力较低，有软弱下卧层，基础需浅埋时	墙下钢筋混凝土条形基础或墙下钢筋混凝土十字交叉基础
	土质均匀性较差，承载力低，荷载较大，采用条形基础面积超过建筑投影面积 50％时	墙下筏板基础

续表

结构形式	岩土性质与荷载条件	基础选型
框架结构 （无地下室）	土质较均匀，承载力较高，荷载相对较小，柱分布均匀	柱下钢筋混凝土独立基础
	土质均匀性较差，承载力较高，荷载较大，采用独立基础不能满足要求	柱下钢筋混凝土条形基础或柱下钢筋混凝土十字交叉基础
	土质不均匀，承载力低，荷载大，柱网分布不均，采用条形基础面积超过建筑物投影面积的 50％时	柱下筏板基础
全剪力墙结构	地基土层较好，何在分布均匀	墙下钢筋混凝土条形基础
	当上述条件不能满足时	墙下筏板基础或箱形基础
高层框架，框架剪力墙结构（有地下室）	可采用天然地基时	筏板基础或箱形基础

【小贴士】
--------------------------------◎

古人在地基基础方面的智慧

我国古代建塔，一些塔的高度达到几十米，如唐朝的西安大雁塔 64.5m，宋朝的定州开元寺塔高 84.2m，苏州虎丘塔 47.5m。如此高塔如何建造？是否进行地质勘察？如何进行地基处理？有资料显示，古人采用"堆土"的方式建塔，塔修建多高，土堆多高，塔建成后，土再从上到下逐渐清除。看似简单的堆土，实际解决了建造工程的关键问题，例如

(1) 堆土相当于脚手架，可随建筑物的增高而增高，且比脚手架安全；

(2) 堆土也是建筑材料的运输坡道；

(3) 堆土对地基进行了很好的预压处理，解决了地基承载力和塔的沉降问题。这相当于现在的堆载预压法进行地基处理。

西安大雁塔曾经因为过度抽取地下水而产生倾斜，后采取地下水回灌技术使大雁塔的倾斜问题得到有效遏制。奇妙的是，倾斜的塔身后来竟然缓慢"改斜归正"。据当地老人介绍，大雁塔的基础采用了半圆形基础方案，类似于"不倒翁"的底座，此类基础方案有自动纠偏的功能，就像不倒翁最后保持垂直原理一样，且抗震稳定性好。可见古人在地基基础方案选择方面的智慧。

7.3　基础埋置深度的确定

基础埋置深度（简称基础埋深）是指基础底面到天然地面的垂直距离。选择合适的基础埋置深度关系到地基的可靠性、施工的难易程度、工期的长短以及造价的高低等。因此，选择合适的基础埋置深度是地基基础设计工作中的重要环节。一般来说，基础的埋置深度越浅，土方开挖量越小，基础材料用料越少，工程造价就越低，但当基础埋置深度过小时，基础底面的土层受到压力后会把基础周围的土挤走，使基础产生滑移而失去稳定；同时基础埋深过浅，还容易受到外界各种不良因素的影响。因此，基础埋置深度的确定原则是：在满足地基稳定和变形要求的前提下，基础宜浅埋，但考虑到基础本身的稳定性及动植物对基础的影响因素，基础应埋置在地表以下，基础顶面至少应低于设计地面 0.1m。除岩石地基外，基础的最小埋置深度不宜小于 0.5m（水下基础考虑到水流冲刷的影响，应将基础埋置在冲刷深度以下）。

影响基础埋深的条件很多，应综合考虑以下因素后加以确定。

1. 建筑物的用途

有无地下室、设备基础和地下设施，基础的形式和构造。根据建筑设计的要求，确定最小的必要埋置深度。如需设置地下室，则基础的埋置深度受到地下室空间高度的控制，一般埋深比较深；又如大型设备的基础需要一定的空间布置管线，也要求埋深比较深；地下室设施的基础埋置深度也决定于设施的空间要求。

不同类型的基础，其构造特点不同，对埋置深度会有不同的要求。如箱型基础本身有相当的高度，埋置深度不会很小；无埋式筏板基础则要求很小的埋置深度；无筋扩展基础由于有刚性角的限制，其埋深一般大于扩展式基础等。

2. 作用在地基上的荷载大小和性质

一般来说，作用在地基上的荷载越大，基础埋置深度越深，反之越浅。对于高层建筑筏板基础和箱型基础应满足地基承载力、变形和稳定性要求。在抗震设防区，除岩石地基外，天然地基上的筏板基础和箱型基础埋置深度不宜小于建筑物高度的 $1/15$；桩箱或桩筏基础埋置深度（不计桩长）不宜小于建筑物高度的 $1/18 \sim 1/20$。位于岩石地基上的高层建筑，其基础埋深还应满足抗滑要求。

3. 工程地质和水文地质条件

（1）工程地质条件。工程地质条件往往对基础设计方案起着决定性作用。因此，在确定基础埋置深度的时候，应综合考虑施工的可能性和基础工程的经济性因素等，选择合适的地基持力层。地基持力层应尽可能选择承载力高而压缩性小的土层；当持力层下有软弱下卧层时，应同时考虑软弱下卧层的强度和变形要求。当场地土层分布明显不均匀或荷载大小相差很大时，同一建筑物的基础也可采用不同的埋深。通常在确定基础埋深时会遇到以下几种情况：

1）在整个压缩层范围内均为承载力良好的低压缩性土层，此时基础埋深可按满足建筑功能和结构构造要求的最小值选取。

2）在整个压缩层范围内均为高压缩性的软弱土层，此时不宜采用天然地基作为持力层，可对天然地基进行地基处理，而后再根据建筑功能和结构构造要求选定基础埋深。

3）对地基上部为软弱土层而下部为良好土层情况，当软弱涂层厚度较小（一般小于2m）时，宜选取下部良好土层作为地基持力层；当软弱土层厚度较大时，应从施工技术和工程造价等诸方面综合分析天然地基基础、人工地基基础或深基础形式的优劣，从中选出合适的基础形式和埋深。

4）当浅层土为良好的地基持力层而其下为软弱下卧层时，基础应尽量浅埋，即采用所谓的"宽基浅埋"形式。在这种情况下，软弱下卧层的强度及基础沉降要求对基础埋深的确定影响很大。

（2）水文地质条件。选择基础埋深时应注意地下水埋藏条件和动态。对于天然地基上的浅基础设计，首先应尽量考虑将基础埋置于地下水位以上，以避免施工排水等麻烦。当基础必须埋置在地下水位以下时，除应考虑基坑排水、坑壁围护以保证地基土不受扰动等措施外，还要考虑可能出现的其他施工于设计问题：如出现涌土、流砂的可能性；地下水对基础材料的化学腐蚀作用；地下室防渗；轻型结构物由于地下水产生的上浮托力；地下水浮托力引起基础底板的内力等。

对于埋藏有承压含水层的地基（图 7-7），确定基础埋深时，必须控制基坑开挖深度，

防止基坑因挖土减压而隆起开裂。要求基底至承压含水层顶间保留涂层厚度（槽底安全厚度）h_0 为

$$h_0 > \frac{\gamma_w}{\gamma_0} \cdot \frac{h}{k} \qquad (7\text{-}7)$$

$$\gamma_0 = (\gamma_1 z_1 + \gamma_2 z_2)/(z_1 + z_2) \qquad (7\text{-}8)$$

式中　h——承压水位高度（从承压含水层顶部算起），m；

　　　γ_0——槽底安全厚度范围内土的加权平均重度，对地下水位以下的土取饱和重度，kN/m³；

　　　k——系数，一般取 1.0，对于宽基坑宜取 0.7。

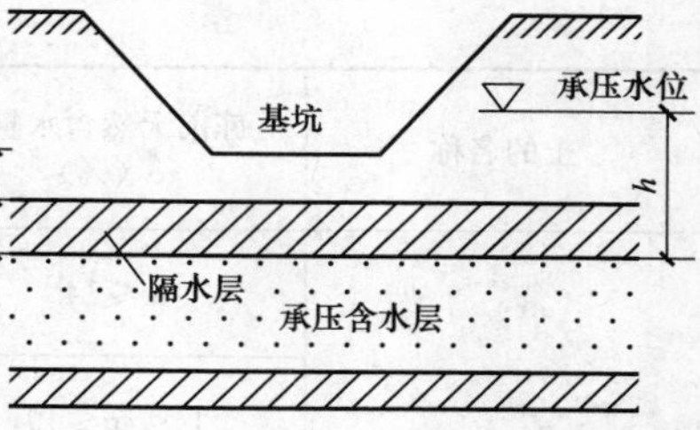

图 7-7　基坑下埋藏有承压含水层的情况

4. 相邻建筑物的基础埋深

当存在相邻建筑物时，新建建筑物的基础埋深不宜大于原有建筑基础。当埋深大于原有建筑基础时，两基础间应保持一定净距，其数值应根据建筑荷载大小、基础形式和土质情况确定，一般不宜小于基础底面高差的 1～2 倍，如图 7-8 所示，即 $L \geqslant (1\sim2)H$。当上述要求不能满足时，应采取分段施工、设临时加固支撑、打板桩、地下连续墙等施工措施，或加固原有建筑物地基。

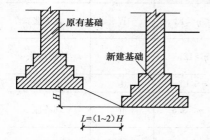

图 7-8　基础埋置深度与相邻基础的关系

5. 地基土冻胀和融陷的影响

地表一定深度的地层温度，随大气温度而变化。季节性冻土层是冬季冻结、天暖解冻的土层，在我国北方地区分布广泛。若冻胀产生的上抬力大于基础荷重，基础就有可能被上抬；土层解冻时，土体软化，强度降低，地基产生融陷。地基上的冻胀和融陷是不均匀的，因此，容易引起建筑开裂损坏。

影响冻胀的因素主要有土的粒径大小、土中含水量的多少以及地下水补给的可能性等。对于结合水含量极少的粗颗粒土，因不发生水分迁移，故不存在冻胀问题。而在相同条件下，黏性土的冻胀性就比粉砂严重得多。细粒土的冻胀与含水量有关，如果冻胀前土处于含水量很小的坚硬状态，冻胀就很微弱。冻胀成都还与地下水位高低有关，若地下水位高或通过毛细水能使水分向冻结区补充，则冻胀就较严重。

《地基规范》根据土层的平均冻胀率 η 的大小将地基土的冻胀性分为不冻胀、弱冻胀、冻胀、强冻胀和特强冻胀五类，见表 7-3。

表 7-3　　　　　　　　　　　　地基土的冻胀性分类

土的名称	冻前天然含水量 w（%）	冻结期间地下水位距冻结面的最小距离 h_w（m）	平均冻胀率 η（%）	冻胀等级	冻胀类别
碎（卵）石，砾、粗、中砂（粒径小于 0.075mm 颗粒含量大于 15%），细砂（粒径小于 0.075mm 颗粒含量大于 10%）	$w \leqslant 12$	>1.0	$\eta \leqslant 1$	I	不冻胀
		$\leqslant 1.0$	$1 < \eta \leqslant 3.5$	II	弱冻胀
	$12 < w \leqslant 18$	>1.0			
		$\leqslant 1.0$	$3.5 < \eta \leqslant 6$	III	冻胀
	$w > 18$	>0.5			
		$\leqslant 0.5$	$6 < \eta \leqslant 12$	IV	强冻胀

土的名称	冻前天然含水量 w（%）	冻结期间地下水位距冻结面的最小距离 h_w（m）	平均冻胀率 η（%）	冻胀等级	冻胀类别
粉砂	$w \leqslant 14$	>1.0	$\eta \leqslant 1$	I	不冻胀
		$\leqslant 1.0$			
	$14 < w \leqslant 19$	>1.0	$1 < \eta \leqslant 3.5$	II	弱冻胀
		$\leqslant 1.0$	$3.5 < \eta \leqslant 6$	III	冻胀
	$19 < w \leqslant 23$	>1.0			
		$\leqslant 1.0$	$6 < \eta \leqslant 12$	IV	强冻胀
	$w > 23$	不考虑	$\eta > 12$	V	特强冻胀
粉土	$w \leqslant 19$	>1.5	$\eta \leqslant 1$	I	不冻胀
		$\leqslant 1.5$	$1 < \eta \leqslant 3.5$	II	弱冻胀
	$19 < w \leqslant 22$	>1.5	$1 < \eta \leqslant 3.5$	II	弱冻胀
		$\leqslant 1.5$	$3.5 < \eta \leqslant 6$	III	冻胀
	$22 < w \leqslant 26$	>1.5			
		$\leqslant 1.5$	$6 < \eta \leqslant 12$	IV	强冻胀
	$26 < w \leqslant 30$	>1.5			
		$\leqslant 1.5$	$\eta > 12$	V	特强冻胀
	$w > 30$	不考虑			
黏性土	$w \leqslant w_p + 2$	>2.0	$\eta \leqslant 1$	I	不冻胀
		$\leqslant 2.0$	$1 < \eta \leqslant 3.5$	II	弱冻胀
	$w_p + 2 < w \leqslant w_p + 5$	>2.0			
		$\leqslant 2.0$	$3.5 < \eta \leqslant 6$	III	冻胀
	$w_p + 5 < w \leqslant w_p + 9$	>2.0			
		$\leqslant 2.0$	$6 < \eta \leqslant 12$	IV	强冻胀
	$w_p + 9 < w \leqslant w_p + 15$	>2.0			
		$\leqslant 2.0$	$\eta > 12$	V	特强冻胀
	$w > w_p + 15$	不考虑			

注　1. w_p——塑限含水量，%；

　　　　w——在冻土层内冻前天然含水量的平均值。

　　2. 盐渍化冻土不在列表。

　　3. 塑性指数大于 22 时，冻胀性降低一级。

　　4. 粒径小于 0.005mm 的颗粒含量大于 60% 时，为不冻胀土。

　　5. 碎石类土当充填物大于全部质量的 40% 时，其冻胀性按充填物土的类别判断。

　　6. 碎石土、砾砂、粗砂、中砂（粒径小于 0.075mm 颗粒含量不大于 15%）、细砂（粒径小于 0.075mm 颗粒含量不大于 10%）均按不冻胀考虑。

季节性冻土地基的场地冻结深度应按下式进行计算

$$z_d = z_0 \cdot \psi_{zs} \cdot \psi_{zw} \cdot \psi_{ze} \tag{7-9}$$

式中　z_d——场地冻结深度，m，当有实测资料时按 $z_d = h' - \Delta z$ 计算；

　　　h'——最大冻深出现时场地最大冻土层厚度，m；

　　　Δz——最大冻深出现时场地地表冻胀量，m；

　　　z_0——标准冻结深度，m，当无实测资料时，按《建筑地基基础设计规范》（GB 50007—2011）附录 F 采用；

　　　ψ_{zs}——土的类别对冻深的影响系数，按表 7-4；

ψ_{zw}——土的冻胀性对冻深的影响系数，按表 7-5；

ψ_{ze}——环境对冻深的影响系数，按表 7-6。

表 7-4　　　　　　　　　土的类别对冻深的影响系数

土的类别	影响系数 ψ_{zs}
黏性土	1.00
细砂、粉砂、粉土	1.20
中、粗、砾砂	1.30
大块碎石土	1.40

表 7-5　　　　　　　　　土的冻胀性对冻深的影响系数

冻胀性	影响系数 ψ_{zw}
不冻胀	1.00
弱冻胀	0.95
冻胀	0.90
强冻胀	0.85
特强冻胀	0.80

表 7-6　　　　　　　　　环境对冻深的影响系数

周围环境	影响系数 ψ_{ze}
村、镇、旷野	1.00
城市近郊	0.95
城市市区	0.90

注　环境影响系数一项，当城市市区人口为 20 万～50 万时，按城市近郊取值；当城市市区人口大于 50 万小于或等于 100 万时，只计入市区影响；当城市市区人口超过 100 万时，除计入市区影响外，尚应考虑 5km 以内的郊区近郊影响系数。

　　季节性冻土地区基础埋置深度宜大于场地冻结深度。当基础埋置深度可以小于场地冻结深度时，基础最小埋深 d_{min} 可按下式计算

$$d_{min} = z_d - h_{max} \tag{7-10}$$

式中　h_{max}——基础底面下允许残留冻土层的最大厚度，m，可按表 7-7 确定。当有充分依据时，也可按当地经验确定。

表 7-7　　　　　　　　　建筑基底下允许残留冻土层厚度 h_{max}　　　　　　　　　　　m

冻胀性	基础形式	采暖情况	基底平均压力（kPa）						
			90	110	130	150	170	190	210
弱冻胀土	方形基础	采暖	—	0.94	0.99	1.04	1.11	1.15	1.20
		不采暖	—	0.78	0.84	0.91	0.97	1.04	1.10
	条形基础	采暖	—	>2.50	>2.50	>2.50	>2.50	>2.50	>2.50
		不采暖	—	2.20	2.50	>2.50	>2.50	>2.50	>2.50
冻胀土	方形基础	采暖	—	0.64	0.70	0.75	0.81	0.86	—
		不采暖	—	0.55	0.60	0.65	0.69	0.74	—

续表

冻胀性	基础形式	采暖情况	基底平均压力(kPa)						
			90	110	130	150	170	190	210
冻胀土	条形基础	采暖	—	1.55	1.79	2.03	2.26	2.50	—
		不采暖	—	1.15	1.35	1.55	1.75	1.95	—
强冻胀土	方形基础	采暖	—	0.42	0.47	0.51	0.56	—	—
		不采暖	—	0.36	0.40	0.43	0.47	—	—
	条形基础	采暖	—	0.74	0.88	1.00	1.13	—	—
		不采暖	—	0.56	0.66	0.75	0.84	—	—
特强冻胀土	方形基础	采暖	0.30	0.34	0.38	0.41	—	—	—
		不采暖	0.24	0.27	0.31	0.34	—	—	—
	条形基础	采暖	0.43	0.52	0.61	0.70	—	—	—
		不采暖	0.33	0.40	0.47	0.53	—	—	—

注 1. 本表只计算法向冻胀力，如果基侧存在切向冰胀力，应采取防切向力措施。
　　　2. 本表不适用于宽度小于 0.6m 的基础，矩形基础可取短边尺寸按方形基础计算。
　　　3. 表中数据不适用于淤泥、淤泥质土和欠固结土。
　　　4. 表中基底平均压力数值为永久荷载标准值乘以 0.9，可以内插。

7.4　地基承载力的确定

7.4.1　基础底面压力

　　为了满足地基强度和稳定性要求，设计时必须控制基础底面最大压力不得大于某一界限值，即地基承载力特征值。地基承载力特征值是指由载荷试验测定的地基土压力变形曲线线性变形段内规定的变形所对应的压力值，其最大值为比例界限值，换句话说，地基承载力特征值为在发挥正常实用功能时所允许采用的抗力设计值，因此，其实质就是地基容许承载力。

　　《地基规范》中有下列规定。

　　一、基础底面的压力应符合的要求

　　（1）当轴心荷载作用时

$$p_k \leqslant f_a \tag{7-11}$$

式中　p_k——相应于作用的标准组合时，基础底面处的平均压力值，kPa；

　　　　f_a——修正后的地基承载力特征值，kPa。

　　（2）当偏心荷载作用时，除符合式（7-11）要求外，尚应符合下式规定

$$p_{kmax} \leqslant 1.2 f_a \tag{7-12}$$

式中　p_{kmax}——相应于作用的标准组合时，基础底面边缘的最大压力值（kPa）。

　　二、基础底面的压力的计算公式

　　（1）当轴心荷载作用时

$$p_k = \frac{F_k + G_k}{A} \tag{7-13}$$

式中　F_k——相应于作用的标准组合时，上部结构传至基础顶面的竖向力值，kN；

G_k——基础自重和基础上的土重，kN；

A——基础底面面积，m^2。

（2）当偏心荷载作用时

$$p_{kmax} = \frac{F_k + G_k}{A} + \frac{M_k}{W} \qquad (7\text{-}14)$$

$$p_{kmin} = \frac{F_k + G_k}{A} - \frac{M_k}{W} \qquad (7\text{-}15)$$

式中 M_k——相应于作用的标准组合时，作用于基础底面的力矩值，kN·m；

W——基础底面的抵抗矩，m^3；

p_{kmin}——相应于作用的标准组合时，基础底面边缘的最小压力值，kPa。

（3）当基础底面形状为矩形且偏心距 $e > b/6$ 时（图 7-9）时，p_{kmax} 应按下式计算

$$p_{kmax} = \frac{2(F_k + G_k)}{3la} \qquad (7\text{-}16)$$

式中 l——垂直于力矩作用方向的基础底面边长，m；

a——合力作用点至基础底面最大压力边缘的距离，m。

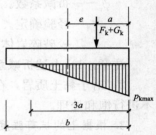

图 7-9 偏心荷载（$e > b/6$）下基底压力计算示意

b—力矩作用方向基础底面边长

7.4.2 地基承载力特征值的确定

地基承载力特征值可由载荷试验或其他原位测试、公式计算、并结合工程实践经验等方法综合确定。注意在以下叙述中，f_a 为修正后的或无需修正的地基承载力特征值，而 f_{ak} 为未经修正的地基承载力特征值。

一、按载荷试验确定地基承载力特征值

1. 土地基承载力特征值 f_{ak}

对于设计等级为甲级建筑物或地质条件复杂、土质很不均匀的情况，采用现场载荷试验法，可以取得较为精确可靠的地基承载力数值。

地基土浅层平板载荷试验可适用于确定浅部地基土层承压板下应力主要影响范围内的承载力。其地基承载力特征值的确定应符合下列要求：

（1）当 $p\text{-}s$ 曲线上有比例界限时，取该比例界限所对应的荷载值。

（2）当极限荷载小于对应比例界限的荷载值的 2 倍时，取极限荷载值的一半。

（3）当不能按上述两款要求确定时，当压板面积为 $0.25 \sim 0.50 m^2$，可取 $s/b = 0.01 \sim 0.015$ 所对应的荷载，但其值不应大于最大加载量的一半。

同一土层参加统计的试验点不应少于三点，当试验实测值的极差不超过其平均值的 30% 时，取此平均值作为该土层的地基承载力特征值 f_{ak}。

地基土深层平板载荷试验可适用于深部地基土层及大直径桩桩端土层在承压板下应力主要影响范围内的承载力。其地基承载力特征值确定方法可按《地基规范》附录 D 确定。

2. 岩石地基承载力特征值 f_a

对于完整、较完整、较破碎的岩石地基承载力特征值可按岩基载荷试验方法确定如下：

（1）对应于 $p\text{-}s$ 曲线上起始直线段的终点为比例界限。符合终止加载条件（《地基规范》附录 H）的前一级荷载为极限荷载。将极限荷载除以 3 的安全系数，所得值与对应于比例界

限的荷载相比较，取小值。

（2）每个场地载荷试验的数量不应少于 3 个，取最小值作为岩石地基承载力特征值。

（3）岩石地基承载力不进行深宽修正。

对破碎、极破碎的岩石地基承载力特征值，可根据平板载荷试验确定。

对完整、较完整和较破碎的岩石地基承载力特征值，也可根据室内饱和单轴抗压强度按下式进行计算

$$f_a = \psi_r \cdot f_{rk} \tag{7-17}$$

式中　　f_a——岩石地基承载力特征值，kPa；

　　　　f_{rk}——岩石饱和单轴抗压强度标准值，kPa，可按《地基规范》附录 J 确定；

　　　　ψ_r——折减系数。根据岩体完整程度以及结构面的间距、宽度、产状和组合，由地方经验确定。无经验时，对完整岩体可取 0.5；对较完整岩体可取 0.2～0.5；对较破碎岩体可取 0.1～0.2。

注意：1）上述折减系数值未考虑施工因素及建筑物使用后风化作用的继续；

2）对于黏土质岩，在确保施工期及使用期不致遭水浸泡时，也可采用天然湿度的试样，不进行饱和处理。

3. 根据土的抗剪强度指标确定地基承载力特征值

《地基规范》中规定，当偏心距（e）小于或等于 0.033 倍基础底面宽度时，根据土的抗剪强度指标确定地基承载力特征值可按下式计算，并应满足变形要求

$$f_a = M_b \gamma b + M_d \gamma_m d + M_c c_k \tag{7-18}$$

式中　　f_a——由土的抗剪强度指标确定的地基承载力特征值，kPa；

　　M_b，M_d，M_c——承载力系数，按表 7-8 确定；

　　　　γ——基础底面以下土的重度，kN/m³，地下水位以下取浮重度；

　　　　γ_m——基础底面以上土的加权平均重度，kN/m³，位于地下水位以下的土层取有效重度；

　　　　b——基础底面宽度，m，大于 6m 时按 6m 取值，对于砂土小于 3m 时按 3m 取值；

　　　　c_k——基底下一倍短边宽度的深度范围内土的黏聚力标准值，kPa。

表 7-8　　　　　　　　　　　　　承载力系数 M_b、M_d、M_c

土的内摩擦角标准值 φ_k（°）	M_b	M_d	M_c
0	0	1.00	3.14
2	0.03	1.12	3.32
4	0.06	1.25	3.51
6	0.10	1.39	3.71
8	0.14	1.55	3.93
10	0.18	1.73	4.17
12	0.23	1.94	4.42
14	0.29	2.17	4.69
16	0.36	2.43	5.00
18	0.43	2.72	5.31

续表

土的内摩擦角标准值 φ_k（°）	M_b	M_d	M_c
20	0.51	3.06	5.66
22	0.61	3.44	6.04
24	0.80	3.87	6.45
26	1.10	4.37	6.90
28	1.40	4.93	7.40
30	1.90	5.59	7.95
32	2.60	6.35	8.55
34	3.40	7.21	9.22
36	4.20	8.25	9.97
38	5.00	9.44	10.80
40	5.80	10.84	11.73

注　φ_k—基底下一倍短边宽度的深度范围内土的内摩擦角标准值（°）。

在应用以上公式计算地基承载力特征值时应注意以下几点：

（1）公式计算的地基承载力已经考虑了基础的深度与宽度效应，在应用于地基承载力演算时无需再做深、宽修正。

（2）采用本理论公式确定地基承载力值时，在验算地基承载力的同时必须进行地基变形的演算。

（3）本公式使用的抗剪强度指标 c_k 和，一般应采用不固结不排水三轴压缩试验的结果。当考虑实际工程中有可能使地基产生一定的固结度时，也可以采用固结不排水指标。

【例 7-1】　某粉质黏土地基如图 7-10 所示。试按《地基规范》理论公式确定其地基承载力特征值。

解　本题中计算参数 $b=1.5\text{m}$，$\varphi_k=22°$，$c_k=1.0\text{kPa}$，据此查表 7-8 可得，$M_b=0.61$，$M_d=3.44$，$M_c=6.04$。则据式（7-18）有

$$f_a = M_b\gamma b + M_d\gamma_m d + M_c c_k$$
$$= 0.61\times(18.0-10)\times1.5 + 3.44$$
$$\times\frac{17.8\times1.0+(18.0-10)\times0.5}{1+0.5}\times1.5 + 6.04\times1.0$$
$$= 88.4\text{kPa}$$

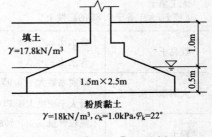

图 7-10　[例 7-1] 地基剖面

【小贴士】

本题算例中容易出现的错误：

（1）将基础底面宽度 b 取为 2.5m（应取短边）。

（2）γ 未采用有效重度，而 γ_m 采用了地基土的重度。

（3）进行了深宽修正。

二、当地经验参数法

除了载荷试验外，静力触探、动力触探、标准贯入试验等原位试验，在我国已经积累丰富经验的《地基规范》允许将其应用于确定地基承载力特征值。但强调必须有地区经验，即

当地的对比资料，还应对地基承载力特征值进行深度和宽度的修正。同时还应注意，当地基基础设计等级为甲级和乙级时，应结合室内试验成果综合分析，不宜单独应用。

三、地基承载力特征值的深宽修正

当基础宽度大于 3m 或埋置深度大于 0.5m 时，从载荷试验或其他原位测试、经验值等方法确定的地基承载力特征值，尚应按下式修正

$$f_a = f_{ak} + \eta_b \gamma (b - 3) + \eta_d \gamma_m (d - 0.5) \qquad (7\text{-}19)$$

式中　f_a——修正后的地基承载力特征值，kPa；

f_{ak}——地基承载力特征值，kPa；

η_b，η_d——基础宽度和埋深的地基承载力修正系数，按基底下土的类别查表 7-9 取值；

γ——基础底面以下土的重度，kN/m³，地下水位以下取浮重度；

b——基础底面宽度，m，当基础底面宽度小于 3m 时按 3m 取值，大于 6m 时按 6m 取值；

γ_m——基础底面以上土的加权平均重度，kN/m³，位于地下水位以下的土层取有效重度；

d——基础埋置深度，m，宜自室外地面标高算起。在填方整平地区，可自填土地面标高算起，但填土在上部结构施工后完成时，应从天然地面标高算起。对于地下室，如采用箱形基础或筏基时，基础埋置深度自室外地面标高算起；当采用独立基础或条形基础时，应从室内地面标高算起。

表 7-9　　　　　　　　　　　　　　承 载 力 修 正 系 数

土的类别		η_b	η_d
淤泥和淤泥质土		0	1.0
人工填土 e 或 I_L 大于等于 0.85 的黏性土		0	1.0
红黏土	含水比 $\alpha_w > 0.8$	0	1.2
	含水比 $\alpha_w \leqslant 0.8$	0.15	1.4
大面积压实填土	压实系数大于 0.95、黏粒含量 $\rho_c \geqslant 10\%$ 的粉土	0	1.5
	最大干密度大于 2100kg/m³ 的级配砂石	0	2.0
粉土	黏粒含量 $\rho_c \geqslant 10\%$ 的粉土	0.3	1.5
	黏粒含量 $\rho_c < 10\%$ 的粉土	0.5	2.0
e 及 I_L 均小于 0.85 的黏性土		0.3	1.6
粉砂、细砂（不包括很湿与饱和时的稍密状态）		2.0	3.0
中砂、粗砂、砾砂和碎石土		3.0	4.4

注　1. 强风化和全风化的岩石，可参照所风化成的相应土类取值，其他状态下的岩石不修正。
　　2. 地基承载力特征值按《地基规范》附录 D 深层平板载荷试验确定时 η_d 取 0。
　　3. 含水比是指土的天然含水量与液限的比值。
　　4. 大面积压实填土是指填土范围大于两倍基础宽度的填土。

目前建筑工程大量存在着主裙楼一体的结构，对于主体结构地基承载力的深度修正，宜将基础底面以上范围内的荷载，按基础两侧的超载考虑，当超载宽度大于基础宽度的两倍时，可将超载折算成土层厚度作为基础埋深，基础两侧超载不等时，取小值。

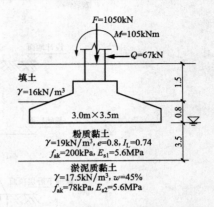

图 7-11　［例 7-2］的地基剖面图

【小贴士】

根据土的抗剪强度指标确定地基承载力特征值的前提条件是偏心距 e 小于或等于 0.033 倍基础底面宽度时，且无需再作做深、宽修正；注意在计算地基承载力特征值公式中的 γ 和 γ_m 所表示的意义。

【例 7-2】　某柱基础，作用在设计地面处的柱荷载设计值、基础尺寸、埋深以及地基条件如图 7-11 所示。试验算持力层承载力。

解　因 $b=3$m，$d=2.3$m，$e=0.8<0.85$，$I_L=0.74<$ 0.85，查表 7-9 可得 $\eta_b=0.3$，$\eta_d=1.6$。则

基底以上土的平均重度　　$\gamma_m=\dfrac{\sum \gamma_i h_i}{h}=\dfrac{16\times1.5+19\times0.8}{2.3}=17.0\text{kN/m}^3$

地基承载力的深宽修正　$f_a=f_{ak}+\eta_b\gamma(b-3)+\eta_d\gamma_m(d-0.5)$
$$=200+0.3\times(19-10)\times(3-3)+1.6\times17.0\times(2.3-0.5)$$
$$=249\text{kPa}$$

基底平均压力　　$p=\dfrac{F+G}{A}=\dfrac{1050+3\times3.5\times2.3\times20}{3\times3.5}$
$$=146\text{kPa}<f_a=249\text{kPa}　（满足要求）$$

基底最大压力　$p_{max}=\dfrac{F+G}{A}+\dfrac{\sum M}{W}=146+\dfrac{105+67\times2.3}{3\times3.5^2/6}$
$$=188.3\text{kPa}<1.2f_a=1.2\times249=298.8\text{kPa}　（满足要求）$$

【小贴士】

本算例中容易出现的错误：

(1) 基础自重设计值 G 计算错误，如采用 $G=p_cd$；

(2) 上部荷载合力计算错误，如位计算水平力的作用；

(3) $W=lb^2/6$ 计算中 b 值用 3.0 计算；

(4) 只验算了基底最大压力而未验算平均压力。

7.4.3　软弱下卧层强度验算

上述地基承载力的计算，是以均匀地基为条件。当地基受力层范围内有软弱下卧层时，应符合下列规定：

(1) 应按下式验算软弱下卧层的地基承载力（图 7-12）

$$p_z+p_{cz}\leqslant f_{az} \tag{7-20}$$

式中　p_z——相应于作用的标准组合时，软弱下卧层顶面处的附加压力值，kPa；

　　　p_{cz}——软弱下卧层顶面处土的自重压力值，kPa；

　　　f_{az}——软弱下卧层顶面处经深度修正后的地基承载力特征值，kPa。

(2) 对条形基础和矩形基础，式（7-20）中的 p_z 值可按下列公式简化计算：

条形基础

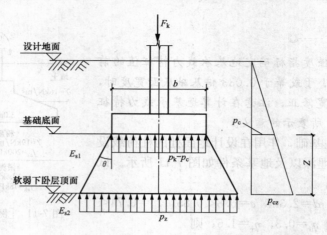

图 7-12 附加应力简化计算图

$$p_z = \frac{b(p_k - p_c)}{b + 2z\tan\theta} \tag{7-21}$$

矩形基础

$$p_z = \frac{lb(p_k - p_c)}{(b + 2z\tan\theta)(l + 2z\tan\theta)} \tag{7-22}$$

式中 b——矩形基础或条形基础底边的宽度，m；

l——矩形基础底边的长度，m；

p_c——基础底面处土的自重压力值，kPa；

z——基础底面至软弱下卧层顶面的距离，m；

θ——地基压力扩散线与垂直线的夹角，(°)，可按表 7-10 采用。

表 7-10   地基压力扩散角 θ

E_{s1}/E_{s2}	z/b	
	0.25	0.50
3	6°	23°
5	10°	25°
10	20°	30°

注   1. E_{s1} 为上层土压缩模量；E_{s2} 为下层土压缩模量。

2. $z/b < 0.25$ 时取 $\theta = 0°$，必要时，宜由试验确定；$z/b > 0.50$ 时 θ 值不变。

3. z/b 在 0.25 与 0.50 之间可插值使用。

若软弱下卧层强度演算结果满足式（7-20），表明该软弱下卧层埋藏较深，对建筑安全使用并无影响；如不满足式（7-20），则表明该软弱下卧层承受不了上部作用的荷载，此时，需修改基础设计，变更基础的尺寸长度 l、宽度 b 与埋深 d 或对地基进行加固。

【例 7-3】 同［例 7-2］的条件，试验算软弱下卧层的承载力。

解   （1）软弱下卧层的地基承载力特征值计算。

因下卧层为淤泥质土，查表 7-9 可得 $\eta_b = 0$，$\eta_d = 1.0$，则

下卧层顶面埋深 $d' = d + z = 2.3 + 3.5 = 5.8m$

土的平均重度

$$\gamma_0 = \frac{\sum \gamma_i h_i}{h} = \frac{16 \times 1.5 + 19 \times 0.8 + (19-10) \times 3.5}{2.3} = \frac{70.7}{5.8} = 12.19 \text{kN/m}^3$$

则下卧层的地基承载力特征值

$$f_{az} = f_{ak} + \eta_d \gamma_0 (d - 0.5) = 78 + 1.0 \times 12.19 \times (5.8 - 0.5) = 142.6 \text{kPa}$$

（2）软弱下卧层顶面处的应力计算

自重应力　　$p_{cz} = 16 \times 1.5 + 19 \times 0.8 + (19-10) \times 3.5 = 70.7 \text{kPa}$

附加应力 p_z 按扩散角计算。由 $E_{s1}/E_{s2} = 5.6/1.86 = 3$，$z/b = 3.5/3 = 1.17 > 0.5$，查表 7-10可得，$\theta = 23°$，则

$$p_z = \frac{lb(p - p_c)}{(b + 2z\tan\theta)(l + 2z\tan\theta)} = \frac{3.5 \times 3 \times (146 - 16 \times 1.5 + 19 \times 0.8)}{(3 + 2 \times 3.5 \times \tan 23°) \times (3.5 + 2 \times 3.5 \times \tan 23°)}$$
$$= 29.03 \text{kPa}$$

则作用在软弱下卧层顶面处的总应力

$$p_z + p_{cz} = 29.03 + 70.7 = 99.73 \text{kPa} \leqslant f_{az} = 142.6 \text{kPa} \quad （满足要求）。$$

则软弱下卧层地基承载力满足要求。

【小贴士】

本算例容易出现的错误：

（1）软弱下卧层顶面以上土的平均重度 γ_0 计算错误，如采用基底以上土的平均重度。

（2）在软弱下卧层地基承载力特征值计算中计算了宽度修正。

（3）下卧层顶面处的自重应力 p_{cz} 与基底处的自重应力 p_c。

（4）基础底面到软弱下卧层顶面的距离 z 采用了地表面到软弱下卧层顶面的距离。

（5）对条形基础仍考虑了长度方向的有利扩散。

7.5　基础尺寸设计

基础尺寸设计，包括基础底面的长度、宽度和基础的高度。作用在基础底面的荷载包括竖向荷力 F（上部结构的自重、屋面荷载、楼面荷载和基础自重）、水平荷载 T（土压力、水压力和风压力等）和力矩 M。根据已经确定的基础的类型、基础埋置深度 d，计算修正后的地基承载力特征值 f_a 和作用在基础底面的荷载值，按照实际荷载的不同组合，基础尺寸设计按轴心荷载作用下和偏心荷载作用下两种情况分别进行。

7.5.1　轴心荷载作用下的基础尺寸

根据地基承载力校核式（7-11）和式（7-13），经过变换可得

$$p = \frac{F + G}{A} \leqslant f_a$$
$$F \leqslant f_a A - G = f_a A - \gamma_G dA = (f_a - \gamma_G d)A$$

则

$$A \geqslant \frac{F}{f_a - \gamma_G d} \tag{7-23}$$

式中　γ_G——基础及其台阶上填土的平均重度，通常取 20kN/m^3。

对于独立基础，由式（7-23）计算出的基础底面积 $A=l\times b$，取整数。通常轴心荷载作用下采用正方形基础，此时，$A=b^2$。

对于条形基础（基础长度 $l\geqslant 10b$），可按平面问题，沿基础长方向取单位长度 1m 进行计算，此时 $A=b$，荷载也同样按单位长度计算。则基础宽度为

$$b\geqslant\frac{F}{f_a-\gamma_G d} \tag{7-24}$$

再利用上面公式计算时，由于基础尺寸还没有确定，可先按未经宽度修正的承载力特征值进行计算，初步确定基础底面尺寸；根据第一次计算得到的基础底面尺寸，在对地基承载力进行修正，直至设计出最佳的基础底面尺寸。

7.5.2　偏心荷载作用下的基础尺寸

偏心荷载作用下，基础底面受力不均，其尺寸不能用公式直接算出，通常采用逐次渐进试算法进行计算。计算步骤如下：

（1）按轴心荷载作用条件，根据公式 7-24，初步估算所需的基础底面积 A_1。

（2）考虑偏心的不利影响，将初算的基础底面积增大 $10\%\sim40\%$，并适当确定基础底面的长度 l 和宽度 b。偏心小时刻用 10%，偏心大时可用 40%，故偏心荷载作用下基础底面积为

$$A=(1.1\sim1.4)A_1 \tag{7-25}$$

（3）由调整后的基础底面积尺寸，根据式（7-14）和式（7-15），计算基础底面的最大压力 p_{max} 和最小压力 p_{min}，即

$$\left. \begin{array}{l} p_{max}=\dfrac{F+G}{A}+\dfrac{M}{W} \\[2mm] p_{min}=\dfrac{F+G}{A}-\dfrac{M}{W} \end{array} \right\} \tag{7-26}$$

式中　p_{max}——基础底面边缘的最大压力设计值，kPa；

　　　p_{min}——基础底面边缘的最小压力设计值，kPa；

　　　M——作用于基础底面的力矩设计值，kN·m；

　　　W——基础底面的抵抗矩，矩形基础：$W=lb^2/6$，m^3。

（4）按式（7-11）和式（7-12）验算基础底面承载力，即

$$\left. \begin{array}{l} \dfrac{1}{2}(p_{max}+p_{min})\leqslant f_a \\[2mm] p_{max}\leqslant 1.2f_a \end{array} \right\} \tag{7-27}$$

若上述式（7-27）的两个公式均能满足要求，说明按式（7-25）确定的基础底面积 A 合适，否则，应修改 A 值，重新计算 p_{max} 和 p_{min}，直至满足式（7-27）为止，这就是试算法。这一计算过程可能要经过几次试算方能最后确定合适的基础底面尺寸。

【例 7-4】　某厂房墙下条形基础，上部轴心荷载 $F=180$kN/m，埋深 1.1m；持力层及基底以上地基土为粉质黏土，$\gamma=19.0$kN/m³，$e=0.80$，$I_L=0.75$，$f_{ak}=200$kPa，地下水位位于基底处。试确定所需基础宽度。

解　（1）先按未经深宽修正的地基承载力特征值初步计算基础底面尺寸，根据式（7-24）可得

$$b \geqslant \frac{F}{f_{ak} - \gamma_G d} = \frac{180}{200 - 20 \times 1.1} = 1.01\text{m},\text{取 } b = 1\text{m}$$

（2）地基承载力特征值的深宽修正。

由于 $I_L = 0.75 < 0.85$，$e = 0.8 < 0.85$，查表 7-9 可得 $\eta_b = 0.3$，$\eta_d = 1.6$。又 $b < 3$，按 $b = 3$ 计算，故

$$\begin{aligned} f_a &= f_{ak} + \eta_b \gamma (b - 3) + \eta_d \gamma_m (d - 0.5) \\ &= 200 + 0.3 \times (19 - 10) \times (3 - 3) + 1.6 \times 19.0 \times (1.1 - 0.5) \\ &= 218.2\text{kPa} \end{aligned}$$

（3）地基承载力验算

$$p = \frac{F + G}{A} = \frac{180 + 1.1 \times 1.0 \times 1.0 \times 20}{1.0 \times 1.0} = 202\text{kPa} < f_a = 218.2\text{kPa} \quad \text{（满足要求）}$$

【小贴士】

----------------------------------○

本算例中容易出现的错误：

（1）只根据未经深宽修正的地基承载力特征值 f_{ak} 确定基础宽度。

（2）宽度计算结果 $b < 3.0$m，而承载力深宽修正时未按 3m 计算。

（3）未注意墙下条形基础条件，按矩形基础计算。

【例 7-5】　已知厂房柱基础上的荷载如图 7-13 所示，持力层及基底以上地基土为粉质黏土，$\gamma = 19.0\text{kN/m}^3$，地基承载力 $f_{ak} = 230\text{kPa}$，试设计矩形基础底面尺寸。

解　（1）轴心荷载初步确定基础底面积

$$A \geqslant \frac{F}{f_{ak} - \gamma_G d} = \frac{1800 + 220}{230 - 20 \times 1.8} = 10.4\text{m}^2$$

考虑偏心荷载的影响，将 A 增大 30%，即

$$A_1 = 1.3A = 1.3 \times 10.4 = 13.5\text{m}^2$$

设基础底面长宽比 $n = l/b = 2$，则 $A = lb = 2b^2$，从而得出

$$b = \sqrt{\frac{A}{n}} = \sqrt{\frac{13.5}{2}} = 2.6\text{m}$$

$$l = 2b = 2 \times 2.6 = 5.2\text{m}$$

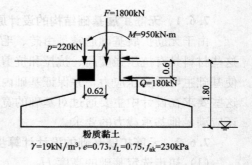

图 7-13　厂房基础剖面

（2）计算基底最大压力

基础及回填土重　　　$G = \gamma_G A d = 20 \times 2.6 \times 5.2 \times 1.8 = 487\text{kN}$

基底处竖向力合力　　　$\sum F = 1800 + 220 + 487 = 2507\text{kN}$

基底处总力矩　$\sum M = 950 + 220 \times 0.62 + 180 \times (1.8 - 0.6) = 1302\text{kN} \cdot \text{m}$

则偏心距　　　$$e = \frac{\sum M}{\sum F} = \frac{1302}{2507} = 0.52\text{m} < \frac{l}{6} = \frac{5.2}{6} = 0.87\text{m}$$

所以，偏心力作用点在基础截面内。

基底最大压力　$$p_{max} = \frac{\sum F + G}{A} + \frac{\sum M}{W} = \frac{2507}{5.2 \times 2.6} + \frac{1302}{2.6 \times 5.2^2/6} = 296.7\text{kPa}$$

（3）地基承载力特征值及地基承载力验算

据 $I_L = 0.75 < 0.85$，$e = 0.73 < 0.85$，查表 7-9 可得 $\eta_b = 0.3$，$\eta_d = 1.6$，故

$$f_a = f_{ak} + \eta_b \gamma (b-3) + \eta_d \gamma_m (d-0.5)$$
$$= 230 + 0.3 \times (19-10) \times (3-3) + 1.6 \times 19.0 \times (1.8-0.5)$$
$$= 269.5 \text{kPa}$$

$$p_{max} = 296.7 \text{kPa} < 1.2 f_a = 1.2 \times 269.5 = 323.4 \text{kPa} \quad （满足要求）$$

$$p = \frac{\sum F}{A} = \frac{2507}{13.5} = 185.4 \text{kPa} < f_a = 269.5 \text{kPa} \quad （满足要求）$$

【小贴士】
------------------------------◎

本算例中容易出现的错误：
（1）荷载合力计算遗漏。
（2）只按轴心荷载或仅根据 f_{ak} 确定基底尺寸。
（3）计算基底最大压力时未根据力矩作用方向计算截面抵抗矩。
（4）宽度计算结果 $b < 3.0$m，而承载力深宽修正时未按 3m 计算。
（5）矩形基础长宽比取值不合理。

7.6 无筋扩展基础设计

7.6.1 无筋扩展基础结构的设计原则

由于无筋扩展基础通常是由砖、毛石、块石、素混凝土、三合土和灰土等材料建造的，这些材料具有抗压强度高、抗拉和抗剪强度低的特点，所以在进行无筋扩展基础设计时必须使基础主要承受压应力，并保证基础内产生的拉应力和剪应力都不超过材料强度的设计值。这些要求在设计中主要通过对基础的宽度与高度的比值进行验算来实现，同时，基础的宽度还应满足地基承载力的要求。

7.6.2 无筋扩展基础的设计计算步骤

（1）初步选定基础的高度 H_0。
（2）根据地基承载力条件确定基础所需的最小宽度 b_{min}。
（3）根据基础台阶宽高比的允许值确定基础的上限宽度 b_{max}

$$b_{max} = b_0 + 2H_0 \tan\alpha \tag{7-28}$$

式中　b_0——基础顶面的墙体宽度或柱脚宽度，m（图 7-14）；

　　　H_0——基础高度，m；

　　　$\tan\alpha$——基础台阶宽高比 $b_2 : H_0$，其允许值可按表 7-11 选用；

　　　b_2——基础台阶宽度，m。

（4）在最小宽度和最大宽度之间选择一个合适的值为设计基础宽度。如出现情况，则应调整基础高度重新验算，直至满足要求为止。

（5）对于混凝土基础，当基础底面平均压力值超过 300kPa 时，应按下式验算墙（柱）边缘或变阶处的受剪承载力

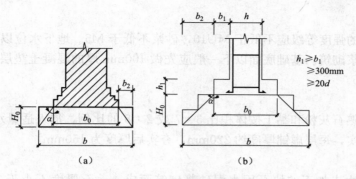

图 7-14 无筋扩展基础构造示意

(a) 墙下无筋扩展基础；(b) 柱下无筋扩展基础

表 7-11   **无筋扩展基础台阶宽高比的允许值**

基础材料	质量要求	台阶宽	高比的	允许值
		$p_k \leqslant 100$	$100 < p_k \leqslant 200$	$200 < p_k \leqslant 300$
混凝土基础	C15 混凝土	1 : 1.00	1 : 1.00	1 : 1.25
毛石混凝土基础	C15 混凝土	1 : 1.00	1 : 1.25	1 : 1.50
砖基础	砖不低于 MU10、砂浆不低于 M5	1 : 1.50	1 : 1.50	1 : 1.50
毛石基础	砂浆不低于 M5	1 : 1.25	1 : 1.50	—
灰土基础	体积比为 3 : 7 或 2 : 8 的灰土，其最小干密度：粉土 1.55t/m³ 粉质黏土 1.50t/m³ 黏土 1.45t/m³	1 : 1.25	1 : 1.50	—
三合土基础	体积比 1 : 2 : 4 ~ 1 : 3 : 6（石灰 : 砂 : 骨料），每层约虚铺 220mm，夯至 150mm	1 : 1.50	1 : 2.00	—

注 1. p_k 为作用标准组合时的基础底面处的平均压力值，kPa。
    2. 阶梯形毛石基础的每阶伸出宽度，不宜大于 200mm。
    3. 当基础由不同材料叠合组成时，应对接触部分作抗压验算。
    4. 混凝土基础单侧扩展范围内基础底面处的平均压力值超过 300kPa 时，尚应进行抗剪验算；对基底反力集中于立柱附近的岩石地基，应进行局部受压承载力验算。

$$V_s \leqslant 0.366 f_t A \tag{7-29}$$

式中 V_s——相应于荷载效应基本组合时地基土平均净反力产生的沿墙（柱）边缘或变阶
            处单位长度的剪力设计值，kN；

      f_t——混凝土的轴心抗拉强度设计值，kPa；

      A——沿墙（柱）边缘或变阶处混凝土基础单位长度面积，m²。

7.6.3 无筋扩展基础的构造要求

采用无筋扩展基础的钢筋混凝土柱，其柱脚高度 h_1 不得小于 b_1（图 7-14），并不应小于
300mm 且不小于 20d（d 为柱中的纵向受力钢筋的最大直径）。当柱纵向钢筋在柱脚内的竖
向锚固长度不满足锚固要求时，可沿水平方向弯折，弯折后的水平锚固长度不应小于 10d
也不应大于 20d。

在进行无筋扩展基础设计时，应按其材料特点满足相应的构造要求。

1. 砖基础

砖基础采用的强度等级应不低于 MU10，砂浆不低于 M5。地下水位以下或地基土潮湿时应采用水泥砂浆砌筑。基础底面以下一般应先做 100mm 厚的混凝土垫层，混凝土强度等级为 C10 或 C7.5。

2. 灰土基础

灰土基础由熟石灰粉和黏土按体积比 3∶7 或 2∶8 的比例，加入适量水拌和夯实而成。施工时应分层夯实，每层虚铺厚度约 220mm，夯实后厚度为 150mm。

3. 毛石基础

毛石基础是由未加工的块石用水泥砂浆砌筑而成。毛石厚度不小于 150mm，宽度约 200～300mm。基础的剖面成台阶形，顶面要比上部结构每边宽出 100mm，每个台阶的高度不宜小于 400mm，挑出长度不应大于 200mm。

4. 混凝土基础和毛石混凝土基础

混凝土基础断面有矩形、阶梯型和锥形，一般当基础底面宽度大于 2000mm 时，为了节约混凝土常做成锥形。当混凝土体积较大时，可在混凝土中加入粒径不超过 300mm 的毛石，形成毛石混凝土。毛石混凝土中，毛石的尺寸不得大于基础宽度的 1/3，毛石的体积为总体积的 20%～30%，且应分布均匀。

【例 7-6】 某承重砖墙混凝土基础的埋深为 1.5m，上部结构传来的轴向压力 $F=200$kN/m。持力层为粉质黏土，其天然重度 $\gamma_0=17.5$kN/m³，孔隙比 $e=0.843$，液性指数 $I_L=0.76$，地基承载力特征值 $f_{ak}=150$kPa，地下水位于基础底面以下，试设计此基础。

解 （1）地基承载力特征值的深宽修正。

先按基础宽度 b 小于 3m 考虑，不作宽度修正。根据持力层土的孔隙比 $e=0.843<0.85$，液性指数 $I_L=0.76<0.85$，查表 7-9 可得，$\eta_b=0.3$，$\eta_d=1.6$。又 $\gamma_0=\gamma=17.5$kN/m³，$d=1.5$m，则

$$f_a=f_{ak}+\eta_b\gamma(b-3)+\eta_d\gamma_m(d-0.5)$$
$$=200+0.3\times17.5\times(3-3)+1.6\times17.5\times(1.5-0.5)=178\text{kPa}$$

（2）按承载力要求初步确定基础宽度

$$b_{min}=\frac{F}{f_a-\gamma_G d}=\frac{200}{178-20\times1.5}=1.35\text{m}$$

初步选定基础宽度为 1.4m。

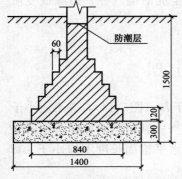

图 7-15　墙下无筋扩展基础布置

（3）基础剖面布置。初步选定基础高度 $H=0.3$m，大放脚采用标准砖砌筑，每皮宽度 $b_1=60$mm，$h_1=120$mm，共砌 5 皮；大放脚底面宽度 $b_0=240+2\times5\times60=840$mm，如图 7-15 所示。

（4）按台阶的宽高比验算基础的宽度。基础采用 C10 素混凝土基础砌筑，基底平均压力为

$$p_k=\frac{F+G}{A}=\frac{200+20\times1.4\times1.5}{1.4\times1.0}=172.8\text{kPa}$$

查表 7-11 得，基础台阶的允许宽高比 $\tan\alpha=b_2/H_0=1.0$，于是

$$b_{\max} = b_0 + 2H_0\tan\alpha = 0.84 + 2\times0.3\times1.0 = 1.44\text{m}$$

所以取基础宽度 1.4m，满足设计要求。

【小贴士】

本例中容易出现的问题：

（1）地基承载力确定错误。

（2）未按基底压力计算值确定允许宽高比。

（3）基础宽度取了比计算值 $b_{\max}$ 大的值。

7.7 扩展基础设计

7.7.1 扩展基础的构造要求和设计计算规定

1. 一般要求

（1）基础边缘高度。锥形基础的边缘高度不宜小于 200mm，且两个方向的坡度不宜大于 1：3；阶梯形基础的每阶高度，宜为 300～500mm。

（2）基底垫层。垫层的厚度不宜小于 70mm，垫层混凝土强度等级不宜低于 C10。

（3）钢筋。扩展基础受力钢筋最小配筋率不应小于 0.15%，底板受力钢筋的最小直径不宜小于 10mm，间距不宜大于 200mm，也不宜小于 100mm。当有垫层时钢筋保护层的厚度不应小于 40mm；无垫层时不应小于 70mm；当柱下钢筋混凝土独立基础的边长和墙下钢筋混凝土条形基础的宽度大于或等于 2.5m 时，底板受力钢筋的长度可取边长或宽度的 0.9 倍，并宜交错布置，如图 7-16 所示。

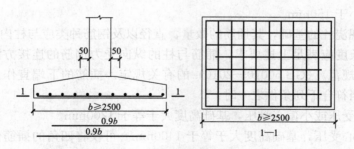

图 7-16 柱下独立基础底板受力钢筋布置

（4）混凝土。混凝土强度等级不应低于 C20。

2. 墙下条形基础的构造要求

墙下条形基础除应满足扩展基础的一般构造要求外，还应满足以下规定：

墙下钢筋混凝土条形基础纵向分布钢筋的直径不宜小于 8mm；间距不宜大于 300mm；每延米分布钢筋的面积应不小于受力钢筋面积的 15%。

钢筋混凝土条形基础底板在 T 形及十字形交接处，底板横向受力钢筋仅沿一个主要受力方向通长布置，另一方向的横向受力钢筋可布置到主要受力方向底板宽度 1/4 处，在拐角处底板横向受力钢筋应沿两个方向布置，如图 7-17 所示。

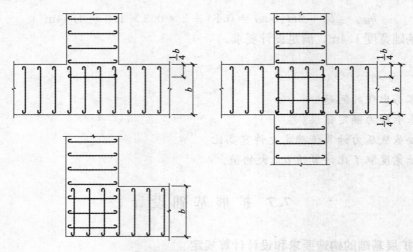

图 7-17　墙下条形基础纵横交叉处底板受力钢筋布置

3. 现浇柱下独立基础的构造要求

现浇柱下独立基础除应满足扩展基础的一般构造要求外，还应满足以下规定：

（1）锚固长度 l_a。钢筋混凝土柱和剪力墙纵向受力钢筋在基础内的锚固长度（l_a）应根据现行《混凝土结构设计规范》（GB 50010—2010）有关规定确定。

有抗震设防要求时，纵向受力钢筋的抗震锚固长度（l_{aE}）应按下式计算：一、二级抗震等级纵向受力钢筋的抗震锚固长度 $l_{aE}=1.15l_a$；三级抗震等级纵向受力钢筋的抗震锚固长度 $l_{aE}=1.05l_a$；四级抗震等级纵向受力钢筋的抗震锚固长度 $l_{aE}=l_a$。当基础高度小于 $l_a（l_{aE}）$ 时，纵向受力钢筋的锚固总长度除符合上述要求外，其最小直锚段的长度不应小于 $20d$，弯折段的长度不应小于 150mm。

（2）插筋。现浇柱的基础，其插筋的数量、直径以及钢筋种类应与柱内纵向受力钢筋相同。插筋的锚固长度应满足上述要求，插筋与柱的纵向受力钢筋的连接方法，应符合现行《混凝土结构设计规范》（GB 50010—2010）的有关规定。插筋的下端宜作成直钩放在基础底板钢筋网上。当符合下列条件之一时：

1）柱为轴心受压或小偏心受压，基础高度大于等于 1200mm。

2）柱为大偏心受压，基础高度大于等于 1400mm。可仅将四角的插筋伸至底板钢筋网上，其余插筋锚固在基础顶面下 l_a 或 l_{aE} 处，如图 7-18 所示。

4. 扩展基础的计算规定

扩展基础的计算应符合下列规定：

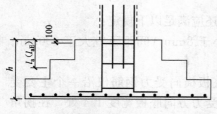

图 7-18　现浇柱的基础中插筋构造示意

（1）扩展基础的基础底面积，应按地基承载力要求确定。在条形基础相交处，不应重复计入基础面积。

（2）对柱下独立基础，当冲切破坏锥体落在基础底面以内时，应验算柱与基础交接处以及基础变阶处的受冲切承载力。

（3）对基础底面短边尺寸小于或等于柱宽加两倍基础有效高度的柱下独立基础，以及墙下条形基础，应验算柱（墙）与基础交接处的基础受剪切承载力。

（4）基础底板的配筋，应按抗弯计算确定。

（5）当基础的混凝土强度等级小于柱的混凝土强度等级时，尚应验算柱下基础顶面的局部受压承载力。

7.7.2　墙下条形基础

1. 墙下条形基础结构的设计原则

墙下钢筋混凝土条形基础的内力计算一般可按平面应变问题处理，在长度方向取单位长度计算。截面设计验算的内容主要包括基础底面宽度 b 和基础高度 h 及基础底板的配筋等。基底宽度应根据地基承载力要求确定；基础高度由混凝土的抗剪切条件确定；基础底板的受力钢筋配筋情况则由基础验算截面的抗弯能力确定。在确定基础底面尺寸或计算基础沉降时，应考虑设计地面以下基础及其覆土重力的作用；而在进行基础截面设计（基础高度的确定、基础底板配筋）中，应采用不计基础与上覆土重力作用时地基净反力计算。

2. 基础截面的设计计算步骤

（1）计算地基净反力。地基净反力是指仅由基础顶面的荷载设计值（不计基础与上覆土重力）所产生的地基反力，以 p_j 表示。条形基础底面地基净反力 p_j（kPa）为

$$\left.\begin{array}{l} p_{jmax} = \dfrac{F}{b} + \dfrac{6M}{b^2} \\[2mm] p_{jmin} = \dfrac{F}{b} - \dfrac{6M}{b^2} \end{array}\right\} \tag{7-30}$$

注意在这里，荷载 F（kN/m）和 M（kN·m/m）均为单位长度数值。

（2）确定基础的有效高度。基础验算截面 Ⅰ 的剪力设计值 V_I（kN/m）为

$$V_I = \frac{a_1}{2b}\left[(2b - a_1)p_{jmax} + a_1 p_{jmin}\right] \tag{7-31}$$

式中　a_1——验算截面 Ⅰ 距基础边缘的距离，m。

如图 7-19 所示，当墙体材料为混凝土时，验算截面 Ⅰ 在墙脚处，取 a_1 等于基础边缘至墙脚的距离 b_1；当墙体材料为砖墙且放脚不大于 1/4 砖长时，取 $a_1 = b_1 + 1/4$ 砖长。

当轴心荷载作用时，基础验算截面 Ⅰ 的剪力设计值 V_I 可简化为如下形式

$$V_I = \frac{a_1}{b}F \tag{7-32}$$

基础的有效高度 h_0（mm）由基础验算截面的抗剪切条件确定，即

$$h_0 \geqslant \frac{V_I}{0.7\beta_{hs}f_t} \tag{7-33}$$

式中　f_t——混凝土轴心抗拉强度设计值，kPa。

β_{hs}——受剪切承载力截面高度影响系数，

$\beta_{hs} = (800/h_0)^{1/4}$，当 $h_0 < 800$mm 时，

取 $h_0 = 800$mm；当 $h_0 > 2000$mm 时，取 $h_0 = 2000$mm。

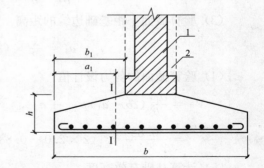

图 7-19　墙下条形基础的计算示意图
1—砖墙；2—混凝土墙

（3）基础底板的弯矩计算。基础验算截面 Ⅰ 的弯矩设计值 M_I（kN·m/m）可按下式计算

$$M_I = \frac{1}{2} V_I a_1 \tag{7-34}$$

也可按《地基规范》中公式计算任意截面每延米宽度的弯矩，即

$$M_I = \frac{1}{6} a_1^2 (2 p_{max} + p - \frac{3G}{A}) \tag{7-35}$$

式中　p_{max}——相应于作用的基本组合时的基础底面边缘最大和最小地基反力设计值，kPa；

　　　　p——相应于作用的基本组合时在任意截面 I—I 处基础底面地基反力设计值，kPa；

　　　　G——考虑作用分项系数的基础自重及其上的土自重，kN，当组合值由永久作用控制时，作用分项系数可取 1.35；

　　　　A——基础底面面积，m^2。

（4）基础底板配筋计算。每延米墙长的受力钢筋截面面积可按下式计算

$$A_s = \frac{M_I}{0.9 f_y h_0} \tag{7-36}$$

式中　A_s——受力钢筋截面面积，m^2；

　　　　f_y——钢筋抗拉强度设计值，MPa。

【例 7-7】 某厂房采用钢筋混凝土条形基础，砖墙墙厚 240mm，上部结构传至基础顶部的轴心荷载为 $F=300kN/m$，弯矩 $M=28.0kN \cdot m/m$。条形基础宽度 b 已由地基承载力条件确定为 2.0m。试设计此基础的高度并进行底板配筋。

　　解

（1）选用混凝土强度等级为 C20，查得 $f_t = 1.10MPa$；采用 I 级钢筋，查得 $f_y = 210MPa$。

（2）基础边缘最大和最小地基净反力

$$p_{jmax} = \frac{F}{b} + \frac{6M}{b^2} = \frac{300}{2.0} + \frac{6 \times 28.0}{2.0^2} = 192.0kPa$$

$$p_{jmin} = \frac{F}{b} - \frac{6M}{b^2} = \frac{300}{2.0} + \frac{6 \times 28.0}{2.0^2} = 108.0kPa$$

（3）验算截面 I 距基础边缘的距离

$$a_1 = \frac{1}{2} \times (2.0 - 0.24) = 0.88m$$

（4）验算截面的剪力设计值。

$$V_I = \frac{a_1}{2b} [(2b - a_1) p_{jmax} + a_1 p_{jmin}]$$

$$= \frac{0.88}{2 \times 2.0} \times [(2 \times 2.0 - 0.88) \times 192.0 + 0.88 \times 108.0] = 152.7kN/m$$

（5）计算基础有效高度。

假设 $h_0 < 800mm$，则 $\beta_{hs} = (800/h_0)^{1/4} = (800/800)^{1/4} = 1$

$$h_0 \geqslant \frac{V_I}{0.7 \beta_{hs} f_t} = \frac{152.7}{0.7 \times 1 \times 1.1} = 198.3mm$$

基础边缘高度取 200mm，基础高度 h 取 300mm，并作 70mm 厚 C10 混凝土垫层，则有效高度 $h_0 = 300 - 50 = 250mm > 198.3mm$，合适。

（6）基础验算截面的弯矩设计值。

$$M_{\mathrm{I}} = \frac{1}{2} V_{\mathrm{I}} a_1 = \frac{1}{2} \times 152.7 \times 0.88 = 67.2 \mathrm{kN \cdot m/m}$$

（7）基础每延米受力钢筋的截面面积。

$$A_{\mathrm{s}} = \frac{M_{\mathrm{I}}}{0.9 f_{\mathrm{y}} h_0} = \frac{67.2}{0.9 \times 210 \times 250} \times 10^6 = 1422.2 \mathrm{mm}^2$$

选配受力钢筋 Φ18@175，$A_{\mathrm{s}} = 1454 \mathrm{mm}^2$，沿垂直于墙长度的方向配置。在砖墙长度方向配置 Φ8@250 的分布钢筋。基础配筋图如图 7-20 所示。

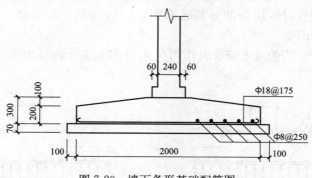

图 7-20　墙下条形基础配筋图

【小贴士】
------------------------------○------

本算例中容易出现错误的问题：
（1）未按地基净反力计算，采用了基底压力计算。
（2）验算截面 I 确定错误。
（3）验算中有效高度 h_0 使用总高度 h。

7.7.3　柱下独立基础

根据地基承载力确定柱下独立基础的底面尺寸后，可根据其界面内力计算结果进行界面的设计验算。其主要内容包括基础截面的抗冲切验算和纵、横方向抗弯验算，并由此确定基础的高度和底板纵、横方向的配筋量。

柱下独立基础的设计计算步骤如下：

（1）基础截面的抗冲切验算与基础高度的确定。基础高度由柱与基础交接处以及基础变阶处的抗冲切破坏要求确定。设计时可先假设一个基础高度 h，然后按下列公式验算抗冲切能力：

柱下独立基础的受冲切承载力应按下列公式验算

$$F_l \leqslant 0.7 \beta_{\mathrm{hp}} f_{\mathrm{t}} a_{\mathrm{m}} h_0 \tag{7-37}$$

$$a_{\mathrm{m}} = (a_{\mathrm{t}} + a_{\mathrm{b}})/2, \quad F_l = p_{\mathrm{j}} A_l$$

式中　β_{hp}——受冲切承载力截面高度影响系数，当 h 不大于 800mm 时，β_{hp} 取 1.0；当 h 大于等于 2000mm 时，β_{hp} 取 0.9，其间按线性内插法取用。

f_{t}——混凝土轴心抗拉强度设计值，kPa。

h_0——基础冲切破坏锥体的有效高度，m。

a_{m}——冲切破坏锥体最不利一侧计算长度，m。

a_t——冲切破坏锥体最不利一侧斜截面的上边长，m，当计算柱与基础交接处的受冲切承载力时，取柱宽；当计算基础变阶处的受冲切承载力时，取上阶宽。

a_b——冲切破坏锥体最不利一侧斜截面在基础底面积范围内的下边长，m，当冲切破坏锥体的底面落在基础底面以内［图 7-21（a）、（b）］，计算柱与基础交接处的受冲切承载力时，取柱宽加两倍基础有效高度；当计算基础变阶处的受冲切承载力时，取上阶宽加两倍该处的基础有效高度。

p_j——扣除基础自重及其上土重后相应于作用的基本组合时的地基土单位面积净反力，kPa，对偏心受压基础可取基础边缘处最大地基土单位面积净反力。

A_l——冲切验算时取用的部分基底面积，m^2，如图 7-21（a）、（b）中的阴影面积 $ABCDEF$。

F_l——相应于作用的基本组合时作用在 A_l 上的地基土净反力设计值，kPa。

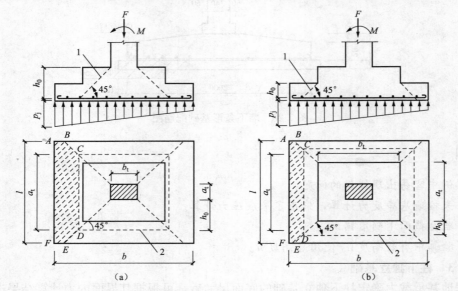

图 7-21　计算阶形基础的受冲切承载力截面位置
(a) 柱与基础交接处；(b) 基础变阶处
1—冲切破坏锥体最不利一侧的斜截面；2—冲切破坏锥体的底面线

当基础底面短边尺寸小于或等于柱宽加两倍基础有效高度时，应按下列公式验算柱与基础交接处截面受剪承载力

$$V_s \leqslant 0.7\beta_{hs} f_t A_0 \tag{7-38}$$

式中　V_s——柱与基础交接处的剪力设计值，kN，图 7-22 中的阴影面积乘以基底平均净反力；

β_{hs}——受剪切承载力截面高度影响系数，$\beta_{hs} = (800/h_0)^{1/4}$，当 $h_0 < 800$mm 时，取 $h_0 = 800$mm；当 $h_0 > 2000$mm 时，取 $h_0 = 2000$mm；

A_0——验算截面处基础的有效截面面积，m^2。当验算截面为阶形或锥形时，可将其截面折算成矩形截面，截面的折算宽度和截面的有效高度按我国现行《地基规范》附录 U 计算。

（2）基础内力计算和配筋。在轴心荷载或单向偏心荷载作用下，当台阶的宽高比小于或

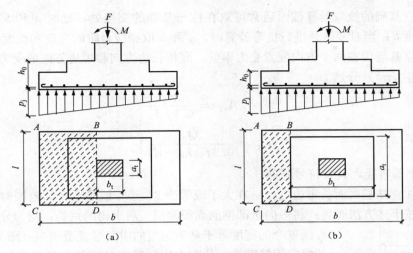

图 7-22　验算阶形基础受剪切承载力示意图

(a) 柱与基础交接处；(b) 基础变阶处

等于 2.5 和偏心距小于或等于 1/6 基础宽度时，柱下矩形独立基础任意截面的底板弯矩可按下列简化方法进行计算（图 7-23）

$$M_{\mathrm{I}} = \frac{1}{12} a_1^2 \left[(2l + a') \left(p_{\max} + p - \frac{2G}{A} \right) + (p_{\max} - p)l \right]$$

$$(7\text{-}39)$$

$$M_{\mathrm{II}} = \frac{1}{48} (l - a')^2 (2b + b') \left(p_{\max} + p_{\min} - \frac{2G}{A} \right) \quad (7\text{-}40)$$

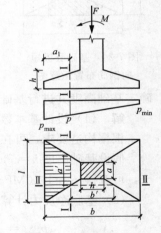

图 7-23　矩形基础底板的计算示意图

式中　M_{I}，M_{II}——任意截面 I—I、II—II 处相应于作用的基本组合时的弯矩设计值，kN·m；

a_1——任意截面 I—I 至基底边缘最大反力处的距离，m；

l，b——基础底面的边长，m；

$p_{\max}$，$p_{\min}$——相应于作用的基本组合时的基础底面边缘最大和最小地基反力设计值，kPa；

p——相应于作用的基本组合时在任意截面 I—I 处基础底面地基反力设计值，kPa；

G——考虑作用分项系数的基础自重及其上的土自重，kN；当组合值由永久作用控制时，作用分项系数可取 1.35。

　　以上两公式经过变换，也可以用地基净反力 p_{jmax}、p_{jmin} 和 $p_{\mathrm{j\,I}}$ 来表示，即

$$M_{\mathrm{I}} = \frac{1}{12} a_1^2 (2l + a') (p_{\mathrm{jmax}} + p_{\mathrm{j\,I}}) \qquad\qquad (7\text{-}41)$$

$$M_{\mathrm{II}} = \frac{1}{48} (l - a')^2 (2b + b') (p_{\mathrm{jmax}} + p_{\mathrm{jmin}}) \qquad (7\text{-}42)$$

式中　p_{jmax}，p_{jmin}——相应于作用的基本组合时的基础底面边缘最大和最小地基净反力设计值，kPa；

$p_{\mathrm{j\,I}}$——相应于作用的基本组合时的基础验算截面 I 处地基净反力设计值，kPa。

柱下独立基础的抗弯验算截面通常可取在柱与基础的交接处，此时 a' 和 b' 取柱截面的宽度 a 和高度 h；当对变阶处进行抗弯验算时，a' 和 b' 取相应台阶的宽度和长度。

柱下独立基础应在两个方向配置受力钢筋，底板长边方向和短边方向的受力钢筋截面面积 A_{sI} 和 A_{sII}（m^2）分别为

$$\left.\begin{array}{l} A_{sI} = \dfrac{M_I}{0.9 f_y h_0} \\[3mm] A_{sII} = \dfrac{M_{II}}{0.9 f_y (h_0 - d)} \end{array}\right\} \qquad (7\text{-}43)$$

式中，d 为钢筋直径，其余符号同前。

当柱下独立柱基底面长短边之比 ω 在大于或等于 2、小于或等于 3 的范围时，基础底板短向钢筋应按下述方法布置：将短向全部钢筋面积乘以 λ 后求得的钢筋，均匀分布在与柱中心线重合的宽度等于基础短边的中间带宽范围内（图 7-24），其余的短向钢筋则均匀分布在中间带宽的两侧。长向配筋应均匀分布在基础全宽范围内。λ 按下式计算

$$\lambda = 1 - \frac{\omega}{6} \qquad (7\text{-}44)$$

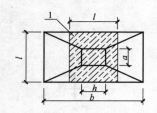
图 7-24 基础底板短向钢筋布置示意图

【**例 7-8**】 某柱下锥形独立基础底面尺寸为 2200mm×3000mm，上部结构柱荷载 $F=750$kN，$M=110$kN·m，柱截面尺寸为 400mm×400mm，基础采用 C20 级混凝土和 I 级钢筋。试确定基础高度并进行基础配筋。

解 （1）设计基本数据。

根据构造要求，可在基础下设置 100mm 厚 C10 混凝土垫层。

假设基础高度 $h=500$mm，则基础有效高度 $h_0=500-50=450$mm。由于采用 C20 混凝土，可查得 $f_t=1.10$MPa；采用 I 级钢筋，查得 $f_y=210$MPa。

（2）基底净反力计算。

$$p_{jmax} = \frac{F}{A} + \frac{M}{W} = \frac{750}{2.2 \times 3.0} + \frac{110}{2.2 \times 3.0^2/6} = 147.0 \text{kPa}$$

$$p_{jmax} = \frac{F}{A} - \frac{M}{W} = \frac{750}{2.2 \times 3.0} - \frac{110}{2.2 \times 3.0^2/6} = 80.3 \text{kPa}$$

（3）基础高度验算。

基础短边长度 $l=2.2$m，柱截面的宽度和高度 $a=b_c=0.4$m。$\beta_{hp}=1.0$，$a_t=a=0.4$m，$a_b=a+2h_0=1.3$m。故

$$a_m = (a_t + a_b)/2 = (0.4 + 1.3)/2 = 0.85 \text{m}$$

由于 $a+2h_0=1.3$m$<l=2.2$m，于是

$$A_l = \left(\frac{b}{2} - \frac{b_c}{2} - h_0\right) l - \left(\frac{l}{2} - \frac{a}{2} - h_0\right)^2$$

$$= \left(\frac{3.0}{2} - \frac{0.4}{2} - 0.45\right) \times 2.2 - \left(\frac{2.2}{2} - \frac{0.4}{2} - 0.45\right)^2 = 1.68 \text{m}^2$$

$$F_l = p_{jmax} A_l = 147.0 \times 1.68 = 247.0 \text{kN}$$

$$0.7 \beta_{hp} f_t a_m h_0 = 0.7 \times 1.0 \times 1.1 \times 10^3 \times 0.85 \times 0.45 = 294.5 \text{kN}$$

满足 $F_l \leqslant 0.7\beta_{hp}f_ta_mh_0$ 条件，选用基础高度 $h=500\text{mm}$ 合适。

（4）内力计算。

设计控制截面在柱边处，此时相应的 a', b' 和 p_{jI} 值为

$$a'=0.4\text{m}, \quad b'=0.4\text{m}, \quad a_1=\frac{b-b'}{2}=\frac{3.0-0.4}{2}=1.3\text{m}$$

$$p_{jI}=p_{jmin}+(p_{jmax}-p_{jmin})\times\frac{b-a'}{b}$$

$$=80.3+(147-80.3)\times\frac{3.0-1.3}{3.0}=118.1\text{kPa}$$

长边方向 $M_I=\frac{1}{12}a_1^2\ (2l+a')(p_{jmax}+p_{jI})$

$$=\frac{1}{12}\times1.3^2\times(2\times2.2+0.4)(147.0+118.1)=179.2\text{kN·m}$$

短边方向 $M_{II}=\frac{1}{48}(l-a')^2(2b+b')(p_{jmax}+p_{jmin})$

$$=\frac{1}{48}\times(2.2-0.4)^2(2\times0.3+0.4)(147+80.3)=98.2\text{kN·m}$$

（5）配筋计算。

长边方向配筋 $A_{sI}=\dfrac{M_I}{0.9f_yh_0}=\dfrac{179.2}{0.9\times210\times450}\times10^6=2106\text{mm}^2$

选用 $11\Phi16@200$（$A_{sI}=2212\text{mm}^2$）。

短边方向配筋 $A_{sII}=\dfrac{M_{II}}{0.9f_y\ (h_0-d)}=\dfrac{98.2}{0.9\times210\times\ (450-16)}\times10^6=1197\text{mm}^2$

选用 $15\Phi10@200$（$A_{sII}=1179\text{mm}^2$）。

基础配筋布置图见图 7-25。

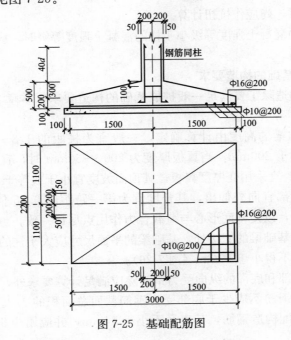

图 7-25 基础配筋图

【小贴士】
--------------------------○

本算例中容易出现错误的问题：

（1）未按地基净反力计算，采用了基底压力计算。

（2）设计控制截面及计算参数确定错误。

（3）验算中有效高度 h_0 使用总高度 h，尤其是短边方向配筋容易遗漏扣除钢筋高度。

7.8 柱下条形基础

柱下条形基础在其纵、横两个方向均产生弯曲变形，故在这两个方向的截面内均存在剪力和弯矩。柱下条形基础的横向剪力与弯矩通常可考虑由翼板的抗剪、抗弯能力承担，其内力计算与墙下条形基础相同。柱下条形基础纵向的剪力与弯矩一般由基础梁承担，基础梁的纵向内力通常可采用简化（直线分布法）或弹性地基梁法计算。

7.8.1 柱下条形基础的计算规定

柱下条形基础的计算，除了应满足本章 7.7.1 中第 4 条有关扩展基础的计算规定外，尚应符合下列规定：

（1）在比较均匀的地基上，上部结构刚度较好，荷载分布较均匀，且条形基础梁的高度不小于 1/6 柱距时，地基反力可按直线分布，条形基础梁的内力可按连续梁计算，此时边跨跨中弯矩及第一内支座的弯矩值宜乘以 1.2 的系数。

（2）当不满足本条第一款的要求时，宜按弹性地基梁计算。

（3）对交叉条形基础，交点上的柱荷载，可按静力平衡条件及变形协调条件，进行分配。其内力可按本条上述规定，分别进行计算。

（4）应验算柱边缘处基础梁的受剪承载力。

（5）当存在扭矩时，尚应作抗扭计算。

（6）当条形基础的混凝土强度等级小于柱的混凝土强度等级时，应验算柱下条形基础梁顶面的局部受压承载力。

7.8.2 柱下条形基础的构造要求

柱下条形基础的构造除了要满足一般扩展基础的构造要求（本章 7.7.1 中的规定）外，尚应符合下列要求：

（1）柱下条形基础梁的高度由计算确定，一般宜为柱距的 1/8～1/4（通常取柱距的 1/6）。翼板厚度不应小于 200mm。当翼板厚度为 200～250mm 时，宜用等厚度翼板。当翼板厚度大于 250mm 时，宜采用变厚度翼板，其顶面坡度宜小于或等于 1:3。

（2）条形基础的端部宜向外伸出，其长度宜为第一跨距的 0.25 倍。当荷载不对称时，两端伸出长度可不相等，以使基底形心与荷载合力作用点尽量一致。

（3）现浇柱与条形基础梁的交接处，基础梁的平面尺寸应大于柱的平面尺寸，且柱的边缘至基础梁边缘的距离不得小于 50mm（图 7-26）。

（4）条形基础梁顶部和底部的纵向受力钢筋除应满足计算要求外，顶部钢筋应按计算配筋全部贯通，底部通长钢筋不应少于底部受力钢筋截面总面积的 1/3。当梁高大于 700mm 时，应在肋梁的两侧加配构造钢筋，其直径不小于 14mm，并应用 Φ8@400 的 S 形构造箍筋固定。在柱位处，应采用封闭式箍筋，箍筋直径不小于 8mm。当肋梁宽度≥350mm 时，宜用双肢箍；当肋梁宽度在 350～800mm 时，宜用四肢箍；大于 800mm 时，宜用六肢箍。条形基础非肋梁部分的纵向分布钢筋可用Φ 8@200～Φ 10@400。

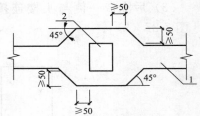

图 7-26　现浇柱与条形基础梁交接处平面尺寸
1—基础梁；2—柱

（5）翼板的横向受力钢筋由计算确定，其直径不应小于 10mm，间距不应大于 250mm。在肋梁的 T 字形和十字形交接处，横向受力钢筋只需沿一个主受力轴方向通长布置，而另一方向伸入主受力轴宽度的 1/4 即可。分布钢筋在主受力轴方向通长布置，另一方向可在交接处断开。

（6）柱下条形基础的混凝土强度等级不应低于 C20。

7.9　筏　板　基　础

筏板基础分为梁板式和平板式两种类型，其选型应根据地基土质、上部结构体系、柱距、荷载大小、使用要求以及施工条件等因素确定。框架—核心筒结构和筒中筒结构宜采用平板式筏形基础。

7.9.1　筏板基础的构造要求和基本规定

1. 构造要求

筏形基础的混凝土强度等级不应低于 C30，当有地下室时应采用防水混凝土。防水混凝土的抗渗等级应按表 7-12 选用。对重要建筑，宜采用自防水并设置架空排水层。

表 7-12　　　　　　　　　　　　　防水混凝土抗渗等级

埋置深度 d（m）	设计抗渗等级	埋置深度 d（m）	设计抗渗等级
$d<10$	P6	$20\leqslant d<30$	P10
$10\leqslant d<20$	P8	$30\leqslant d$	P12

平板式筏板基础，当筏板的厚度大于 2000mm 时，宜在板厚中间部位设置直径不小于 12mm、间距不大于 300mm 的双向钢筋网。

带裙房的高层建筑筏板基础应符合下列规定：

（1）当高层建筑与相连的裙房之间设置沉降缝时，高层建筑的基础埋深应大于裙房基础的埋深至少 2m。地面以下沉降缝的缝隙应用粗砂填实［图 7-27（a）］。

（2）当高层建筑与相连的裙房之间不设置沉降缝时，宜在裙房一侧设置用于控制沉降差的后浇带，当沉降实测值和计算确定的后期沉降差满足设计要求后，方可进行后浇带混凝土浇筑。当高层建筑基础面积满足地基承载力和变形要求时，后浇带宜设在与高层建筑相邻裙房的第一跨内。当需要满足高层建筑地基承载力、降低高层建筑沉降量，减小高层建筑与裙房间的沉降差而增大高层建筑基础面积时，后浇带可设在距主楼边柱的第二跨内，此时应满足以下条件：

1）地基土质较均匀。

2）裙房结构刚度较好且基础以上的地下室和裙房结构层数不少于两层。

3）后浇带一侧与主楼连接的裙房基础底板厚度与高层建筑的基础底板厚度相同 [图 7-27 （b）]。

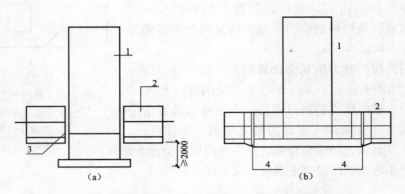

图 7-27　高层建筑与裙房间的沉降缝、后浇带处理示意图

1—高层；2—裙房及地下室；3—室外地坪以下沉降缝隙用粗砂填实；4—后浇带

（3）当高层建筑与相连的裙房之间不设沉降缝和后浇带时，高层建筑及与其紧邻一跨裙房的筏板应采用相同厚度，裙房筏板的厚度宜从第二跨裙房开始逐渐变化，应同时满足主、裙楼基础整体性和基础板的变形要求；应进行地基变形和基础内力的验算，验算时应分析地基与结构间变形的相互影响，并采取有效措施防止产生有不利影响的差异沉降。

采用大面积整体筏板基础时，与主楼连接的外扩地下室其角隅处的楼板板角，除配置两个垂直方向的上部钢筋外，尚应布置斜向上部构造钢筋，钢筋直径不应小于 10mm，间距不应大于 200mm，该钢筋伸入板内的长度不宜小于 1/4 的短边跨度；与基础整体弯曲方向一致的垂直于外墙的楼板上部钢筋以及主裙楼交界处的楼板上部钢筋，钢筋直径不应小于 10mm、间距不应大于 200mm，且钢筋的面积不应小于受弯构件的最小配筋率，钢筋的锚固长度不应小于 30d。

采用筏板基础的地下室，钢筋混凝土外墙厚度不应小于 250mm，内墙厚度不宜小于 200mm。墙的截面设计除满足承载力要求外，尚应考虑变形、抗裂及外墙防渗等要求。墙体内应设置双面钢筋，钢筋不宜采用光面圆钢筋，水平钢筋的直径不应小于 12mm，竖向钢筋的直径不应小于 10mm，间距不应大于 200mm。

地下室底层柱、剪力墙与梁板式筏基的基础梁连接时，要求：

1）柱、墙的边缘至基础梁边缘的距离不应小于 50mm [图 7-28 （a）、（b）]。

2）当交叉基础梁的宽度小于柱截面的边长时，交叉基础梁连接处应设置八字角，柱角与八字角之间的净距不宜小于 50mm [图 7-28 （a）]。

3）单向基础梁与柱的连接，可按图 7-28 （b）、（c）采用。

4）基础梁与剪力墙的连接，可按图 7-28 （d）采用。

采用筏板基础带地下室的高层和低层建筑、地下室四周外墙与土层紧密接触且土层为非松散填土、松散粉细砂土、软塑流塑黏性土，上部结构为框架、框剪或框架—核心筒结构，当地下一层结构顶板作为上部结构嵌固部位时，应符合下列规定：

（1）地下一层的结构侧向刚度大于或等于与其相连的上部结构底层楼层侧向刚度的 1.5 倍。

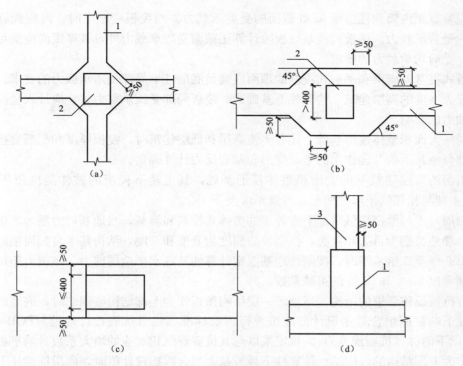

图 7-28　地下室底层柱或剪力墙与梁板式筏基的基础梁连接的构造要求

1—基础梁；2—柱；3—墙

（2）地下一层结构顶板应采用梁板式楼盖，板厚不应小于 180mm，其混凝土强度等级不宜小于 C30；楼面应采用双层双向配筋，且每层每个方向的配筋率不宜小于 0.25%。

（3）地下室外墙和内墙边缘的板面不应有大洞口，以保证将上部结构的地震作用或水平力传递到地下室抗侧力构件中。

（4）当地下室内、外墙与主体结构墙体之间的距离符合表 7-13 要求时，该范围内的地下室内、外墙可计入地下一层的结构侧向刚度，但此范围内的侧向刚度不能重叠使用于相邻建筑。当不符合上述要求时，建筑物的嵌固部位可设在筏形基础的顶面，此时宜考虑基侧土和基底土对地下室的抗力。

表 7-13　　　　　　　　　　　**地下室墙与主体结构墙之间的最大间距 d**

抗震设防烈度	
7 度、8 度	9 度
$d \leqslant 30\text{m}$	$d \leqslant 20\text{m}$

筏板与地下室外墙的接缝、地下室外墙沿高度处的水平接缝应严格按施工缝要求施工，必要时可设通长止水带。筏板基础地下室施工完毕后，应及时进行基坑回填工作。填土应按设计要求选料，回填时应先清除基坑中的杂物，在相对的两侧或四周同时回填并分层夯实，回填土的压实系数不应小于 0.94。

2. 基本规定

平板式筏基的板厚应满足柱下受冲切承载力的要求，平板式筏基除满足受冲切承载力外，尚应验算距内筒和柱边缘 h_0 处截面的受剪承载力。当筏板变厚度时，尚应验算变厚度处筏板的受剪承载力。梁板式筏基底板除计算正截面受弯承载力外，其厚度尚应满足受冲切承载力、受剪切承载力的要求。

梁板式筏基基础梁和平板式筏基的顶面应满足底层柱下局部受压承载力的要求。对抗震设防烈度为 9 度的高层建筑，验算柱下基础梁、筏板局部受压承载力时，应计入竖向地震作用对柱轴力的影响。

在同一大面积整体筏形基础上建有多幢高层和低层建筑时，筏板厚度和配筋宜按上部结构、基础与地基土的共同作用的基础变形和基底反力计算确定。

带裙房的高层建筑下的大面积整体筏形基础，其主楼下筏板的整体挠度值不宜大于 0.5‰，主楼与相邻的裙房柱的差异沉降不应大于 1‰。

对四周与土层紧密接触带地下室外墙的整体式筏基和箱基，当地基持力层为非密实的土和岩石，场地类别为Ⅲ类和Ⅳ类，抗震设防烈度为 8 度和 9 度，结构基本自振周期处于特征周期的 1.2 倍至 5 倍范围时，按刚性地基假定计算的基底水平地震剪力、倾覆力矩可按设防烈度分别乘以 0.90 和 0.85 的折减系数。

对有抗震设防要求的结构，当地下一层结构顶板作为上部结构嵌固端时，嵌固端处的底层框架柱下端截面组合弯矩设计值应按现行国家标准《建筑抗震设计规范》（GB 50011—2010）（以下简称《抗震规范》）的规定乘以与其抗震等级相对应的增大系数。当平板式筏形基础板作为上部结构的嵌固端、计算柱下板带截面组合弯矩设计值时，底层框架柱下端内力应考虑地震作用组合及相应的增大系数。

地下室的抗震等级、构件的截面设计以及抗震构造措施应符合现行国家标准《抗震规范》的有关规定。剪力墙底部加强部位的高度应从地下室顶板算起；当结构嵌固在基础顶面时，剪力墙底部加强部位的范围尚应延伸至基础顶面。

7.9.2 筏板基础的计算

筏形基础的平面尺寸，应根据工程地质条件、上部结构的布置、地下结构底层平面以及荷载分布等因素按本规范第五章有关规定确定。对单幢建筑物，在地基土比较均匀的条件下，基底平面形心宜与结构竖向永久荷载重心重合。当不能重合时，在作用的准永久组合下，偏心距 e 宜符合下式规定

$$e \leqslant 0.1W/A \tag{7-45}$$

式中　W——与偏心距方向一致的基础底面边缘抵抗矩，m^3；

　　　A——基础底面积，m^2。

1. 平板式筏板基础承载力计算

平板式筏基抗冲切验算应符合下列规定：

（1）平板式筏基进行抗冲切验算时应考虑作用在冲切临界面重心上的不平衡弯矩产生的附加剪力。对基础的边柱和角柱进行冲切验算时，其冲切力应分别乘以 1.1 和 1.2 的增大系数。距柱边 $h_0/2$ 处冲切临界截面的最大剪应力 τ_{max} 应按式（7-46）、式（7-47）进行计算（图 7-29）。板的最小厚度不应小于 500mm。

$$\tau_{max} = \frac{F_l}{u_m h_0} + a_s \frac{M_{unb} c_{AB}}{I_s} \tag{7-46}$$

$$\tau_{max} \leqslant 0.7(0.4 + 1.2/\beta_s)\beta_{hp} f_t \tag{7-47}$$

$$\alpha_s = 1 - \cfrac{1}{1 + \cfrac{2}{3}\sqrt{\left(\cfrac{c_1}{c_2}\right)}} \qquad (7\text{-}48)$$

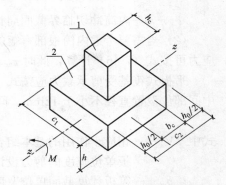

图 7-29　内柱冲切临界截面示意图
1—筏板；2—柱

式中　F_l——相应于作用的基本组合时的冲切力，kN，对内柱取轴力设计值减去筏板冲切破坏锥体内的基底净反力设计值；对边柱和角柱，取轴力设计值减去筏板冲切临界截面范围内的基底净反力设计值。

u_m——距柱边缘不小于 $h_0/2$ 处冲切临界截面的最小周长，m，按现行《地基规范》附录 P 计算。

h_0——筏板的有效高度，m。

M_{unb}——作用在冲切临界截面重心上的不平衡弯矩设计值，kN·m。

c_{AB}——沿弯矩作用方向，冲切临界截面重心至冲切临界截面最大剪应力点的距离，m，按现行《地基规范》附录 P 计算。

I_s——冲切临界截面对其重心的极惯性矩，m^4，按现行《地基规范》附录 P 计算。

β_s——柱截面长边与短边的比值，当 $\beta_s < 2$ 时，β_s 取 2，当 $\beta_s > 4$ 时，β_s 取 4。

β_{hp}——受冲切承载力截面高度影响系数，当 $h \leqslant 800$mm 时，取 $\beta_{hp} = 1.0$；当 $h \geqslant 2000$mm 时，取 $\beta_{hp} = 0.9$，其间按线性内插法取值。

f_t——混凝土轴心抗拉强度设计值，kPa。

c_1——与弯矩作用方向一致的冲切临界截面的边长，m，按现行《地基规范》附录 P 计算。

c_2——垂直于 c_1 的冲切临界截面的边长，m，按现行《地基规范》附录 P 计算。

α_s——不平衡弯矩通过冲切临界截面上的偏心剪力来传递的分配系数。

（2）当柱荷载较大，等厚度筏板的受冲切承载力不能满足要求时，可在筏板上面增设柱墩或在筏板下局部增加板厚或采用抗冲切钢筋等措施满足受冲切承载能力要求。

平板式筏基内筒下的板厚应满足受冲切承载力的要求，并应符合下列规定：

（1）受冲切承载力应按下式进行计算

$$F_l / u_m h_0 \leqslant 0.7 \beta_{hp} f_t / \eta \qquad (7\text{-}49)$$

式中　F_l——相应于作用的基本组合时，内筒所承受的轴力设计值减去内筒下筏板冲切破坏锥体内的基底净反力设计值，kN。

u_m——距内筒外表面 $h_0/2$ 处冲切临界截面的周长，m（图 7-30）。

h_0——距内筒外表面 $h_0/2$ 处筏板的截面有效高度，m。

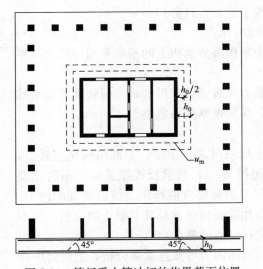

图 7-30　筏板受内筒冲切的临界截面位置

η——内筒冲切临界截面周长影响系数，取 1.25。

（2）当需要考虑内筒根部弯矩的影响时，距内筒外表面 $h_0/2$ 处冲切临界截面的最大剪应力可按式（7-46）计算，此时 $\tau_{\max} \leqslant 0.7\beta_{hp}f_t/\eta$。

平板式筏基受剪承载力应按式（7-50）验算，当筏板的厚度大于 2000mm 时，宜在板厚中间部位设置直径不小于 12mm、间距不大于 300mm 的双向钢筋网。

$$V_s \leqslant 0.7\beta_{hs}f_t b_w h_0 \tag{7-50}$$

式中　V_s——相应于作用的基本组合时，基底净反力平均值产生的距内筒或柱边缘 h_0 处筏板单位宽度的剪力设计值，kN；

b_w——筏板计算截面单位宽度，m；

h_0——距内筒或柱边缘 h_0 处筏板的截面有效高度，m。

2. 梁板式筏板基础承载力计算

梁板式筏基底板受冲切、受剪切承载力计算应符合下列规定：

（1）梁板式筏基底板受冲切承载力应按下式进行计算

$$F_l \leqslant 0.7\beta_{hp}f_t u_m h_0 \tag{7-51}$$

式中　F_l——作用的基本组合时，图 7-31 中阴影部分面积上的基底平均净反力设计值，kN；

u_m——距基础梁边 $h_0/2$ 处冲切临界截面的周长，m [图 7-31（a）]。

（2）当底板区格为矩形双向板时，底板受冲切所需的厚度 h_0 应按式（7-52）进行计算，其底板厚度与最大双向板格的短边净跨之比不应小于 1/14，且板厚不应小于 400mm。

$$h_0 = \frac{(l_{n1}+l_{n2}) - \sqrt{(l_{n1}+l_{n2})^2 - \dfrac{4p_n l_{n1} l_{n2}}{p_n + 0.7\beta_{hp}f_t}}}{4} \tag{7-52}$$

式中　l_{n1}，l_{n2}——计算板格的短边和长边的净长度，m；

p_n——扣除底板及其上填土自重后，相应于作用的基本组合时的基底平均净反力设计值，kPa。

（3）梁板式筏基双向底板斜截面受剪承载力应按下式进行计算。

$$V_s \leqslant 0.7\beta_{hs}f_t(l_{n2}-2h_0)h_0 \tag{7-53}$$

式中　V_s——距梁边缘 h_0 处，作用在图 7-31（b）中阴影部分面积上的基底平均净反力产生的剪力设计值，kN。

（4）当底板板格为单向板时，其斜截面受剪承载力应按墙下条形基础底板验算墙与基础底板交接处截面受剪承载力，详见本章第 7 节内容。其底板厚度不应小于 400mm。

3. 简化计算方法

当地基土比较均匀、地基压缩层范围内无软弱土层或可液化土层、上部结构刚度较好、柱网和荷载较均匀、相邻柱荷载及柱间距的变化不超过 20%，且梁板式筏基梁的高跨比或平板式筏基板的厚跨比不小于 1/6 时，筏形基础可仅考虑局部弯曲作用。筏形基础的内力，可按基底反力直线分布进行计算，计算时基底反力应扣除底板自重及其上填土的自重。当不满足上述要求时，筏基内力可按弹性地基梁板方法进行分析计算。

按基底反力直线分布计算的梁板式筏基，其基础梁的内力可按连续梁分析，边跨跨中弯矩以及第一内支座的弯矩值宜乘以 1.2 的系数。梁板式筏基的底板和基础梁的配筋除满足计

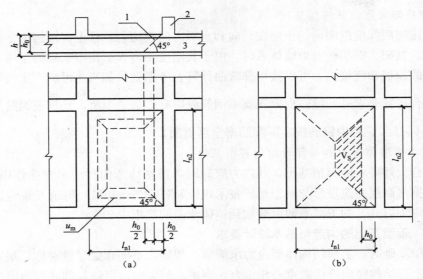

图 7-31 底板冲切、剪切计算示意

（a）底板冲切计算示意；（b）底板剪切计算示意

1—冲切破坏锥体的斜截面；2—梁；3—底板

算要求外，纵横方向的底部钢筋尚应有不少于 1/3 贯通全跨，顶部钢筋按计算配筋全部连通，底板上下贯通钢筋的配筋率不应小于 0.15%。

按基底反力直线分布计算的平板式筏基，可按柱下板带和跨中板带分别进行内力分析。柱下板带中，柱宽及其两侧各 0.5 倍板厚且不大于 1/4 板跨的有效宽度范围内，其钢筋配置量不应小于柱下板带钢筋数量的一半，且应能承受部分不平衡弯矩 $\alpha_m M_{unb}$。M_{unb} 为作用在冲切临界截面重心上的不平衡弯矩，α_m 应按式（7-54）进行计算。平板式筏基柱下板带和跨中板带的底部支座钢筋应有不少于 1/3 贯通全跨，顶部钢筋应按计算配筋全部连通，上下贯通钢筋的配筋率不应小于 0.15%。

$$\alpha_m = 1 - \alpha_s \tag{7-54}$$

式中　α_m——不平衡弯矩通过弯曲来传递的分配系数；

　　　α_s——按式（7-48）计算。

7.10 箱 型 基 础

箱型基础是由底板、顶板、外侧墙及一定数量的、纵横较均匀布置的内隔墙构成的、整体刚度很好的箱式结构。它一方面承受上部结构传来的荷载和不均匀地基反力引起的整体弯曲，同时其顶板和底板还分别受到顶板荷载和地基反力引起的局部弯曲。在分析箱型基础整体弯曲时，其自重按均布荷载处理；在进行底板弯曲计算时，应扣除底板自重。

7.10.1 箱型基础内力分析

1. 基底反力计算

箱型基础的基底反力可根据《高层建筑筏形与箱型基础技术规范》（JGJ 6—2011）提供的实用方法计算。

2. 仅按局部弯曲计算箱型基础

当地基压缩层深度范围内的土层在竖向和水平方向较均匀，且上部结构为平面布置较规则的剪力墙、框架、框架—剪力墙体系时，由于其刚度相当大，箱型基础的整体弯曲可不予考虑，箱基的顶板和底板内力可仅按局部弯曲计算。考虑到局部弯曲可能产生的影响，钢筋配置量除符合计算要求外，纵、横方向支座钢筋尚应有 $\frac{1}{4}$ 贯通全跨，且贯通钢筋的配筋率应分别不小于 0.15%，跨中钢筋按实际配筋率全部贯通。

3. 同时考虑整体弯曲和局部弯曲的箱型基础

对不符合上述要求的箱型基础，其内力应同时考虑整体弯曲和局部弯曲作用。计算中，基底反力根据《高层建筑筏形与箱型基础技术规范》（JGJ 6—2011）附录 E 确定。局部弯曲产生的弯矩应乘以 0.8 的折减系数后叠加到整体弯曲的弯矩中。

7.10.2 箱型基础的构造与基本设计要求

采用箱型基础时，上部结构体型应力求简单、规则，平面布置尽量对称，基底平面形心应尽可能与上部结构竖向静荷载重心相重合。当偏心较大时，可使基础底板四周伸出不等长的短悬臂以调整底面形心位置。在永久荷载与楼（屋）面活荷载长期效应组合下，偏心距 e 宜符合下式要求

$$e \leqslant 0.1 \frac{W}{A} \tag{7-55}$$

式中　W——与偏心距方向一致的基础底面边缘抵抗拒，m^3；

　　　　A——基础底面积，m^2。

箱型基础的墙体宜与上部结构的内外墙对正，并沿柱网轴线布置。箱型基础墙体水平截面总面积不宜小于基础外墙外包尺寸水平投影面积的 $\frac{1}{12}$。对基础平面长宽比大于 4 的箱型基础，其纵墙水平截面总面积不得小于基础外墙外包尺寸水平投影面积的 $\frac{1}{18}$（计算墙体水平截面时，不扣除洞口部分）。

箱型基础的高度应满足结构承载力和刚度的要求，其值不宜小于箱型基础长度的 1/20，并不宜小于 3m。箱型基础的长度不包括底板悬挑部分。

箱型基础顶板、底板及墙身的厚度根据受力情况、整体刚度、施工条件及防水要求确定。箱型基础底板厚度不应小于 400mm，板厚与最大双向板格的短边净跨之比不应小于 $\frac{1}{14}$，外墙厚度不应小于 250mm，内墙厚度不应小于 200mm 顶板厚度不宜小于 150mm。

箱型基础顶板、底板及内外墙一般采用双面双向分离式配筋。在墙体的配筋中，墙身竖向和水平钢筋的直径不应小于 10mm，间距不应大于 200mm，顶板、底板配筋的直径不宜小于 14mm。在两片钢筋网之间应设架立钢筋，架立钢筋间距≤800mm。当箱型基础的墙体上部无剪力墙时，其顶部和底部宜配置两根直径不小于 20mm 的通长构造钢筋，钢筋的搭接和转角处的连接长度不应小于钢筋的受拉搭接长度。

箱型基础的混凝土强度等级不应低于 C25。当采用防水混凝土时，其抗渗等级应根据箱型基础的埋置深度，按《高层建筑筏形与箱型基础技术规范》（JGJ 6—2011）中的规定选用，其抗渗等级不应低于 0.6MPa。

7.11　减少不均匀沉降对建筑物损害的措施

当建筑物不均匀沉降过大时，将使建筑物开裂损坏并影响其使用，特别对于高压缩性土、膨胀土、湿陷性黄土以及软硬不均等不良地基上的建筑物，由于沉降量过大，故不均匀沉降也相对较大。如何防止或减轻不均匀沉降，是设计中必须思考的问题。通常的方法可以有：

1）为了减少沉降量，采用桩基础或其他深基础。

2）对地基进行处理，以提高原地基的承载力和压缩模量。

3）在建筑、结构和施工中采取措施。总之，采取措施的目的一方面是减少建筑物的总沉降量的同时相应也就减少其不均匀沉降，另一方面也可增强上部结构对沉降和不均匀沉降的适应能力。

7.11.1　建筑措施

1. 建筑物体型应力求简单

建筑物体型是指其平面形状和立面高差（包括荷载差）。从建筑物的使用功能和美观要求考虑，建筑师往往将体型设计的比较复杂，如平面上多转折，而且立面高差明显。在软弱地基上，复杂的体型常常会削弱建筑物的整体刚度并导致不均匀沉降变形。

平面呈"L"、"T"、"山"形等复杂体型的建筑物，在建筑单元纵横交叉处，基础密集，使得地基的附加应力相互重叠，造成这部分的沉降大于其他部位。如果这类建筑物的整体刚度较差，很容易因为不均匀沉降引起建筑物的开裂破坏。

建筑物的高低变化很大，地基各部分所受的荷载轻重不同，必然会加大不均匀沉降。根据调查，软土地基上紧邻一层以上而不用沉降缝断开的混合结构房屋，较低部分墙面很多开裂。故在地基上建造建筑物时，应注意建筑物层数的高差问题，同时建筑物体型应力求简单。

当高度差异和荷载差异较大时，可将两者隔一定距离，两者之间用能够自由沉降的连接体或用简支、悬挑结构相连接，来减轻建筑物的不均匀沉降。

2. 增强结构的整体刚度

建筑物长度与高度的比值成为长高比。长高比是衡量建筑物结构刚度的一个指标。长高比越大，整体刚度就差，抵抗弯曲变形和调整不均匀沉降的能力就越差。根据软土地基的经验，砖石承重的混合结构建筑物，长高比控制在 3 以内，一般可避免不均匀沉降引起的裂缝。若房屋的最大沉降小于或等于 120mm 时，长高比适当大些也可避免不均匀沉降引起的裂缝。

合理布置纵横墙，也是增强砖石混合结构整体刚度的重要措施之一。砖石混合结构房屋的纵向刚度较弱，地基的不均匀沉降主要损害纵墙。内外墙的中断转折都将削弱建筑物的纵向刚度。为此，在软弱地基上建造砖石混合结构房屋，应尽量使内外纵墙都贯通，缩小横墙的间距，能有效改善整体性，进而增强调整不均匀沉降的能力。不少小开间集体宿舍，尽管沉降较大，由于其长高比较小，内外纵墙贯通，而横墙间距较小，房屋结构仍能保持完好无损。所以可以通过控制长高比和合理布置墙体来增强房屋结构的刚度。

3. 设置沉降缝

沉降缝不同于温度缝，它将建筑物连同基础分割为两个或更多个独立的沉降单元。分割出的沉降单元应具备体型简单、长高比较小、结构类型单一以及地基比较均匀等条件，即每个沉降单元的不均匀沉降均很小。

建筑物的下列部位，宜设置沉降缝：建筑平面的转折部位；高度差异或荷载差异处；长高比过大的砌体承重结构或钢筋混凝土框架结构的适当部位；地基土的压缩性有显著差异处；建筑结构或基础类型不同处；分期建造房屋的交界处。

沉降缝内不能填塞材料。在寒冷地区为了防寒，可以填塞松软材料。由于沉降缝不能消除地基中的应力重叠，沉降太大时，若沉降缝的宽度不够或缝内被坚硬杂物堵塞，有可能造成沉降单元上方顶住，造成局部挤压破坏神之整个单元竖向受弯的破坏事故。因此，沉降缝应有足够的宽度，其缝宽可按表 7-14 选用。沉降缝的造价颇高，且要郑家建筑及结构上的处理困难，所以不宜轻率多用。

表 7-14　　　　　　　　　　　　房 屋 沉 降 缝 的 宽 度

房屋层数	沉降缝宽度（mm）
二～三	50～80
四～五	80～120
五层以上	不小于 120

4. 相邻建筑物基础间应有合适的净距

由于地基的附加应力的扩散作用，使相邻建筑物的近端的沉降均增加。在软弱地基上，同时建造的两座建筑或新、老建筑物之间，如果距离太近，均会产生附加的不均匀沉降，从而造成建筑物的开裂或互倾，甚至使房屋整体横倾大大增加。

为了避免相邻建筑物影响的危害，软弱地基上的相邻建筑物之间要有一定的距离。间隔的距离与影响建筑物的规模和质量及被影响建筑物的刚度有关。相邻建筑物间基础的净距可按表 7-15 取值。

相邻高耸结构（或对倾斜要求严格的构筑物）的间隔距离，可根据允许值计算确定。

表 7-15　　　　　　　　　　　相邻建筑物基础间的净距（m）

影响建筑的预估 平均沉降量 s（mm）	被影响建筑的长高比 $2.0 \leqslant \dfrac{L}{H_f} < 3.0$	$3.0 \leqslant \dfrac{L}{H_f} < 5.0$
70～150	2～3	3～6
160～250	3～6	6～9
260～400	6～9	9～12
>400	9～12	≥12

注　1. 表中 L 为建筑物长度或沉降缝分隔的单元长度（m）；H_f 为自基础底面标高算起的建筑物高度（m）；
　　　2. 当被影响建筑的长高比为 $1.5 < L/H_f < 2.0$ 时，其间净距可适当缩小。

5. 调整某些设计标高

过大的建筑物沉降，使原有标高发生变化，严重时将影响建筑物的使用功能。应根据可能产生的不均匀沉降采取下列相应措施：

（1）室内地坪和地下设施的标高，应根据预估沉降量予以提高。建筑物各部分（或设备之间）有联系时，可将沉降较大者标高提高。

（2）建筑物与设备之间，应留有净空。当建筑物有管道穿过时，应预留孔洞，或采用柔性的管道接头等。

7.11.2 结构措施

1. 设置圈梁

对于砖石承重墙房屋，不均匀沉降的损害主要表现为墙体的开裂，因此常在墙内设置钢筋混凝土圈梁来增强其承受弯曲变形的能力。当墙体弯曲时，圈梁主要承受拉应力，从而弥补了砌体抗拉强度不足的弱点，增加墙体刚度，能防止出现裂缝及阻止裂缝的发展。

圈梁的设置通常是：多层房屋在基础和顶层各设置一道，其他各层可隔层设置，必要时也可层层设置；圈梁常设在窗顶或楼板下面。

对于单层工业厂房、仓库，可结合基础梁、连系梁、过梁等酌情设置。

每道圈梁设置在外墙、内纵墙和主要内横墙上，并应在平面内形成封闭系统。当开洞过大使墙体刚度削弱时，宜在削弱部位设梁，对其通过计算适当配筋，或采用构造柱及圈梁加强。

现浇的钢筋混凝土圈梁，梁的宽度一般同墙厚，梁高不应小于 120mm，混凝土强度等级不低于 C15，纵向钢筋不宜少于 4Φ8，箍筋间距不宜大于 300mm。

2. 选择合适的结构形式

选用当支座发生相对变位时不会在结构内引起很大附加应力的结构形式，如排架、三铰拱（架）等非敏感性结构。例如采用三铰门架结构作小型仓库和厂房，当基础倾斜时，上部结构内不产生次应力，可以取得较好的效果。

必须注意，采用这些结构后，还应当采取相应的防范措施，如避免用连续吊车梁及刚性屋面防水层，墙内加设圈梁等。

3. 减轻建筑物和基础的自重

在基底压力中，建筑物自重（包括基础及覆土重）所占比例很大，据估计，工业建筑物占 1/2，民用建筑物可达 3/5 以上。为此，对于软弱地基上的建筑物，减轻其自重能有效地减少沉降，同时也减少不均匀建筑的重、高部位之下的沉降。

4. 减小或调整基底附加应力

减小或调整基底附加应力的措施包括设置地下室（或半地下室）与改变基础底面尺寸等。设置地下室可利用挖取的土重补偿一部分甚至全部建筑物的质量，使基底附加应力减小，达到减小沉降的目的。有较大埋深的箱型基础或具有地下室的筏板基础便是理想的基础形式。局部地下室应设置在建筑物的重、高部位以下。如某图书馆大楼的书库比阅览室重得多，在书库下设地下室，并与阅览室用沉降缝隔断，建筑物各部分的沉降就比较均匀。对不均匀沉降要求严格的建筑物，可通过改变基础底面尺寸来获得不同的基底附加应力，以应对不均匀沉降进行调整。

5. 加强基础刚度

对建筑物体型复杂和荷载差异较大的上部结构，可采用加强基础刚度的方法。如采用箱型基础、厚度较大的筏板基础、桩箱基础以及桩筏基础等，以减少不均匀沉降。

7.11.3 施工措施

1. 遵照先建重（高）建筑，后建轻（低）建筑的程序

当拟建的相邻建筑物之间轻（低）重（高）相差悬殊时，一般应先建重（高）建筑物，后建轻（低）建筑物，有时甚至需要在重（高）建筑物竣工后，间歇一段时间，再建造轻而低的裙房建筑物。

2. 建筑物施工前使地基预先沉降

活荷载较大的建筑物，如料仓、油罐等，条件允许时，在施工前采用控制加载速率的堆载预压措施，使地基预先沉降，以减少建筑物施工后的沉降及不均匀沉降。

3. 注意沉桩、降水对相邻建筑物的影响

在拟建的密集建筑群内，若又采用桩基础的建筑物，沉桩工作应首先进行；若必须同时建造，则应采取合理的沉桩路线，以控制沉桩速率、预钻孔等方法来减轻沉桩对相邻建筑物的影响。在开挖深基坑并采用井点降水措施时，可采用坑内降水、坑外回灌，或采用能隔水的围护结构（如水泥土搅拌桩）等措施，来减轻深基坑开挖对邻近建筑物的不良影响。

4. 基坑开挖基底土的保护

基坑开挖时，要注意对坑底土的保护，特别是坑底土为淤泥和淤泥质土时，尽可能不扰动土的原状结构。通常在坑底保留 20cm 厚的原土层，待浇捣混凝土垫层时才予以挖除，以减少坑底土扰动产生的不均匀沉降。当坑底土为粉土或粉砂时，可采用坑内降水和合适的围护结构，以避免产生流砂现象。

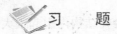

习　题

7-1　《地基规范》规定，地基基础设计时，所采用的荷载效应应按那些规定执行？

7-2　浅基础有哪些类型和特点？

7-3　地基土的冻胀性分类要考虑哪些因素？

7-4　确定基础埋深应考虑哪些因素？

7-5　什么是地基承载力特征值？确定地基承载力特征值的方法有哪些？

7-6　无筋扩展基础和扩展基础有何区别？如何进行无筋扩展基础设计？

7-7　如何进行柱下钢筋混凝土独立基础和柱下钢筋混凝土条形基础设计？

7-8　减轻不均匀沉降危害的措施有哪些？

7-9　某 25 万人口的城市，市区内某四层框架结构建筑，有采暖，采用方形基础，基底平均压力 130kPa，地面下 5m 范围内的黏性土为弱冻胀土，该地区的标准冻结深度为 2.2m，试计算在考虑冻胀的情况下，建筑物基础的最小埋深。

7-10　某条形基础宽度为 2.5m，埋深 2.0m。厂区地面以下为厚度 1.5m 的填土，$\gamma=17kN/m^3$；填土层以下为厚度 6.0m 的细砂层，$\gamma=19kN/m^3$，$c_k=0$，$\varphi_k=30°$。地下水埋深 1.0m。试根据土的抗剪强度指标计算地基承载力特征值。

7-11　某厂房采用柱下独立基础，基础尺寸 4m×6m，基础埋深为 2m，地下水位埋深 1.0m，持力层为粉质黏土（天然孔隙比为 0.8，液性指数为 0.75，天然重度为 $\gamma=18kN/m^3$），在该土层上进行三个静载荷试验，实测承载力特征值分别为 130kPa，110kPa 和 135kPa，试计算经深宽修正后的地基承载力特征值。

7-12　已知某基础宽 10m，长 20m，埋深 4m，上部结构传至基础顶面的荷载设计值为 5200kN，地下水埋深 1.5m。在持力层以下有一软弱下卧层，该层顶面距地表 6m，软弱下卧层顶面以上土的重度为，软弱下卧层经深度修正的地基承载力特征值为 130kPa。试验算该软弱下卧层的强度。

7-13　某砖墙承重建筑拟采用条形基础，埋深 1.5m，地下水埋深 1.0m，地基土层分布及主要物理力学指标见表 7-16。根据原位测试方法确定的地基承载力特征值 $f_{az}=100\mathrm{kPa}$，上部结构传来的竖向荷载设计值 $F=190\mathrm{kN/m}$。根据地基承载力要求确定基础宽度 b。

表 7-16　　　　　　　　　　　习题 7-13 附表

层序	土　名	层底深度 (m)	含水量 w (%)	天然重度 γ (kN/m³)	孔隙比 e	液性指数 I_L	黏聚力 c (kPa)	内摩擦角 φ (°)	压缩模量 E_s (MPa)
①	填土	1.00	—	18	—	—	—	—	—
②	粉质黏土	3.00	30.5	18.7	0.80	0.70	18	20	7.5
③	淤泥质黏土	7.50	48.0	17	1.38	1.20	10	11	2.5
④	砂质黏土	16.00	20.5	18.7	0.78	—	5	35	15.8

7-14　某承重砖墙厚度 240mm，上部传来的轴力标准值 $F_k=180\mathrm{kN/m}$，地基资料如图 7-32 所示。试设计此刚性基础，并验算软弱下卧层强度。

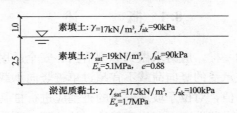

图 7-32　习题 7-14 附图

7-15　某承重墙厚 370mm，上部传来轴力设计值 $F=280\mathrm{kN/m}$，地基资料如图 7-33 所示。混凝土强度等级为 C20，采用 HPB300 钢筋，试设计此钢筋混凝土条形基础。

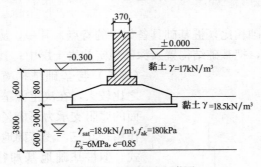

图 7-33　习题 7-15 附图

7-16　某厂房内柱传来的荷载 $F=1500\mathrm{kN}$，$M=90\mathrm{kN \cdot m}$，$V=25\mathrm{kN}$，现浇柱截面 400mm×800mm，基础埋深 2.0m，基底以上土的加权平均重度 $\gamma_m=18\mathrm{kN/m^3}$，基底处土的重度 $\gamma=18.4\mathrm{kN/m^3}$，地基承载力特征值 $f_a=200\mathrm{kPa}$，混凝土强度等级为 C20，采用 HPB300 钢筋，如图 7-34 所示。试设计此基础。

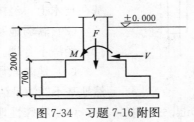

图 7-34　习题 7-16 附图

第8章　桩　基　础

　　桩基础是一种承载性能好、适用范围广、历史悠久的深基础。在学习中，本章的基本要求是掌握桩基础的分类、构造与适用条件；重点是单桩竖向承载力的确定方法，以及桩基础的设计的一般规定、设计步骤；难点是将所学知识与工程实践相结合，进行桩基础设计。最后本章还介绍了一些桩基工程质量检查和验收的内容与要求以及沉井基础和地下连续墙等其他深基础的相关知识。

8.1　概　　述

　　桩基础的设计与浅基础一样，应力求做到选型恰当、安全适用、经济合理。桩基础设计应满足下列基本条件：单桩承受的竖向荷载不宜超过单桩竖向承载力特征值，桩基础的沉降不得超过建筑物的沉降允许值，对位于坡地岸边的桩基应进行桩基稳定性验算。此外，对软土、湿陷性黄土、膨胀土、季节性冻土和岩溶等地区的地基，应按有关规范的规定考虑特殊性土对桩基的影响，并在桩基设计中采取有效措施。

　　桩基础是由桩和承台组成的深基础，见图 8-1。桩基础通过承台将桩顶部连成一个整体，共同承受上部结构荷载，并将该荷载传递给每一根桩；桩再将该荷载传递至桩侧及桩端的岩土层中去。

　　与天然地基上的浅基础相比，桩基础具备如下的特点：其一，从施工上看，桩基础须采用特定的施工机械或手段，把基础结构置入深部稳定的岩土层中；其二，桩基础的入土深度（桩长）与基础结构宽度（桩径或承台宽度）之比较大，在决定深基础的承载力时，基础侧面的摩阻支承力不能忽略，有时甚至起着主要作用；其三，浅基础地基可能有不同的破坏模式，但桩基础地基却往往只发生刺入（即冲切）剪切破坏；其四，桩基础承载力高，变形小，稳定性好，抗震性能好。

　　桩基础适用于以下情况：

　　（1）荷载较大，地基上部土层软弱，适宜的地基持力层位置较深，采用浅基础或人工地基在技术上、经济上不合理时。

　　（2）软弱地基，采用地基处理技术上不可行，经济不合理。

　　（3）地基软硬不均或荷载分布不均匀，天然地基不能满足结构物对差异沉降限制的要求。

　　（4）特殊性地基，如湿陷性黄土、季节性

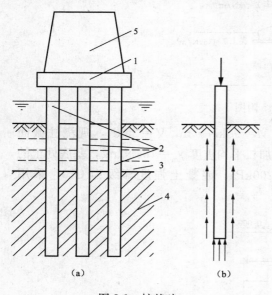

图 8-1　桩基础

1—承台；2—基桩；3—松软土层；4—持力层；5—墩身

冻土，要求采用桩基础将荷载传到深层稳定的土层。

（5）河床冲刷较大，河道不稳定或冲刷深度不易计算正确，如果采用浅基础施工困难或不能保证基础安全时。

（6）当施工水位或地下水位较高时，采用桩基础可减小施工困难和避免水下施工。

（7）地震区，在可液化地基中，采用桩基础可增加结构物的抗震能力，桩基础穿越可液化土层并伸入下部密实稳定土层，可消除或减轻地震对结构物的危害。

以上情况也可以采用其他型式的深基础，但桩基础由于耗用材料少、施工快速简便，往往是优先考虑的深基础方案。

8.2 桩 的 类 型

1. 按承台位置分

桩基础按承台位置可分为高桩承台基础和低桩承台基础，如图 8-2 所示。承台底面位于地面（或冲刷线）以上称为高承台桩基础，也称高桩承台基础；而承台全部沉入土中则称为低承台桩基础，也称低桩承台基础。高桩承台基础结构特点是基桩部分桩身埋入土中，部分桩身外露在地面以上，由于承台位置较高或设在施工水位以上，避免或减少水下作业，施工较为方便，但高桩承台基础刚度较小，在水平力作用下，由于承台及基桩露出地面的一段自由长度，而周围又无土体来共同承受水平外力，基桩的受力情况较为不利，桩身内力和位移都将大于在同样水平外力作用下的低桩承台基础，稳定性方面低桩承台基础也较高桩承台基础好。

2. 按承载性状分

（1）摩擦型桩。摩擦桩：在承载能力极限状态下，桩顶竖向荷载由桩侧阻力承受，桩端阻力小到可忽略不计；端承摩擦桩：在承载能力极限状态下，桩顶竖向荷载主要由桩侧阻力承受，如图 8-3 所示。

（2）端承型桩。端承桩：在承载能力极限状态下，桩顶竖向荷载由桩端阻力承受，桩侧阻力小到可忽略不计；摩擦端承桩：在承载能力极限状态下，桩顶竖向荷载主要由桩端阻力承受，如图 8-3 所示。

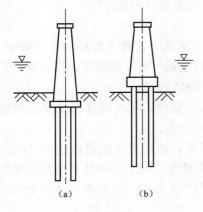

图 8-2 高桩承台和低桩承台
（a）低桩承台；（b）高桩承

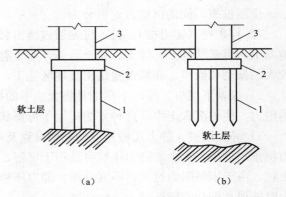

图 8-3 端承型桩与摩擦型桩
（a）端承型桩；（b）摩擦型桩
1—桩；2—承台；3—上部结构

3. 按成桩方法分

（1）非挤土桩：干作业法钻（挖）孔灌注桩、泥浆护壁法钻（挖）孔灌注桩、套管护壁法钻（挖）孔灌注桩。

（2）部分挤土桩：长螺旋压灌灌注桩、冲孔灌注桩、钻孔挤扩灌注桩、搅拌劲芯桩、预钻孔打入（静压）预制桩、打入（静压）式敞口钢管桩、敞口预应力混凝土空心桩和 H 型钢桩。

（3）挤土桩：沉管灌注桩、沉管夯（挤）扩灌注桩、打入（静压）预制桩、闭口预应力混凝土空心桩和闭口钢管桩。

4. 按桩径（设计直径 d）大小分类

（1）小直径桩：$d \leqslant 250\text{mm}$。

（2）中等直径桩：$250\text{mm} < d < 800\text{mm}$。

（3）大直径桩：$d \geqslant 800\text{mm}$。

5. 按桩身材料分

按组成桩身材料可分为木桩，钢筋混凝土桩和钢桩。

（1）木桩。木桩是古老的预制桩，它常由松木、杉木等制成。其直径一般为 $160 \sim 260\text{mm}$，桩长一般为 $4 \sim 6\text{m}$。木桩的优点是自重小，加工制作、运输、沉桩方便，但它具有承载力低、材料来源困难等缺点，目前已不大采用，只有在临时性小型工程中使用。

（2）钢筋混凝土桩。钢筋混凝土预制桩，常做成实心的方形、圆形或空心管桩。预制长度一般不超过 12m，当桩长超过一定长度后，在沉桩过程中需要接桩。

钢筋混凝土灌注桩的优点是承载力大，不受地下水位的影响，已广泛地应用到各种工程中。

（3）钢桩。用各种型钢做成的桩，常见的有钢管和工字型钢。钢桩的优点是承载力高，运输、吊桩和沉桩方便，但具有耗钢量大、成本高、锈蚀等缺点，适用于大型、重型设备基础。目前我国最大的钢管桩达 88m。

6. 按施工方法分

（1）预制桩。预制桩施工方法是把预先制作好的桩（主要是钢筋混凝土、预应力混凝土实心桩、管桩、钢桩或木桩），用各种机械设备把它沉入地基至设计标高。

预制桩按不同的沉桩方式可分为：

1）打入桩（锤击桩）。打入桩是通过锤击将预制桩沉入地基，这种方法适用桩径较小，地基土为可塑状黏土、砂土、粉土地基，对于有大量漂卵石地基，施工较困难，打入桩伴有较大的振动和噪声，在城市建筑密集地区施工，须考虑对环境的影响。

2）振动下沉桩。振动下沉桩是将大功率的振动器安装在桩顶，利用振动以减少土对桩的阻力，使桩沉入土中。这种方法适用于可塑状的黏性土和砂土。

3）静力压桩。静力压桩是借助桩架自重及桩架上的压重，通过液压或滑轮组提供的静力将预制桩压入土中。静力压桩可适用于可塑、软塑性的黏性土，对于砂土及其他较坚硬的土层，由于压桩阻力过大，不宜采用。静力压桩在施工过程中无振动，无噪声，并能避免锤击时桩顶及桩身的破坏。

预制桩按材料可分为钢桩、钢筋混凝土预制桩、预应力管桩。其中，预应力管桩因强度高，施工时可接桩，在工程中广泛使用。

（2）灌注桩。灌注桩是在现场地基钻、挖孔，然后浇筑钢筋混凝土或混凝土而形成的桩。灌注桩按成孔方式可分为以下几种：

1）钻孔灌注桩。钻孔灌注桩是在预定桩位，用钻孔机械排土成孔，然后在孔中放入钢筋骨架，灌注混凝土而形成的桩。钻孔灌注桩的施工设备简单，操作方便，适用于各种黏性土、砂土地基，也适用于碎卵石土和岩层地基。

2）挖孔灌注桩。依靠人工（用部分机械配合）或机械在地基中挖出桩孔，然后浇筑钢筋混凝土或混凝土所形成的桩称为挖孔灌注桩。其特点是不受设备限制，施工简要，场区各桩可同时施工。挖孔桩桩径要求要大于 1.4m，以便直接观察地层情况，保证孔底清孔的质量。为确保施工安全，挖孔深度不宜太深。挖孔灌注桩一般适用于无水或渗水量较小的地层，对可能发生流沙或较厚的软黏土地基，施工较困难。挖孔桩能直接检验孔壁和孔底土质以保证桩的质量，同时为增大桩底支承力，可用开挖办法扩大桩底。

3）冲孔灌注桩。利用钻锥不断地提锥、落锥反复冲去孔底土层，把土层中的泥砂，石块挤向四周或打成碎渣，利用掏渣筒取出，形成冲击钻孔。冲击钻孔适用于含有漂卵石、大块石的土层及岩层，成孔深度一般不超过 50m。

4）沉管灌注桩。用捶击或振动的方法把带有钢筋混凝土的桩尖或带有活瓣式桩尖的钢套管沉入土层中成孔，然后在套管内放置钢筋骨架，并边灌混凝土边拔套管而形成的灌注桩，也可将钢套管打入土中成孔后向套管中灌注混凝土并拔出套管成桩。沉管灌注桩适用于黏性土、砂性土、砂土地基。由于采用了套管，可以避免钻孔灌桩施工中可能产生的流砂，塌孔的危害和由泥浆护壁所带来的排渣等弊病，但桩径较小。在黏性土中，由于沉管的排土挤压作用对邻桩有挤压影响，挤压产生的孔隙水压力易使拔管时出现混凝土缩颈现象。

【小贴士】
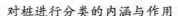

对桩进行分类的内涵与作用

桩径的大小影响桩的承载力发挥，随着桩径的增大，成孔造成的桩侧、桩端土的松弛效应增大，导致大直径桩侧阻力和端阻力明显降低。具体设计中，桩径的大小和配筋率有关，一般情况下，大直径桩取低值，小直径桩取高值。

按桩的承载形状划分有以下几方面作用：

（1）依据基桩竖向承载形状合理配筋，端承桩应通长配镜；

（2）是否考虑承台效应，端承桩不能考虑承台效应，摩擦桩在一定条件下可考虑承台效应；

（3）计算负摩阻力引起的下拉荷载；

（4）制定灌注桩沉渣控制标准和预制桩锤击和静压终止标准等。

按成桩方法划分的意义在于：有无挤土效应，涉及桩选型、布桩和成桩过程质量控制。成桩过程的挤土效应在饱和黏性土中是负面的，会引发灌注桩断桩、缩颈等质量事故。对于挤土预制混凝土桩和钢桩会导致桩体上浮或倾斜，降低承载力，增大沉降；挤土效应还会造成周边房屋、市政设施受损；在松散土和非饱和填土中则是正面的，会起到加密土体、提高承载力的作用。对于非挤土桩，由于其既不存在挤土负面效应，又具有穿越各种硬夹层、嵌岩和进入各类硬持力层的能力、桩的几何尺寸和单桩的承载力可调空间大等特点。因此使用范围大，尤其高重建筑物更为合适。

8.3 桩 的 承 载 力

桩的承载力是设计桩基础的关键。单桩的竖向承载力是指竖直单桩在轴向外荷载作用下，不丧失稳定、不产生过大变形时的最大荷载值。其主要由两个方面来确定，即桩身结构的承载力和土对桩的支承力。主要方法有静载荷试验法、原位测试法、经验参数法等。

8.3.1 单桩竖向极限承载力一般规定

（1）设计采用的单桩竖向极限承载力标准值应符合下列规定：

1）设计等级为甲级的建筑桩基，应通过单桩静载试验确定。

2）设计等级为乙级的建筑桩基，当地质条件简单时，可参照地质条件相同的试桩资料，结合静力触探等原位测试和经验参数综合确定；其余均应通过单桩静载试验确定。

3）设计等级为丙级的建筑桩基，可根据原位测试和经验参数确定。

（2）单桩竖向极限承载力标准值、极限侧阻力标准值和极限端阻力标准值应按下列规定确定：

1）单桩竖向静载试验应按现行行业标准《建筑基桩检测技术规范》（JGJ 106—2003）执行。

2）对于大直径端承型桩，也可通过深层平板（平板直径应与孔径一致）载荷试验确定极限端阻力。

3）对于嵌岩桩，可通过直径为 0.3m 岩基平板载荷试验确定极限端阻力标准值，也可通过直径为 0.3m 嵌岩短墩载荷试验确定极限侧阻力标准值和极限端阻力标准值。

4）桩的极限侧阻力标准值和极限端阻力标准值宜通过埋设桩身轴力测试元件由静载试验确定。并通过测试结果建立极限侧阻力标准值和极限端阻力标准值与土层物理指标、岩石饱和单轴抗压强度以及与静力触探等土的原位测试指标间的经验关系，以经验参数法确定单桩竖向极限承载力。

8.3.2 单桩竖向静载荷试验

静载荷试验是评价单桩承载力最为直观和可靠的方法，它除了考虑地基的支承能力外，也计入了桩身材料对承载力的影响。

对于灌注桩，应在桩身强度达到设计强度后方能进行静载荷试验。对于预制桩，由于沉桩扰动强度下降有待恢复，因此在砂土中沉桩 7 天后，黏性土中沉桩 15 天后，饱和软黏土中沉桩 25 天后才能进行静载试验。

静载荷试验时，加荷分级不应小于 8 级，每级加载量宜为预估限荷载的 1/8～1/10。

测读桩沉降量的间隔时间为：每级加载后，第 5、10、15min 时各测读一次，以后每15min 测读一次，累计一小时后每隔半小时测读一次。

在每级荷载作用下，桩的沉降量连续两次在每小时内小于 0.1mm 时可视为稳定，稳定后即可加下一级荷载。

符合下列条件之一时可终止加载：

（1）当荷载—沉降曲线上有可判断极限承载力的陡降段，且桩顶总沉降量超过 40mm。

（2）后一级荷载产生的沉降量超过前一级荷载沉降增量的 2 倍，且 24h 尚未达到稳定。

（3）桩长 25m 以上的非嵌岩桩，荷载—沉降曲线呈现缓变型时，桩顶总沉降量大于 60～80mm。

（4）在特殊条件下，可根据具体要求加载至桩顶总沉降量大于 100mm。

卸载时，每级卸载值为加载值的两倍，卸载后隔 15min 测读一次桩顶百分表读数，读二次后，隔半小时再读一次，即可卸下一级荷载。全部卸载后，隔 3～4h 再测读一次桩顶百分表读数。

单桩竖抽权限承载力可以根据荷载沉降（$Q\text{-}s$）曲线，按下列方法确定：

（1）当陡降段明显时，取相应于陡降段起点的荷载值为极限承载力；

（2）当 $Q\text{-}s$ 曲线呈缓变型时，取桩顶总沉降量 $s=40\text{mm}$ 所对应的荷载作为极限承载力。

（3）当试验过程中，因最后一级荷载 24h 尚未终止加载时，取前一级荷载为极限承载力。

（4）按上述方法判断极限承载力有困难时，可取沉降—时间（$s\text{-}\lg t$）曲线尾部出现明显下弯曲的前一级荷载作为极限承载力。

（5）对桩基沉降有特殊要求时，应根据具体情况选取极限承载力。

8.3.3 原位测试法

（1）当根据单桥探头静力触探资料确定混凝土预制桩单桩竖向极限承载力标准值时，如无当地经验，可按下式计算

$$Q_{uk} = Q_{sk} + Q_{pk} = u \sum q_{sik} l_i + \alpha p_{sk} A_p \tag{8-1}$$

当 $p_{sk1} \leqslant p_{sk2}$ 时

$$p_{sk} = \frac{1}{2}(p_{sk1} + \beta \cdot p_{sk2}) \tag{8-2}$$

当 $p_{sk1} > p_{sk2}$ 时

$$p_{sk} = p_{sk2} \tag{8-3}$$

式中　Q_{sk}，Q_{pk}——总极限侧阻力标准值和总极限端阻力标准值；

　　　　u——桩身周长；

　　　　q_{sik}——用静力触探比贯入阻力值估算的桩周第 i 层土的极限侧阻力；

　　　　l_i——桩周第 i 层土的厚度；

　　　　α——桩端阻力修正系数，可按表 8-1 取值；

　　　　p_{sk}——桩端附近的静力触探比贯入阻力标准值（平均值）；

　　　　A_p——桩端面积；

　　　　p_{sk1}——桩端全截面以上 8 倍桩径范围内的比贯入阻力平均值；

　　　　p_{sk2}——桩端全截面以下 4 倍桩径范围内的比贯入阻力平均值，如桩端持力层为密实的砂土层，其比贯入阻力平均值 p_s 超过 20MPa 时，则需乘以表 8-2 中系数 C 予以折减后，再计算 p_{sk2} 及 p_{sk1} 值；

　　　　β——折减系数，按表 8-3 选用。

表 8-1　　　　　　　　　　　　桩端阻力修正系数 α 值

桩长（m）	$l < 15$	$15 \leqslant l \leqslant 30$	$30 < l \leqslant 60$
α	0.75	0.75～0.90	0.90

注　桩长 $15 \leqslant l \leqslant 30\text{m}$，$\alpha$ 值按 l 值直线内插；l 为桩长（不包括桩尖高度）。

表 8-2

系　数　C

p_s (MPa)	20～30	35	>40
系数 C	5/6	2/3	1/2

表 8-3

折　减　系　数　β

p_{sk2}/p_{sk1}	≤5	7.5	12.5	≥15
$β$	1	5/6	2/3	1/2

注　表 8-2、表 8-3 可内插取值。

q_{sk}-p_s 曲线如图 8-4 所示，图中 q_{sik} 值应结合土工试验资料，依据土的类别、埋藏深度、排列次序、按图 8-4 折线取值；图 8-4 中，直线 A（线段 gh）适用于地表下 6m 范围内土层；折线 B（线段 $oabc$）适用于粉土及砂土土层以上（或无粉土及砂土土层地区）的黏性土；折线 C（线段 $odef$）适用于粉土及砂土土层以下黏性土；折线 D（线段 oef）适用于粉土、粉砂、细砂及中砂。

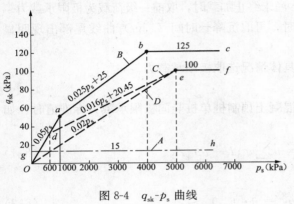

图 8-4　q_{sk}-p_s 曲线

p_{sk} 为桩端穿过的中密～密实砂土、粉土的比贯入阻力平均值；p_{sl} 为砂土、粉土的下卧软土层比贯入阻力平均值。

采用的单桥探头，圆锥底面积为 15cm²，底部带 7cm 高滑套，锥角 60°。

当桩端穿过粉土、粉砂、细砂及中砂层底面时，折线 D 估算的 q_{sik} 值需乘以表 8-4 中系数 η_s 值。

表 8-4

系　数　η_s　值

p_{sk}/p_{sl}	≤5	7.5	≥10
η_s	1.00	0.50	0.33

（2）当根据双桥探头静力触探资料确定混凝土预制桩单桩竖向极限承载力标准值时，对于黏性土、粉土和砂土，如无当地经验时可按下式计算

$$Q_{uk} = Q_{sk} + Q_{pk} = u\sum l_i \cdot \beta_i \cdot f_{si} + \alpha \cdot q_c \cdot A_p \qquad (8\text{-}4)$$

式中　f_{si}——第 i 层土的探头平均侧阻力，kPa；

q_c——桩端平面上、下探头阻力，取桩端平面以上 4d（d 为桩的直径或边长）范围内按土层厚度的探头阻力加权平均值，kPa，然后再和桩端平面以下 1d 范围内的探头阻力进行平均；

α——桩端阻力修正系数，对于黏性土、粉土取 2/3，饱和砂土取 1/2；

β_i——第 i 层土桩侧阻力综合修正系数，黏性土、粉土：$\beta_i = 10.04(f_{si})^{-0.55}$；砂土：$\beta_i = 5.05(f_{si})^{-0.45}$。

双桥探头的圆锥底面积为 15cm²，锥角 60°，摩擦套筒高 21.85cm，侧面积 300cm²。

8.3.4　经验参数法

（1）当根据土的物理指标与承载力参数之间的经验关系确定单桩竖向极限承载力标准值时，宜按下式估算

$$Q_{uk} = Q_{sk} + Q_{pk} = u\sum q_{sik}l_i + q_{pk}A_p \qquad (8\text{-}5)$$

式中　q_{sik}——桩侧第 i 层土的极限侧阻力标准值，如无当地经验时，可按表 8-5 取值；

　　　q_{pk}——极限端阻力标准值，如无当地经验时，可按表 8-6 取值。

表 8-5　　　　　　　　　　　桩的极限侧阻力标准值 q_{sik}　　　　　　　　　　单位：kPa

土的名称	土的状态		混凝土预制桩	泥浆护壁钻（冲）孔桩	干作业钻孔桩
填土			22～30	20～28	20～28
淤泥			14～20	12～18	12～18
淤泥质土			22～30	20～28	20～28
黏性土	流塑	$I_L>1$	24～40	21～38	21～38
	软塑	$0.75<I_L\leqslant1$	40～55	38～53	38～53
	可塑	$0.50<I_L\leqslant0.75$	55～70	53～68	53～66
	硬可塑	$0.25<I_L\leqslant0.50$	70～86	68～84	66～82
	硬塑	$0<I_L\leqslant0.25$	86～98	84～96	82～94
	坚硬	$I_L\leqslant0$	98～105	96～102	94～104
红黏土	$0.7<a_w\leqslant1$		13～32	12～30	12～30
	$0.5<a_w\leqslant0.7$		32～74	30～70	30～70
粉土	稍密	$e>0.9$	26～46	24～42	24～42
	中密	$0.75\leqslant e\leqslant0.9$	46～66	42～62	42～62
	密实	$e<0.75$	66～88	62～82	62～82
粉细砂	稍密	$10<N\leqslant15$	24～48	22～46	22～46
	中密	$15<N\leqslant30$	48～66	46～64	46～64
	密实	$N>30$	66～88	64～86	64～86
中砂	中密	$15<N\leqslant30$	54～74	53～72	53～72
	密实	$N>30$	74～95	72～94	72～94
粗砂	中密	$15<N\leqslant30$	74～95	74～95	76～98
	密实	$N>30$	95～116	95～116	98～120
砾砂	稍密	$5<N_{63.5}\leqslant15$	70～110	50～90	60～100
	中密（密实）	$N_{63.5}>15$	116～138	116～130	112～130
圆砾、角砾	中密、密实	$N_{63.5}>10$	160～200	135～150	135～150
碎石、卵石	中密、密实	$N_{63.5}>10$	200～300	140～170	150～170
全风化软质岩		$30<N\leqslant50$	100～120	80～100	80～100
全风化硬质岩		$30<N\leqslant50$	140～160	120～140	120～150
强风化软质岩		$N_{63.5}>10$	160～240	140～200	140～220
强风化硬质岩		$N_{63.5}>10$	220～300	160～240	160～260

注　1. 对于尚未完成自重固结的填土和以生活垃圾为主的杂填土，不计算其侧阻力；

　　2. a_w 为含水比，$a_w=w/w_L$，w 为土的天然含水量，w_L 为土的液限；

　　3. N 为标准贯入击数；$N_{63.5}$ 为重型圆锥动力触探数；

　　4. 全风化、强风化软质岩和全风化、强风化硬质岩是指其母岩分别为 $f_{rk}\leqslant15$MPa、$f_{rk}>30$MPa 的岩石。

表 8-6　桩的极限端阻力标准值 q_{pk}

单位：kPa

桩型（混凝土预制桩、泥浆护壁钻（冲）孔桩、干作业钻孔桩）

土名称	土的状态	混凝土预制桩桩长 l (m)				泥浆护壁钻（冲）孔桩桩长 l (m)				干作业钻孔桩桩长 l (m)		
		$l\leqslant 9$	$9<l\leqslant 16$	$16<l\leqslant 30$	$l>30$	$5\leqslant l<10$	$10\leqslant l<15$	$15\leqslant l<30$	$30\leqslant l$	$5\leqslant l<10$	$10\leqslant l<15$	$15\leqslant l$
黏性土	软塑 $0.75<I_L\leqslant 1$	210~850	650~1400	1200~1800	1300~1900	150~250	250~300	300~450	300~450	200~400	400~700	700~950
	可塑 $0.50<I_L\leqslant 0.75$	850~1700	1400~2200	1900~2800	2300~3600	350~450	450~600	600~750	750~800	500~700	800~1100	1000~1600
	硬可塑 $0.25<I_L\leqslant 0.50$	1500~2300	2300~3300	2700~3600	3600~4400	800~900	900~1000	1000~1200	1200~1400	850~1100	1500~1700	1700~1900
	硬塑 $0<I_L\leqslant 0.25$	2500~3800	3800~5500	5500~6000	6000~6800	1100~1200	1200~1400	1400~1600	1600~1800	1600~1800	2200~2400	2600~2800
粉土	中密 $0.75\leqslant e\leqslant 0.9$	950~1700	1400~2100	1900~2700	2500~3400	300~500	500~650	650~750	750~850	800~1200	1200~1400	1400~1600
	密实 $e<0.75$	1500~2600	2100~3000	2700~3600	3600~4400	650~900	750~950	900~1100	1100~1200	1200~1700	1400~1900	1600~2100
粉砂	稍密 $10<N\leqslant 15$	1000~1600	1500~2300	1900~2700	2100~3000	350~500	450~600	600~700	650~750	500~950	1300~1600	1500~1700
	中密、密实 $N>15$	1400~2200	2100~3000	3000~4500	3800~5500	600~750	750~900	900~1100	1100~1200	900~1000	1700~1900	1700~1900
细砂	中密、密实 $N>15$	2500~4000	3600~5000	4400~6000	5300~7000	650~850	900~1200	1200~1500	1500~1800	1200~1600	2000~2400	2400~2700
中砂	中密、密实 $N>15$	4000~6000	5500~7000	6500~8000	7500~9000	850~1050	1100~1500	1500~1900	1900~2100	1800~2400	2800~3800	3600~4400
粗砂	中密、密实 $N>15$	5700~7500	7500~8500	8500~10 000	9500~11 000	1500~1800	2100~2400	2400~2600	2600~2800	2900~3600	4000~4600	4600~5200
砾砂	$N>15$		6000~9500	9000~10 500			1400~2000	2000~3200			3500~5000	
角砾、圆砾	中密、密实 $N_{63.5}>10$		7000~10 000	9500~11 500			1800~2200	2200~3600			4000~5500	
碎石、卵石	中密、密实 $N_{63.5}>10$		8000~11 000	10 500~13 000			2000~3000	3000~4000			4500~6500	
全风化软质岩	$30<N\leqslant 50$			4000~6000				1000~1600			1200~2000	
全风化硬质岩	$30<N\leqslant 50$			5000~8000				1200~2000			1400~2400	
强风化软质岩	$N_{63.5}>10$			6000~9000				1400~2200			1600~2600	
强风化硬质岩	$N_{63.5}>10$			7000~11 000				1800~2800			2000~3000	

注
1. 砂土和碎石类土中桩的极限端阻力取值，宜综合考虑土的密实度，桩端进入持力层的深径比 h_b/d，土愈密实，h_b/d 愈大，取值愈高。
2. 预制桩的岩石极限端阻力指桩端支承于中、微风化基岩表面或进入强风化岩、软质岩，软质岩一定深度条件下极限端阻力。
3. 全风化、强风化软质岩和全风化、强风化硬质岩指其母岩分别为 $f_{rk}\leqslant 15\text{MPa}$、$f_{rk}>30\text{MPa}$ 的岩石。

（2）根据土的物理指标与承载力参数之间的经验关系，确定大直径桩单桩极限承载力标准值时，可按下式计算

$$Q_{uk} = Q_{sk} + Q_{pk} = u \sum \psi_{si} q_{sik} l_i + \psi_p q_{pk} A_p \tag{8-6}$$

式中　q_{sik}——桩侧第 i 层土极限侧阻力标准值，如无当地经验值时，可按表 8-5 取值，对于扩底桩变截面以上 $2d$ 长度范围不计侧阻力。

　　　q_{pk}——桩径为 800mm 的极限端阻力标准值，对于干作业挖孔（清底干净）可采用深层载荷板试验确定；当不能进行深层载荷板试验时，可按表 8-7 取值。

　ψ_{si}，ψ_p——大直径桩侧阻、端阻尺寸效应系数，按表 8-8 取值。

　　　u——桩身周长，当人工挖孔桩桩周护壁为振捣密实的混凝土时，桩身周长可按护壁外直径计算。

表 8-7　　　　　　干作业挖孔桩（清底干净，$D=800$mm）**极限端阻力标准值 q_{pk}**　　　单位：kPa

土名称		状　态		
黏性土		$0.25 < I_L \leq 0.75$	$0 < I_L \leq 0.25$	$I_L \leq 0$
		$800 \sim 1800$	$1800 \sim 2400$	$2400 \sim 3000$
粉土			$0.75 \leq e \leq 0.9$	$e < 0.75$
			$1000 \sim 1500$	$1500 \sim 2000$
		稍密	中密	密实
砂土碎石类土	粉砂	$500 \sim 700$	$800 \sim 1100$	$1200 \sim 2000$
	细砂	$700 \sim 1100$	$1200 \sim 1800$	$2000 \sim 2500$
	中砂	$1000 \sim 2000$	$2200 \sim 3200$	$3500 \sim 5000$
	粗砂	$1200 \sim 2200$	$2500 \sim 3500$	$4000 \sim 5500$
	砾砂	$1400 \sim 2400$	$2600 \sim 4000$	$5000 \sim 7000$
	圆砾、角砾	$1600 \sim 3000$	$3200 \sim 5000$	$6000 \sim 9000$
	卵石、碎石	$2000 \sim 3000$	$3300 \sim 5000$	$7000 \sim 11\,000$

注　1. 当桩进入持力层的深度 h_b 分别为：$h_b \leq D$，$D < h_b \leq 4D$，$h_b > 4D$ 时，q_{pk} 可相应取低、中、高值。
　　2. 砂土密实度可根据标贯击数判定，$N \leq 10$ 为松散，$10 < N \leq 15$ 为稍密，$15 < N \leq 30$ 为中密，$N > 30$ 为密实。
　　3. 当桩的长径比 $l/d \leq 8$ 时，q_{pk} 宜取较低值。
　　4. 当对沉降要求不严时，q_{pk} 可取高值。

表 8-8　　　　　大直径灌注桩侧阻尺寸效应系数 ψ_{si}、端阻尺寸效应系数 ψ_p

土类型	黏性土、粉土	砂土、碎石类土
ψ_{si}	$(0.8/d)^{1/5}$	$(0.8/d)^{1/3}$
ψ_p	$(0.8/D)^{1/4}$	$(0.8/D)^{1/3}$

8.3.5　单桩竖向承载力特征值 R_a

根据《建筑桩基技术规范》（JGJ 94—2008）采用综合安全系数 $K=2$ 取代原规范的荷载分项系数和抗力分项系数，从而使桩基安全度比原规范有所提高。

单桩竖向承载力特征值按下式确定

$$R_a = \frac{Q_{uk}}{K} \tag{8-7}$$

式中　R_a——单桩竖向承载力特征值；

Q_{uk}——单桩竖向极限承载力标准值，即由前面介绍的静力载荷试验、静力触探、经验参数法确定。

【例 8-1】 某场区从天然地面起往下的土层分布是：粉质黏土，厚度 $l_1=3m$，$q_{s1k}=24kPa$；粉土，厚度 $l_2=6m$，$q_{s2k}=20kPa$；中密的中砂，$q_{s3k}=30kPa$，$q_{pk}=2600kPa$。现采用截面边长为 $350mm \times 350mm$ 的预制桩，承台底面在天然地面以下 $1.0m$，桩端进入中密中砂的深度为 $1.0m$，试根据经验参数法确定单桩承载力特征值。

解 根据式（8-5），得

$$Q_{uk} = u \sum q_{sik} l_i + q_{pk} A_p$$
$$= 4 \times 0.35 \times (24 \times 2 + 20 \times 6 + 30 \times 1) + 2600 \times 0.35 \times 0.35$$
$$= 595.7kN$$

$$R_a = \frac{Q_{uk}}{K} = \frac{595.7}{2} = 297.9kN$$

8.4 桩基础设计

桩基础的设计与浅基础一样，应力求做到选型恰当、安全适用、经济合理。从保证安全的角度出发，桩基础应有足够的强度、刚度和耐久性。故桩基础设计应满足下列基本条件：单桩承受的竖向荷载不宜超过单桩竖向承载力特征值，桩基础的沉降不得超过建筑物的沉降允许值，对位于坡地岸边的桩基应进行桩基稳定性验算。此外，对软土、湿陷性黄土、膨胀土、季节性冻土和岩溶等地区的桩基，应按有关规范的规定考虑特殊性土对桩基的影响，并在桩基设计中采取有效措施。

8.4.1 基本设计规定

桩基础应按下列两类极限状态设计：

（1）承载能力极限状态。桩基达到最大承载能力、整体失稳或发生不适于继续承载的变形。

（2）正常使用极限状态。桩基达到建筑物正常使用所规定的变形限值或达到耐久性要求的某项限值。

8.4.2 桩基的设计等级及建筑类型

根据建筑规模、功能特征、对差异变形的适应性、场地地基和建筑物体型的复杂性以及由于桩基问题可能造成建筑破坏或影响正常使用的程度，应将桩基设计分为三个设计等级见表 8-9。桩基设计时，应确定设计等级。

表 8-9 建筑桩基设计等级

设计等级	建筑类型
甲级	（1）重要的建筑； （2）30 层以上或高度超过 100m 的高层建筑； （3）体型复杂且层数相差超过 10 层的高低层（含纯地下室）连体建筑； （4）20 层以上框架—核心筒结构及其他对差异沉降有特殊要求的建筑； （5）场地和地基条件复杂的 7 层以上的一般建筑及坡地、岸边建筑； （6）对相邻既有工程影响较大的建筑
乙级	除甲级、丙级以外的建筑
丙级	场地和地基条件简单、荷载分布均匀的 7 层及 7 层以下的一般建筑

8.4.3 桩基础的设计步骤和内容

1. 桩基础的设计步骤和内容

(1) 进行调查研究，场地勘察，收集有关设计资料。

(2) 综合地质勘察报告、荷载情况、使用要求、上部结构条件等确定持力层。

(3) 确定桩的类型、外形尺寸和构造。

(4) 确定单桩承载力特征值。

(5) 根据上部结构荷载情况，初拟桩的数量和平面布置。

(6) 根据桩平面布置，初拟承台尺寸及承台底标高。

(7) 单桩承载力验算。

(8) 验算桩基的沉降量。

(9) 绘制桩和承台的结构及施工详图。

2. 收集设计资料

桩基础设计资料包括建筑物上部结构的情况结构形式、平面布置、荷载大小、结构构造、使用要求等；工程地质勘察资料；建筑场地与环境的有关资料；施工条件的有关资料如沉桩设备、动力设备等；当地使用桩基础的经验。

3. 选择桩型、桩长和截面尺寸

桩基础设计时，首先应根据建筑物的结构类型、荷载条件、地质条件、施工能力和环境限制（噪声、震动、对周围建筑物地基的影响等）选择桩的类型，如城市中不宜选用的挤土桩，在深厚软土中不宜采用大片密集有挤土效应的桩基，可考虑用挤土效应软弱的桩端口的预应力混凝土管桩或钻孔灌注桩等非挤土桩。

桩长主要取决于桩端持力层的选择。桩端最好进入坚硬土层或岩层，采用端承桩的型式。当坚硬土层埋藏很深时，则宜采用摩擦桩，但桩端也应尽量达到压缩性较低、强度中等的土层（持力土）。桩端进入持力层的深度宜为桩身直径的 $1\sim3$ 倍，嵌岩桩嵌入完整或较完整的未风化、微风化、中风化硬质岩体的最小深度为 $0.5\mathrm{m}$ 且不宜小于 $0.4d$，确保桩端与岩体面接触。若持力层下有软弱下卧层时，桩端以下硬持力层厚度不宜小于 3 倍桩径，否则端承力将降低甚至丧失。

桩的截面尺寸应与桩长相适应，桩的长径比主要根据桩身不产生压屈失稳及考虑施工现场条件来确定。对预制桩而言，摩擦桩长径比不宜大于 100；端承桩或摩擦桩需穿越一定厚度的硬土层，起长径比不宜大于 80。对灌注而言，端承桩的长径比不宜大于 60，当穿越淤泥、自重湿陷性黄土时不宜大于 40，摩擦桩的长径比不受限制。当有保证桩身质量的可靠措施和成熟经验时，长径比可适当增大。

4. 确定桩数和桩位平面布置

(1) 桩数的确定。承台下桩的数量可按以下公式确定：

轴心竖向力作用下

$$n \geqslant \frac{F_k + G_k}{R_a} \tag{8-8}$$

偏心竖向力作用下 $\qquad n \geqslant \mu \dfrac{F_k + G_k}{R_a}$ (8-9)

式中 F_k——相应于荷载效应标准组合时，作用于桩基承台顶面的竖向力，kN；

G_k——桩基承台自重及承台上土重标准值，kN；

n——桩基中的桩数；

R_a——单桩竖向承载力特征值 kN；

μ——考虑偏心荷载的增大系数。一般取 $1.1\sim1.2$。

（2）桩的平面布置。桩的中心距不小于桩径的 3 倍，以减少摩擦桩侧阻力的叠加效应，但也不宜大于桩径的 6 倍，避免承台过大。基桩的最小中心距应符合表 8-10 的规定；当施工中采取减小挤土效应的可靠措施时，可根据当地经验适当减小。

表 8-10　　　　　　　　　　　　　桩的最小中心距

土类与成桩工艺		排数不少于 3 排且桩数不少于 9 根的摩擦型桩桩基	其他情况
非挤土灌注桩		$3.0d$	$3.0d$
部分挤土桩		$3.5d$	$3.0d$
挤土桩	非饱和土	$4.0d$	$3.5d$
	饱和黏性土	$4.5d$	$4.0d$
钻、挖孔扩底桩		$2D$ 或 $D+2.0$m（当 $D>2$m）	$1.5D$ 或 $D+1.5$m（当 $D>2$m）
沉管夯扩、钻孔挤扩桩	非饱和土	$2.2D$ 且 $4.0d$	$2.0D$ 且 $3.5d$
	饱和黏性土	$2.5D$ 且 $4.5d$	$2.2D$ 且 $4.0d$

注 d—圆桩直径或方桩边长；D—扩大端设计直径。

布桩时要使长期荷载的全力作用点与桩群形心尽可能接近，减少偏心荷载；要尽量对结构受力有利，如对墙体落地的结构宜沿墙下布桩；尽量使桩基在承受水平力和力矩较大的方向有较大的断面抵抗矩，如承台的长边与力矩较大的平面取得一致。

5. 桩基承载力验算

（1）桩顶竖向力的计算。

应按下式计算群桩中的基桩或复合基桩的桩顶作用效应

轴心竖向力作用下

$$N_k = \frac{F_k + G_k}{n} \tag{8-10}$$

偏心竖向力作用下

$$N_{ik} = \frac{F_k + G_k}{n} \pm \frac{M_{xk}y_i}{\sum y_j^2} \pm \frac{M_{yk}x_i}{\sum x_j^2} \tag{8-11}$$

$$N_{k,max} = \frac{F_k + G_k}{n} + \frac{M_{xk}y_{max}}{\sum y_j^2} + \frac{M_{yk}x_{max}}{\sum x_j^2} \tag{8-12}$$

式中　　　　F_k——荷载效应标准组合下，作用于承台顶面的竖向力；

G_k——桩基承台和承台上土自重标准值，对稳定的地下水位以下部分应扣除水的浮力；

N_k——荷载效应标准组合轴心竖向力作用下，基桩或复合基桩的平均竖向力；

N_{ik}——荷载效应标准组合偏心竖向力作用下，第 i 基桩或复合基桩的竖向力；

N_{kmax}——荷载效应标准组合偏心竖向力作用下，单桩的最大竖向力；

M_{xk}, M_{yk}——荷载效应标准组合下，作用于承台底面，绕通过桩群形心的 x、y 主轴的力矩；

x_i，x_j，y_i，y_j——第 i，j 基桩或复合基桩至 y，x 轴的距离；

　　　　　　　n——桩基中的桩数。

（2）桩顶竖向承载力的验算。

轴心竖向力作用下

$$N_k \leqslant R \tag{8-13}$$

偏心竖向力作用下除满足上式外，尚应满足下式的要求

$$N_{kmax} \leqslant 1.2R \tag{8-14}$$

式中　N_k——荷载效应标准组合轴心竖向力作用下，基桩或复合基桩的平均竖向力；

　　　N_{kmax}——荷载效应标准组合偏心竖向力作用下，桩顶最大竖向力；

　　　R——基桩或复合基桩竖向承载力特征值。

　　6. 桩身结构设计

（1）桩身构造要求。

灌注桩桩身混凝土强度等级不得小于 C25，混凝土预制桩尖强度等级不得小于 C30；灌注桩主筋的混凝土保护层厚度不应小于 35mm，水下灌注桩的主筋混凝土保护层厚度不得小于 50mm；当桩身直径为 300～2000mm 时，正截面配筋率可取 0.65%～0.2%（小直径桩取高值）；对受荷载特别大的桩、抗拔桩和嵌岩端承桩应根据计算确定配筋率，并不应小于上述规定值。

灌注桩配筋长度：端承型桩和位于坡地岸边的基桩应沿桩身等截面或变截面通长配筋；桩径大于 600mm 的摩擦型桩配筋长度不应小于 2/3 桩长；当受水平荷载时，配筋长度尚不宜小于 $4.0/\alpha$（α 为桩的水平变形系数）；对于受地震作用的基桩，桩身配筋长度应穿过可液化土层和软弱土层，进入稳定土层；受负摩阻力的桩、因先成桩后开挖基坑而随地基土回弹的桩，其配筋长度应穿过软弱土层并进入稳定土层，进入的深度不应小于 2～3 倍桩身直径；专用抗拔桩及因地震作用、冻胀或膨胀力作用而受拔力的桩，应等截面或变截面通长配筋。对于受水平荷载的桩，主筋不应小于 8ϕ12；对于抗压桩和抗拔桩，主筋不应少于 6ϕ10；纵向主筋应沿桩身周边均匀布置，其净距不应小于 60mm。

箍筋应采用螺旋式，直径不应小于 6mm，间距宜为 200～300mm；受水平荷载较大桩基、承受水平地震作用的桩基以及考虑主筋作用计算桩身受压承载力时，桩顶以下 $5d$ 范围内的箍筋应加密，间距不应大于 100mm；当桩身位于液化土层范围内时箍筋应加密；当考虑箍筋受力作用时，箍筋配置应符合现行国家标准《混凝土结构设计规范》（GB 50010—2010）的有关规定；当钢筋笼长度超过 4m 时，应每隔 2m 设一道直径不小于 12mm 的焊接加劲箍筋。混凝土预制桩的截面边长不应小于 200mm；预应力混凝土预制实心桩的截面边长不宜小于 350mm。

预制桩的混凝土强度等级不宜低于 C30；预应力混凝土实心桩的混凝土强度等级不应低于 C40；预制桩纵向钢筋的混凝土保护层厚度不宜小于 30mm。预制桩的桩身配筋应按吊运、打桩及桩在使用中的受力等条件计算确定。采用锤击法沉桩时，预制桩的最小配筋率不宜小于 0.8%。静压法沉桩时，最小配筋率不宜小于 0.6%，主筋直径不宜小于 14mm，打入桩桩顶以下 4～5 倍桩身直径长度范围内箍筋应加密，并设置钢筋网片。

预制桩的分节长度应根据施工条件及运输条件确定；每根桩的接头数量不宜超过 3 个。

预制桩的桩尖可将主筋合拢焊在桩尖辅助钢筋上，对于持力层为密实砂和碎石类土时，宜在桩尖处包以钢钣桩靴，加强桩尖。

（2）桩身结构设计。

桩身应进行承载力和裂缝控制计算。在进行桩身结构设计时，将桩分为受压、抗拔、受水平作用以及预制桩吊运和锤击验算等四种情况进行有针对性的验算。针对受压桩，可分为钢筋混凝土轴心受压桩正截面受压承载力计算和偏心受压混凝土桩正截面受压承载力计算。针对轴心抗拔桩应进行正截面受拉承载力验算以及裂缝控制验算。针对受水平荷载和地震作用的桩，应进行桩身受弯承载力和受剪承载力的验算。预制桩吊运时单吊点和双吊点的设置，应按吊点（或支点）跨间正弯矩与吊点处负弯矩相等的原则进行布置。对于裂缝控制等级为一级、二级的混凝土预制桩、预应力混凝土管桩，应按规范验算桩身的锤击压应力和锤击拉应力。

关于桩身结构设计的具体设计计算规定，请读者参见《建筑桩基技术规范》（JGJ 94—2008）5.8 节相关内容。

7. 承台设计

当基桩数量、桩距和平面布置形式确定后，即可确定承台尺寸。承台应有足够的强度和刚度，以便将各基桩连接成整体，从将上部结构荷载安全可靠地传递到各个基桩。同时承台本身也具有类似浅基础的承载能力。承台形式较多，如柱下独立承台、柱下或墙下条形基础（梁式承台）、筏板承台、箱形承台等。本书仅介绍最常用的柱下独立承台的设计。承台除满足构造要求外，还应满足抗弯曲、抗冲切、抗剪切承载力和上部结构的要求。承台埋置深度参照基础确定。

（1）承台的构造要求：

1）承台的宽度不小于 500mm。边桩中心至承台边缘的距离不宜小于桩的直径或边长，且桩的外边缘至承台梁边缘距离不小于 75mm。

2）承台的最小厚度不应小于 300mm。

3）承台的配筋，对于矩形承台其钢筋应按双向均匀通长布置。

4）承台混凝土强度等级不应低于 C20，纵向钢筋的混凝土保护层厚度不小于 70mm，当有混凝土垫层时，不应小于 40mm。

（2）承台的抗弯承载力设计。

多数承台的钢筋含量较低，常为受弯破坏、抗弯承载力设计的本质是配筋设计，按承台截面最大弯矩进行配筋。柱下桩基承台的弯矩可按以下算法确定：

两桩条形承台和多桩矩形承台弯矩计算截面取在柱边和承台变阶处 ［图 8-5 （a）］，可按下列公式计算

$$M_x = \sum N_i y_i \tag{8-15}$$

$$M_y = \sum N_i x_i \tag{8-16}$$

式中　M_x，M_y——绕 X 轴和绕 Y 轴方向计算截面处的弯矩设计值；

x_i，y_i——垂直 Y 轴和 X 轴方向自桩轴线到相应计算截面的距离；

N_i——不计承台及其上土重，在荷载效应基本组合下的第 i 基桩或复合基桩竖向反力设计值。

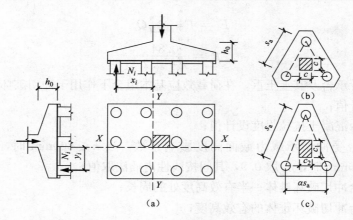

图 8-5　承台弯矩计算示意

(a) 矩形多桩承台；(b) 等边三桩承台；(c) 等腰三桩承台

三桩承台的正截面弯矩值应符合下列要求：

1) 等边三桩承台 [图 8-5 (b)]

$$M = \frac{N_{\max}}{3}\left(s_a - \frac{\sqrt{3}}{4}c\right) \tag{8-17}$$

式中　M——通过承台形心至各边边缘正交截面范围内板带的弯矩设计值；

$N_{\max}$——不计承台及其上土重，在荷载效应基本组合下三桩中最大基桩或复合基桩竖向反力设计值；

s_a——桩中心距；

c——方柱边长，圆柱时 $c=0.8d$（d 为圆柱直径）。

2) 等腰三桩承台 [图 8-5 (c)]

$$M_1 = \frac{N_{\max}}{3}\left(s_a - \frac{0.75}{\sqrt{4-\alpha^2}}c_1\right) \tag{8-18}$$

$$M_2 = \frac{N_{\max}}{3}\left(\alpha s_a - \frac{0.75}{\sqrt{4-\alpha^2}}c_2\right) \tag{8-19}$$

式中　M_1，M_2——通过承台形心至两腰边缘和底边边缘正交截面范围内板带的弯矩设计值；

s_a——长向桩中心距；

α——短向桩中心距与长向桩中心距之比，当 α 小于 0.5 时，应按变截面的二桩承台设计；

c_1，c_2——垂直于、平行于承台底边的柱截面边长。

(3) 承台抗冲切承载力设计。

柱下桩基础独立承台承受的冲切作用包括柱对承台的冲切和角桩对承台的冲切。如果承台厚度不够，就会产生冲切破坏锥体。

轴心竖向力作用下桩基承台受柱（墙）的冲切，可按下列规定计算：

1) 冲切破坏锥体应采用自柱（墙）边或承台变阶处至相应桩顶边缘连线所构成的锥体，锥体斜面与承台底面之夹角不应小于 45°（图 8-6）。

2) 受柱（墙）冲切承载力可按下列公式计算

$$F_l \leqslant \beta_{\mathrm{hp}}\beta_0 u_{\mathrm{m}} f_{\mathrm{t}} h_0 \tag{8-20}$$

$$F_l = F - \sum Q_i \tag{8-21}$$

$$\beta_0 = \frac{0.84}{\lambda + 0.2} \tag{8-22}$$

式中　F_l——不计承台及其上土重，在荷载效应基本组合下作用于冲切破坏锥体上的冲切力设计值；

　　　f_t——承台混凝土抗拉强度设计值；

　　　β_{hp}——承台受冲切承载力截面高度影响系数，当 $h \leqslant 800mm$ 时，β_{hp} 取 1.0，$h \geqslant 2000mm$ 时，β_{hp} 取 0.9，其间按线性内插法取值；

　　　u_m——承台冲切破坏锥体一半有效高度处的周长；

　　　h_0——承台冲切破坏锥体的有效高度；

　　　β_0——柱（墙）冲切系数；

　　　λ——冲跨比，$\lambda = a_0/h_0$，a_0 为柱（墙）边或承台变阶处到桩边水平距离，当 $\lambda < 0.25$ 时，取 $\lambda = 0.25$；当 $\lambda > 1.0$ 时，取 $\lambda = 1.0$；

　　　F——不计承台及其上土重，在荷载效应基本组合作用下柱（墙）底的竖向荷载设计值；

　　$\sum Q_i$——不计承台及其上土重，在荷载效应基本组合下冲切破坏锥体内各基桩或复合基桩的反力设计值之和。

3）对于柱下矩形独立承台受柱冲切的承载力可按下列公式计算（图 8-6）

$$F_l \leqslant 2[\beta_{0x}(b_c + a_{0y}) + \beta_{0y}(h_c + a_{0x})]\beta_{hp} f_t h_0 \tag{8-23}$$

式中　β_{0x}，β_{0y}——由式（8-22）求得，$\lambda_{0x} = a_{0x}/h_0$，$\lambda_{0y} = a_{0y}/h_0$；$\lambda_{0x}$、$\lambda_{0y}$ 均应满足 0.25～1.0 的要求；

　　　h_c，b_c——x、y 方向的柱截面的边长；

　　a_{0x}，a_{0y}——x、y 方向柱边离最近桩边的水平距离。

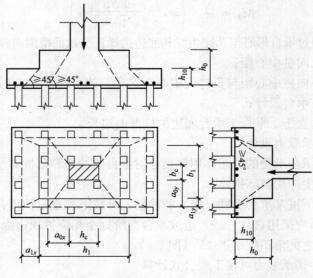

图 8-6　柱对承台的冲切计算示意

4）对于柱下矩形独立阶形承台受上阶冲切的承载力可按下列公式计算（图 8-6）

$$F_l \leqslant 2\left[\beta_{1x}(b_1 + a_{1y}) + \beta_{1y}(h_1 + a_{1x})\right]\beta_{hp}f_t h_{10} \tag{8-24}$$

式中　β_{1x}，β_{1y}——由式（8-22）求得，$\lambda_{1x}=a_{1x}/h_{10}$、$\lambda_{1y}=a_{1y}/h_{10}$、$\lambda_{1x}$、$\lambda_{1y}$均应满足 0.25～

　　　　　1.0 的要求；

　　h_1，b_1——x、y 方向承台上阶的边长；

　　a_{1x}，a_{1y}——x、y 方向承台上阶边离最近桩边的水平距离。

对于圆柱及圆桩，计算时应将其截面换算成方柱及方桩，即取换算柱截面边长 $b_c=$ 0.8d_c（d_c 为圆柱直径），换算桩截面边长 $b_p=0.8d$（d 为圆桩直径）。

5）对位于柱（墙）冲切破坏锥体以外的基桩，可按下列规定计算承台受基桩冲切的承载力：

四桩以上（含四桩）承台受角桩冲切的承载力可按下列公式计算（图 8-7）

$$N_l \leqslant \left[\beta_{1x}(c_2 + a_{1y}/2) + \beta_{1y}(c_1 + a_{1x}/2)\right]\beta_{hp}f_t h_0 \tag{8-25}$$

$$\beta_{1x} = \frac{0.56}{\lambda_{1x} + 0.2} \tag{8-26}$$

$$\beta_{1y} = \frac{0.56}{\lambda_{1y} + 0.2} \tag{8-27}$$

式中　N_l——不计承台及其上土重，在荷载效应基本组合作用下角桩（含复合基桩）反力

　　　　　设计值。

　　β_{1x}，β_{1y}——角桩冲切系数。

　　a_{1x}，a_{1y}——从承台底角桩顶内边缘引 45°冲切线与承台顶面相交点至角桩内边缘的水平距

　　　　　离；当柱（墙）边或承台变阶处位于该 45°线以内时，则取由柱（墙）边或承

　　　　　台变阶处与桩内边缘连线为冲切锥体的锥线（图 8-7）。

　　　h_0——承台外边缘的有效高度。

　　λ_{1x}，λ_{1y}——角桩冲跨比，$\lambda_{1x}=a_{1x}/h_0$，$\lambda_{1y}=a_{1y}/h_0$，其值均应满足 0.25～1.0 的要求。

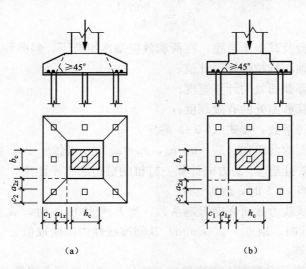

图 8-7　四桩以上（含四桩）承台角桩冲切计算示意

(a) 锥形承台；(b) 阶形承台

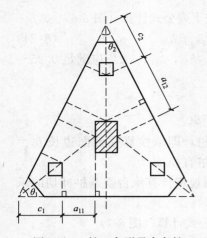

图 8-8　三桩三角形承台角桩
冲切计算示意

三桩三角形承台可按下列公式计算受角桩冲切的承载力（图 8-8）：

底部角桩

$$N_l \leqslant \beta_{11}(2c_1 + a_{11})\beta_{hp}\tan\frac{\theta_1}{2}f_t h_0 \qquad (8\text{-}28)$$

$$\beta_{11} = \frac{0.56}{\lambda_{11} + 0.2} \qquad (8\text{-}29)$$

顶部角桩

$$N_l \leqslant \beta_{12}(2c_2 + a_{12})\beta_{hp}\tan\frac{\theta_2}{2}f_t h_0 \qquad (8\text{-}30)$$

$$\beta_{12} = \frac{0.56}{\lambda_{12} + 0.2} \qquad (8\text{-}31)$$

式中　λ_{11}，λ_{12}——角桩冲跨比，$\lambda_{11} = a_{11}/h_0$，$\lambda_{12} = a_{12}/h_0$，其值均应满足 0.25～1.0 的要求；

a_{11}，a_{12}——从承台底角桩顶内边缘引 45°冲切线与承台顶面相交点至角桩内边缘的水平距离；当柱（墙）边或承台变阶处位于该 45°线以内时，则取由柱（墙）边或承台变阶处与桩内边缘连线为冲切锥体的锥线。

（4）承台斜截面抗剪切承载力设计。

承台在基桩反力作用下，剪切破坏面位于柱边和桩边连线形成的斜截面或承台变阶处和桩边连线形成的斜截面。当柱外边有多排桩形成多个剪切斜截面时，应对每个斜截面进行抗剪切承载验算。验算时，圆柱和圆桩也换算成正方形截面。柱下独立桩基承台斜截面受剪承载力应按下列规定计算（图 8-9）

$$V \leqslant \beta_{hs}\alpha f_t b_0 h_0 \qquad (8\text{-}32)$$

$$\alpha = \frac{1.75}{\lambda + 1} \qquad (8\text{-}33)$$

$$\beta_{hs} = \left(\frac{800}{h_o}\right)^{1/4} \qquad (8\text{-}34)$$

式中　V——不计承台及其上土自重，在荷载效应基本组合下，斜截面的最大剪力设计值；

f_t——混凝土轴心抗拉强度设计值；

b_0——承台计算截面处的计算宽度；

h_0——承台计算截面处的有效高度；

α——承台剪切系数；按式（8-33）确定；

λ——计算截面的剪跨比，$\lambda_x = a_x/h_0$，$\lambda_y = a_y/h_0$，此处，a_x，a_y 为柱边（墙边）或承台变阶处至 y、x 方向计算一排桩的桩边的水平距离，当 $\lambda < 0.25$ 时，取 $\lambda = 0.25$，当 $\lambda > 3$ 时，取 $\lambda = 3$；

β_{hs}——受剪切承载力截面高度影响系数，当 $h_0 < 800\text{mm}$ 时，取 $h_0 = 800\text{mm}$，当 $h_0 > 2000\text{mm}$ 时，取 $h_0 = 2000\text{mm}$，其间按线性内插法取值。

（5）局部受压计算。

对于柱下桩基，当承台混凝土强度等级低于柱或桩的混凝土强度等级时，应验算柱下或桩上承台的局部受压承载力。

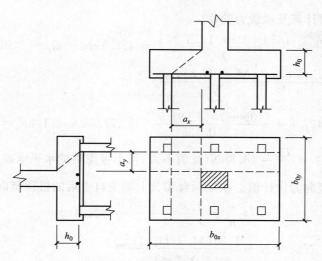

图 8-9 承台斜截面受剪计算示意

（6）抗震验算。

当进行承台的抗震验算时，应根据现行国家标准《抗震规范》的规定对承台顶面的地震作用效应和承台的受弯、受冲切、受剪承载力进行抗震调整。

【例 8-2】 某场地土层情况（自上而下）为：第一层杂填土，厚度 1.0m；第二层为淤泥，软塑状态，厚度 6.5m，$q_{sa}=6kPa$；第三层为粉质黏土，厚度较大，$q_{sa}=40kPa$；$q_{pa}=1800kPa$。现需设计一框架内柱（截面为 300mm×450mm）的预制桩基础。柱底在地面处的荷载为：竖向力 $F_k=1850kN$，弯矩 $M_k=135kN \cdot m$，水平力 $H_k=75kN$，初选预制桩截面为 350mm×350mm。试设计该桩基础。

解 （1）确定单桩竖向承载力特征值。

设承台埋深 1.0m，桩端进入粉质黏土层 4.0m，则

$$R_a = q_{pa}A_P + u_p \sum q_{sia}l_i$$
$$= 1800 \times 0.35 \times 0.35 + 4 \times 0.35 \times (6 \times 6.5 + 40 \times 4)$$
$$= 499.1kN$$

结合当地经验，取 $R_a=500kN$。

（2）初选桩的根数和承台尺寸。

$$n > \frac{F_k}{R_a} = \frac{1850}{500} \approx 3.7 \text{ 根, 暂取 4 根}$$

取桩距 $s=3b_p = 3 \times 0.35 = 1.05m$，承台边长：1.05+2×0.35=1.75m。桩的布置和承台平面尺寸如图 8-10 所示。

暂取承台厚度 $h=0.8m$，桩顶嵌入承台 50mm，钢筋网直接放在桩顶上，承台底设 C10 混凝土垫层，则承台有效高度 $h_0 = h - 0.05 = 0.8 - 0.05 = 0.75m$。采用 C20 混凝土，HRB335 级钢筋。

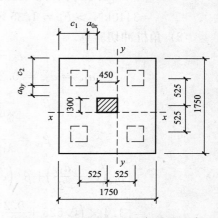

图 8-10 桩的布置和承台平面尺寸

（3）桩顶竖向力计算及承载力验算。

$$Q_k = \frac{F_k + G_k}{n} = \frac{1850 + 20 \times 1.75^2 \times 1}{4} \approx 477.8\text{kN} < R_a = 500\text{kN} \quad \text{（可以）}$$

$$Q_{k,\max} = \frac{F_k + G_k}{n} + \frac{(M_k + H_k h)x_{\max}}{\sum x_j^2}$$

$$= 477.8 + \frac{(135 + 75 \times 1)0.525}{4 \times 0.525^2} = 577.8\text{kN} < 1.2R_a = 600\text{kN} \quad \text{（可以）}$$

$$H_{ik} = \frac{H_k}{n} = \frac{75}{4} = 18.8\text{kN（此值不大，可不考虑桩的水平承载力问题）}$$

（4）计算桩顶竖向力设计值。扣除承台和其上填土自重后的桩顶竖向力设计值为

$$N = \frac{F}{n} = \frac{1.35 \times 1850}{4} = 624.4\text{kN}$$

$$N_{\max} = N + \frac{1.35(M_k + H_k h)x_{\max}}{\sum (x_j^2)}$$

$$= 624.4\text{kN} + \frac{1.35 \times (135 + 75 \times 1) \times 0.525}{4 \times 0.525^2}$$

$$= 759.4\text{kN}$$

（5）承台受冲切承载力验算。

1）柱边冲切。

$$a_{0x} = 525 - 225 - 175 = 125\text{mm}, a_{0y} = 525 - 150 - 175 = 200\text{mm}$$

$$\lambda_{0x} = \frac{a_{0x}}{h_0} = \frac{125}{750} = 0.167 < 0.2$$

$$\lambda_{0x} = \frac{a_{0y}}{h_0} = \frac{200}{750} = 0.267 > 0.2$$

$$\beta_{0x} = \frac{0.84}{\lambda_{0x} + 0.2} = \frac{0.84}{0.2 + 0.2} = 2.10$$

$$\beta_{0y} = \frac{0.84}{\lambda_{0y} + 0.2} = \frac{0.84}{0.267 + 0.2} = 1.80$$

$$2\lfloor \beta_{0x}(b_c + a_{0y}) + \beta_{0y}(h_c + a_{0x}) \rfloor \beta_{hp} f_t h_0$$

$$= 2 \times [2.10 \times (0.3 + 0.2) + 1.80 \times (0.45 + 0.125)] \times 1 \times 1100 \times 0.75 \quad \text{（可以）}$$

$$= 3440\text{kN} > F_l = 1.35 \times 1850 = 2498\text{kN}$$

2）角桩冲切验算。

$$c_1 = c_2 = 0.525\text{m}, a_{1x} = a_{0x} = 0.125\text{m},$$

$$a_{1y} = a_{0y} = 0.2\text{m}, \lambda_{1x} = \lambda_{0x} = 0.2, \lambda_{1y} = \lambda_{0y} = 0.267$$

$$\beta_{1x} = \frac{0.56}{\lambda_{1x} + 0.2} = \frac{0.56}{0.2 + 0.2} = 1.40$$

$$\beta_{1y} = \frac{0.56}{\lambda_{1y} + 0.2} = \frac{0.56}{0.267 + 0.2} = 1.20$$

$$\left[\beta_{1x}\left(c_2 + \frac{a_{1y}}{2}\right) + \beta_{1y}\left(c_1 + \frac{a_{1x}}{2}\right) \right] \beta_{hp} f_t h_0$$

$$= \left[1.4 \times \left(0.525 + \frac{0.2}{2}\right) + 1.2 \times \left(0.525 + \frac{0.125}{2}\right) \right] \times 1 \times 1100 \times 0.75$$

$$= 1304\text{kN} > N_{\max} = 759.4\text{kN} \quad (\text{可以})$$

（6）承台受剪切承载力计算。

对柱短边边缘截面

$$\lambda_x = \lambda_{0x} = 0.2 < 0.3, \text{取} \lambda_x = 0.3$$

$$\beta = \frac{1.75}{\lambda + 1.0} = \frac{1.75}{0.3 + 1.0} = 1.346$$

$$\beta_{\text{hs}}\beta f_t b_0 h_0 = 1 \times 1.346 \times 1100 \times 1.75 \times 0.75$$

$$= 1943\text{kN} > 2N_{\max} = 2 \times 759.4 = 1518.8\text{kN} \quad (\text{可以})$$

对柱长边边缘截面

$$\lambda_y = \lambda_{0y} = 0.267 < 0.3, \text{取} \lambda_y = 0.3$$

$$\beta = 1.346$$

$$\beta_{\text{hs}}\beta f_t b_0 h_0 = 1 \times 1.346 \times 1100 \times 1.75 \times 0.75$$

$$= 1943\text{kN} > 2N = 2 \times 624.4 = 1248.8\text{kN} \quad (\text{可以})$$

（7）承台受弯承载力计算

$$M_x = \sum N_i y_i = 2 \times 624.4 \times 0.375 = 468.3\text{kN} \cdot \text{m}$$

$$A_s = \frac{M_x}{0.9 f_y h_0} = \frac{468.3 \times 10^6}{0.9 \times 300 \times 750} = 2313\text{mm}^2$$

选用 16 Φ 14，$A_s = 2460\text{mm}^2$，平行于 y 轴方向均匀布置。

$$M_y = \sum N_i x_i = 2 \times 759.4 \times 0.3 = 455.6\text{kN} \cdot \text{m}$$

$$A_s = \frac{M_y}{0.9 f_y h_0} = \frac{455.6 \times 10^6}{0.9 \times 300 \times 750} = 2250\text{mm}^2$$

选用 15 Φ 14，$A_s = 2307\text{mm}^2$，平行于 x 轴方向均匀布置。配筋示意图略。

8.5 桩基工程质量检查和验收

8.5.1 一般规定

（1）桩基工程应进行桩位、桩长、桩径、桩身质量和单桩承载力的检验。

（2）桩基工程的检验按时间顺序可分为三个阶段：施工前检验、施工检验和施工后检验。

（3）对砂、石子、水泥、钢材等桩体原材料质量的检验项目和方法应符合国家现行有关标准的规定。

8.5.2 基桩及承台工程验收资料

（1）当桩顶设计标高与施工场地标高相近时，基桩的验收应待基桩施工完毕后进行；当桩顶设计标高低于施工场地标高时，应待开挖到设计标高后进行验收。

（2）基桩验收应包括下列资料：

1）岩土工程勘察报告、桩基施工图、图纸会审纪要、设计变更单及材料代用通知单等。

2）经审定的施工组织设计、施工方案及执行中的变更单。

3）桩位测量放线图，包括工程桩位线复核签证单。

4）原材料的质量合格和质量鉴定书。

5）半成品如预制桩、钢桩等产品的合格证。

6）施工记录及隐蔽工程验收文件。

7）成桩质量检查报告。

8）单桩承载力检测报告。

9）基坑挖至设计标高的基桩竣工平面图及桩顶标高图。

10）其他必须提供的文件和记录。

（3）承台工程验收时应包括下列资料：

1）承台钢筋、混凝土的施工与检查记录。

2）桩头与承台的锚筋、边桩离承台边缘距离、承台钢筋保护层记录。

3）桩头与承台防水构造及施工质量。

4）承台厚度、长度和宽度的量测记录及外观情况描述等。

（4）承台工程验收除符合本节规定外，尚应符合现行国家标准《混凝土结构工程施工质量验收规范》（GB 50204—2002）的规定。

8.6 其他深基础简介

除桩基础外，沉井、墩基、地下连续墙、沉箱都属于深基础。沉井多用于工业建筑和地下构筑物，与大开挖相比，它具有挖土量少，施工方便、占地少和对邻近建筑物影响较小的特点。墩基是指一种利用机械或人工在地基中开挖成孔后灌注混凝土形成的大直径桩基础，由于其直径粗大如墩，故称墩基础，它与桩基础有一定的相似之处，因此，墩基和大直径桩尚无明确的界限。沉箱是将压缩空气压入一个特殊的沉箱室内以排除地下水，工作人员在沉箱内操作，比较容易排除障碍物，使沉箱顺利下沉，由于施工人员易患职业病，甚至发生事故，目前较少采用。地下连续墙是20世纪50年代后民起来的一种基础形式，具有无噪声、无振动，对周围建筑物影响小，并有节约土方量、缩短工期、安全可靠等优点，它的应用日益广泛。下面仅简要介绍井基础和地下连续墙。

8.6.1 沉井基础

沉井是一种竖直的井筒结构，常用钢筋混凝土或砖石、混凝土等材料制成，一般分数节制作。施工时，在筒内挖土，使沉井失去支承而下沉，随下沉再逐节接长井筒，井筒下沉到设计标高后，浇筑混凝土封底。沉井适用于平面尺寸紧凑的重型结构物如重型设备、烟囱的基础。沉井还可作为地下结构物使用，如取水结构物、污水泵房、矿山竖井、地下油库等。沉井适合在黏性土和较粗的砂土中施工，但土中有障碍物时会给下沉造成一定的困难。

沉井按横断面形状可分为圆形、方形或椭圆形等，根据沉井孔的布置方式又有单孔、双孔及多孔之分。

1. 沉井结构

沉井结构由刃脚、井筒、内隔墙、封底底板及顶盖等部分组成。

（1）刃脚。刃脚在井筒下端，形如刀刃。下沉时刃脚切入土中，其底面叫踏面，不小于150cm，土质坚硬时，踏面用钢板或角钢保护。刃脚内侧的倾斜角为40°～60°。

（2）井筒。竖直的井筒是沉井的主要部分，它需具有足够的强度以挡土，又需有足够的重量克服外壁与土之间的摩阻力和刃脚土的阻力，使其自重作用下节节下沉。为便于施工，沉井井孔净边长最小尺寸为 0.9m。

（3）内隔墙。内隔墙能提高沉井结构的刚度，内隔墙把沉井分隔成几个井孔，便于控制下沉和纠偏；墙底面标高应比刃脚踏面高 0.5m，以利沉井下沉。

（4）封底。沉井下沉到设计标高后，用混凝土封底。刃脚上方井筒内壁常设计有凹槽，以使封底与井筒牢固连接。

（5）顶盖。沉井作地下构筑物时，顶部需浇筑钢筋混凝土顶盖。

2. 沉井施工

沉井施工时，应将场地平整夯实，在基坑上铺设一定厚度的砂层，在刃脚位置再铺设垫土或浇筑混凝土垫层，然后在垫木或垫层上制作刃脚和第一节沉井。当第一节沉井的混凝土强度达到设计强度，才可拆除垫木或混凝土垫层，挖土下沉。其余各节沉井混凝土强度达到设计强度的 70% 时，方可下沉，如图 8-11 所示。

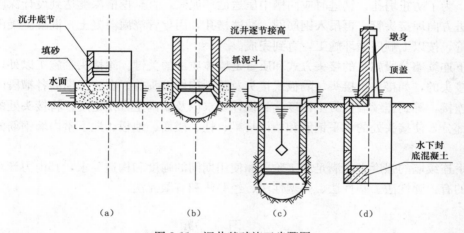

图 8-11 沉井基础施工步骤图

(a) 沉井底节在人工筑岛上灌筑；(b) 沉井开始下沉及接高；(c) 沉井已下沉至设计标高；(d) 进行封底及墩身等工作

下沉方法分排水下沉和不排水下沉，前者适用于土层稳定不会因抽水而产生大量流砂的情况。当土层不稳定时，在井内抽水易产生大量流砂，此时不能排水，可在水下进行挖土，必须使井内水始终保持高于井外水位 1~2m。井内出土视土质情况，可用机械抓斗水下挖土，或者用高压水枪破土，用吸泥机将泥浆排出。

当一节井筒下沉至地面以上只剩下 1m 左右时，应停止下沉，接长井筒。当沉井下沉到达到设计标高后，挖平筒底土层进行封底。

沉井下沉时，有时会发生偏斜、下沉速度过快或过慢，此时应仔细调查原因，调整挖土顺序和排除施工障碍，甚至借助卷扬机进行纠偏。

为保证沉井能顺利下沉，其重力必须大于或等于沉井外侧四周总摩阻力的 1.15~1.25 倍。沉井的高度由沉井顶面标高（一般埋入地面以下 0.2m 或地下水位以上 0.5m）及底面标高决定，底面标高根据沉井用途、荷载大小、地基土性质确定。沉井平面形状和尺寸根据上部建筑物平面形状要求确定。井筒壁厚一般为 0.3~1.0m，内隔墙一般为 0.5m 左右，应根据施工和使用要求计算确定。

作为基础,沉井应满足地基承载力及沉降要求。

8.6.2 地下连续墙

地下连续墙是采用专门的挖槽机械,沿着深基础或地下建筑物的周边在地面下分段挖出一条深槽,并就地将钢筋笼吊放入槽内,用导管法浇筑混凝土,形成一个单元槽段,然后在下一个单元槽段继续施工,两个槽段之间以各种特定的接头方式相互连接,从而形成地下连续墙。地下连续墙既可以承受侧壁的土压力和水压力,在开挖时起支护、挡土、防渗等作用,同时又可将上部结构的荷载传到地基持力层,作为地下建筑和基础的一个部分。目前地下连续墙已发展有后张预应力、预制装配和现浇等多种形式,应用越来越广。

现浇地下连续墙施工时,一般先修导墙,用以导向和防止机械碰坏槽壁。地下连续墙厚度一般为 450～800mm,长度按设计不限,每一个单元槽段长度一般为 4～7m,墙体深度可达几十米。目前,地下连续墙常用的挖槽机械,按其工作机理分为挖斗式、冲击式和回转式三大类。为了防止坍孔,钻进时应向槽中压送循环泥浆,直至挖槽深度达到设计深度时,沿挖槽前进方向埋接头管,再吊入钢筋网,冲洗槽孔,用导管浇灌混凝土,混凝土凝固后再拔出接头管,按以上顺序循环施工,直到完成。

地下连续墙分段施工的接头方式和质量是墙体质量的关键。除接头管施工以外,也有采用其他接头的,如接头箱接头、隔板式接头及预制构件接头等。在施工期间各槽段的水平钢筋互不连接,等到连续墙混凝土强度达到设计要求以及墙内土方挖走后,将接头处的混凝土凿去一部分,使接头处的水平钢筋和墙体与梁、柱、楼面、地板、地下室内墙钢筋的连结钢筋焊上。

地下连续墙的强度必须满足施工阶段和使用期间的强度和构造要求,其内力计算在国内常采用的有:弹性法、塑性法、弹塑性法、经验法和有限元法。

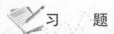

习　　题

8-1　某工程采用泥浆护壁钻孔灌注桩,桩径 1.2m,桩端进入中等风化岩 1.0m,中等风化岩岩体较完整,饱和单轴抗压强度标准值为 41.5MPa 桩顶以下土层参数见表 8-11,估算单桩极限承载力标准值最接近下列哪个选项的数值?(取桩嵌岩段侧阻和端阻综合系数 $\zeta_r = 0.76$)

表 8-11　　　　　　　　　　　　土 层 参 数

层　序	土　名	层底深度 (m)	层厚 (m)	q_{sik} (kPa)	q_{pk} (kPa)
①	黏土	13.70	13.70	32	/
②	粉质黏土	16.00	2.30	40	/
③	粗砂	18.00	2.00	75	/
④	强风化岩	26.85	8.85	180	2500
⑤	中等风化岩	34.85	8.00	/	/

A. 32 200kN　　　　B. 36 800kN　　　　C. 40 800kN　　　　D. 44 200kN

8-2　某钻孔灌注桩,桩径 $d = 1.0$m,扩底直径 $D = 1.4$m,扩底高度 1.0m,桩长 $l =$

12.5m，桩端入中砂层持力层 0.8m。土层分布：0～6m 黏土，$q_{sik}=40$kPa；6～10.7m 粉土 $q_{sik}=44$kPa；10.7m 以下为中砂层，$q_{sik}=55$kPa，$q_{pk}=5500$kPa。试计算单桩承载力特征值。

8-3 某柱子（0.5m×0.5m）竖向荷载 $F_k=2500$kN，弯矩 $M_k=560$kN·m，采用 0.3m×0.3m 预制桩，桩长 11.3m，承台埋深 1.2m，已做设计性试桩，单桩承载力特征值 $R_a=320$kN，试：

(1) 确定桩数；

(2) 确定承台尺寸、桩间距；

(3) 验算复合基桩竖向承载力；

(4) 承台 C25 混凝土，确定承台高度和验算冲切承载力；

(5) 确定承台配筋（采用 II 级钢）。

第 9 章　地　基　处　理

9.1　概　　述

地基是指直接承受建筑物荷载的那一部分岩土体。对地质条件良好的地基，可直接在其上修建建筑物而无需要事先对其进行加固处理，这种地基称为天然地基。但是，在实际工程建设中，有时会不可避免地遇到地质条件不良或软弱地基，在这样的地基上直接修筑建筑物时，则不能满足其设计和正常使用要求。另外，随着建筑物高度的不断增加，建筑物的荷载亦越来越大，对地基变形的要求也越来越严格，因而，即使原来被评定为良好的地基也可能在特定的条件下必须进行加固。此类需要人工加固后才能在其上修筑建筑物的地基称为人工地基。

9.1.1　地基处理可能面临的问题

地基处理就是对不能满足承载力和变形要求的地基进行人工处理，亦称为地基加固。软弱地基和特殊土地基是地基处理的主要对象。建筑物地基可能面临以下几个问题：

（1）地基承载力及稳定性问题。地基承载力较低，将不能承担上部结构的自重及外荷载，导致地基失稳，出现局部或整体剪切破坏，或者冲切破坏。

（2）沉降变形问题。沉降量过大、不均匀沉降都可能使建筑物倾斜、开裂、局部破坏，失去使用效能，甚至整体破坏。

（3）地基渗透破坏问题。当地基中出现渗流时，可能导致流土（流砂）和管涌（潜蚀）现象，严重时可能使地基失稳、崩溃。

（4）动荷载下的地基液化、失稳和震问题。饱和无黏性土地基常具有振动液化的特性。在地震、机械振动等动荷载作用下，地基可能因液化、震陷导致地基失稳破坏；软黏土在振动作用下，亦可能产生震陷。

9.1.2　地基处理的目的

针对上述可能遇到的地基问题，必须采取一定的措施使地基满足设计要求和使用要求。如：调整基础设计设计方案；调整上部结构设计方案；对地基进行加固处理，形成人工地基。地基处理的目的在于：

（1）提高地基土的抗剪强度。

（2）改善地基土的压缩性。

（3）改善地基土的渗透特性。

（4）改善地基土的动力特性。

（5）改善特殊土地基的不良特性。

9.1.3　地基处理方法的类型与基本原理

地基处理方法有多种不同的分类，最常用的是根据地基处理的作用机理进行分类，包括置换处理、排水固结处理、压实和夯实处理等。具体而言，包括以下几种常用的地基处理方法。

1. 置换法

置换法是利用物理力学性质较好的岩土材料置换天然地基中部分或全部软弱土体，以形成双层地基或复合地基，实现提高承载力，减少沉降的目的。属于置换的地基处理方法具体有换土垫层法、褥垫法、砂石桩置换法、强夯置换法、石灰桩法等。

2. 排水固结法

排水固结法的基本原理是使软土地基在附加外荷载作用下完成排水固结，使其孔隙比减小，抗剪强度提高，以实现提高地基承载力、减少沉降的目的。

3. 压实和夯实法

压实法是利用机械自重或辅以震动产生的能量对地基土进行压实。夯实法是利用机械落锤产生的能量对地基土进行夯击使其密实，提高土的强度和减小压缩量。压实法包括碾压和振动碾压，夯实法包括重锤夯实和强夯。

4. 振密、挤密法

振密、挤密法是指采用振动或挤密的方法使地基土体孔隙比减小，土体密实，以实现提高地基承载力和减少沉降的目的。属于振密、挤密的地基处理方法有表层原位压实法、强夯法、振冲碎石桩法、挤密碎石桩法、爆破挤密法、夯实水泥土桩法等。

5. 复合地基

复合地基是指天然地基在地基处理过程中部分土体得到增强，或被置换，或在天然地基中设置加筋材料，加固区是由基体（天然地基土体或被改良的天然地基土体）和增强体两部分组成的人工地基。在荷载作用下，基体和增强体共同承担荷载的作用。

6. 灌入固化物法

灌入固化物法也称胶结法，是指向土体内灌入或拌入水泥、水泥砂浆以及石灰等化学固化物，在地基中形成加固体或增强体，以达到地基处理的目的。灌入固化物法主要有：深层搅拌法、高压喷射注浆法、灌浆法等。

7. 加筋法

加筋法是在地基中设置强度高、弹性模量大的筋材，如土工格栅、土工织物等。加筋法主要有加筋土垫层法、加筋土挡墙法、锚定板挡土结构、土钉法等。

8. 热学处理法

热学处理法是通过冻结地基土体、焙烧或加热地基土，以改变土体物理力学性质的地基处理方法。例如通过人工冷却软黏土（或饱和砂土），使地基温度低到孔隙水的冰点以下，使之固化，从而达到理想的截水性能和较高的承载力。

9. 托换法

托换法是对已有建筑物地基和基础进行处理和加固的方法。常用托换技术有基础加宽与加深技术、锚杆静压桩技术、树根桩技术、灌浆地基加固技术等。

10. 纠倾和迁移法

纠倾是对因沉降不均造成倾斜的建筑物进行矫正，如加载纠倾、掏土纠倾、顶升纠倾和综合纠倾等。迁移就是将已有建筑物从原来位置迁移到新的位置，即进行整体迁移。

9.1.4 选择地基处理方案的原则

地基处理的方法众多，每种处理方法都有各自的适用条件、局限性和优点。每种处理方法的作用通常又具有多重性，加之地基土成因复杂，性质多变，具体工程对地基的要求又不尽相同，施工机械、技术力量、施工条件和环境等千差万别，因此在选择地基处理方案时，因从实际出发，对具体的地质条件、处理要求（包括处理前后地基应达到的各项指标、处理范围、工程进度等）、工程费用以及施工机械、技术力量和材料等因素进行综合分析比较、优化、比选处理方案。在选择处理方案时，还应考虑提高环保意识，注意节约能源和保护环境，尽量避免地基处理时对地面和地下水产生污染，以及振动和噪声对周边环境的不良影响等。

9.2　复合地基简介

9.2.1　复合地基的概念

　　复合地基是指天然地基在地基处理过程中部分土体得到增强，或被置换，或在天然地基中设置加筋材料，加固区由基体（天然地基土体或被改良的天然地基土体）和增强体两部分组成的人工地基。荷载作用由基体和增强体共同承担，工程实践中通过形成复合地基达到提高人工地基承载力和减小沉降的目的。目前我国应用的复合地基类型有各类砂石桩复合地基、水泥土桩复合地基、土桩复合地基、渣土桩复合地基、低强度混凝土桩复合地基、钢筋混凝土桩复合地基、管桩复合地基、薄壁筒桩复合地基等。

9.2.2　复合地基的分类

　　根据地基中增强体的方向不同，可将复合地基分为竖向增强体复合地基和水平增强体复合地基两大类。水平增强体材料多采用土工合成材料，如土工格栅、土工布等；竖向增强体材料可采用砂石桩、水泥土桩、土桩、渣土桩、低强度混凝土桩、钢筋混凝土桩、管桩、薄壁筒桩等。竖向增强体复合地基一般又称为桩体复合地基。根据桩体材料性质，可将桩体复合地基分为散体材料桩复合地基和黏结材料桩复合地基两类。

9.2.3　常见的复合地基

1. 水泥粉煤灰碎石桩

　　水泥粉煤灰碎石桩简称 CFG 桩（图 9-1）。它是由水泥、粉煤灰、碎石或石屑或砂加水拌和形成的高黏结强度桩，桩、桩间土和褥垫层一起构成复合地基。水泥粉煤灰碎石桩桩身强度大于散体材料（碎石桩）和柔性桩（水泥桩），其可以充分发挥桩的侧摩阻力，将荷载传递给较深的土层，而且当桩落在好的土层时，还可以较好发挥桩端阻力作用。

(a)　　　　　　　　　　　(b)　　　　　　　　　　　(c)

图 9-1　CFG 桩施工

(a) 成孔灌桩；(b) 成桩效果；(c) 承载力检测

水泥粉煤灰碎石桩可适用于处理黏性土、粉土、砂土、正常固结的素填土等各种土性的地基，对于淤泥质土应通过现场试验确定其适用性。适用的基础形式也是多样的，它既可用于建筑工程的条形基础、独立基础、箱形基础和筏板基础等，也可用于道路工程中的路堤。

2. 水泥土搅拌桩

水泥土搅拌桩是一种用于加固软土地基的方法，有两种施工工艺，深层搅拌法使用水泥浆作固化物的水泥土搅拌法，简称湿法；粉体喷搅法使用水泥粉作为固化剂的水泥土搅拌法，简称干法。

该法利用深层搅拌机械在地基一定深度范围内钻进、搅拌，就地将软土与输入的水泥固化剂（浆液和粉体）强制充分拌和，使固化剂与软土之间产生一系列的物理化学变化而凝结成柱体、墙体或格栅状，硬化后形成具有整体性、水稳定性和足够强度的优质地基。

水泥土搅拌法最适用于加固各种成因的饱和软黏土。国外使用水泥土搅拌法加固的土质有沼泽地带的泥炭土、沉积的粉土和淤泥质土等；国内加固的土质有淤泥、淤泥质土、黏性土、饱和黄土、粉土、素填土以及无流动地下水的饱和松散砂土等地基，加固深度一般不超过 20m。三轴水泥搅拌机如图 9-2 所示。

3. 高压喷射注浆地基

利用钻机把带有喷嘴的注浆管钻至土层的预定位置或先钻孔后将注浆管放至预定位置，用高压使浆液或水从喷嘴中射出，边旋转边喷射的浆液，使土体与浆液搅拌混合形成固结

图 9-2　三轴水泥搅拌机

体。施工采用单独喷出水泥浆的工艺，称为单管法；施工采用同时喷出高压空气与水泥浆的工艺，称为二管法；施工采用同时喷出高压水、高压空气及水泥浆的工艺，称为三管法。

高压喷射注浆法适用于淤泥、淤泥质土、黏性土、粉土、湿陷性黄土、人工填土和碎石土等的地基加固。它可用于既有和新建建筑地基处理；深基坑侧壁挡土或挡水；基坑底部加固，防止管涌或隆起；坝的加固与防水帷幕等工程。但对于有较大粒块石、坚硬黏性土、大量植物根基或含有过多有机质的土及地下流水过大、喷射浆液无法在注浆管周围无法凝聚的情况下，不宜采用。旋喷桩施工如图 9-3 所示。

9.2.4　复合地基的选用原则

针对具体工程的特点，选用合理的复合地基形式可获得良好的经济效益。复合地基的选用原则包括：

（1）水平增强体复合地基主要用于提高地基稳定性。当地基压缩土层的厚度不大时，采用水平增强体复合地基可有效提高地基稳定性，减小沉降量；但对高压缩土层较厚时，用水平增强体复合地基对减小总沉降量的效果不明显。

（2）散体材料桩复合地基承载力主要取决于桩周土体所能提供的最大侧限力，因此散体材料桩复合地基适用于加固砂性土地基，对饱和软黏土地基应慎用。

（a）　　　　　　　　　　　　　　（b）

图 9-3　旋喷桩施工
（a）旋喷桩现场；（b）基坑旋喷桩

（3）对深厚软土地基，可采用刚度较大的复合地基，适当增加桩体长度以减小地基沉降量，或采用长短桩复合地基的形式。

（4）刚性基础下采用黏结材料桩复合地基时，若桩土相对刚度较大，且桩体强度较小时，桩头与基础间宜设置柔性垫层。若桩土相对刚度较小，或桩体刚度足够时，也可不设褥垫层。

（5）填土路堤下采用黏结材料桩复合地基时，应在桩头铺设刚度较好的垫层（如土工格栅砂垫层、灰土垫层），垫层铺设可防止桩体向上刺入路堤，增强桩土应力比，发挥桩体能力。

9.3　换填垫层法

9.3.1　换填垫层法的概念与应用

换填垫层法又称换填法，是将基础下一定深度范围内的软弱土层全部或部分挖除，然后分层回填砂、碎石、素土、灰土、粉煤灰、高炉干渣等强度较高，性能稳定且无侵蚀性的材料，并分层夯实（或振实）至要求的密实度。换填垫层法包括低洼地域筑高（平整场地）或堆填筑高（道路路基）。

当软弱地基的承载力和变形不能满足建筑物要求，且软弱地基的厚度不大时，换填垫层法是一种较为经济、简单的软土地基浅层处理方法。其主要优点在于可就地取材、施工简单、机械设备简单、工期短、造价低。

9.3.2　换填垫层法的分类及适用范围

换填垫层法按回填材料可分为砂垫层、砂石垫层、碎石垫层、素土垫层、灰土垫层、二灰垫层、干渣垫层和粉煤灰垫层等。《建筑地基处理技术规范》（JGJ 79—2012）中规定：换填垫层法适用于浅层软弱地基及不均匀地基的处理；应根据建筑体型、结构特点、荷载性质、岩土工程条件、施工机械设备及填料性质和来源等进行综合分析，进行换填垫层的设计和选择施工方法；换填垫层的厚度不宜小于0.5m，也不宜大于3m，否则换填垫层法的处理效果不明显。工程实践表明，换填垫层法主要用于淤泥、淤泥质土、湿陷性黄土、素填土、杂填土地基及暗沟、暗塘等的浅层处理。各种垫层的适用范围见表9-1。

表 9-1　　　　　　　　　　　　　　　**常用垫层的适用范围**

垫层材料种类	适用范围
砂垫层（碎石、砂砾石）	中、小型建筑工程的滨、塘、沟等局部处理；软弱土和水下黄土处理（不适用于湿陷性黄土）；也可用于膨胀性地基
素土垫层	中、小型工程，大面积回填，湿陷性黄土
灰土垫层	中、小型工程，膨胀土、尤其是湿陷性黄土
粉煤灰垫层	厂房、机场、港区路域或堆场等大、中、小型大面积填筑
干渣垫层	中、小型建筑工程，地坪、堆场等大面积地基处理和场地平整；铁路、公路路基处理

9.3.3　换填垫层的作用

换填垫层法处理地基，其作用主要体现在以下几个方面。

1. 提高浅层地基承载力

浅基础的地基承载力与持力层的抗剪强度有关。换填垫层法就是用抗剪强度较高的砂或其他填筑材料替换软弱土，显然可提高地基承载力。

2. 减小地基的变形量

通常情况下，地基浅层部分的沉降量在总沉降量中所占的比例较大。例如对于条形基础，在相当于基础宽度的深度范围内的沉降量占总沉降量的 50%。如果以密实砂或其他填筑材料替换上部软弱土层，就可减少这部分的沉降量。另外，由于砂垫层或其他垫层的应力扩散作用，使作用在下卧层土上的压力较小，会相应减少下卧层的沉降量。

3. 加速软土的排水固结

砂垫层和砂石垫层等垫层材料的透水性较大，软弱土层受压后，垫层可作为良好的排水面，可使基础下面的土中孔隙水压力迅速消散，转化为有效应力，从而加速垫层下软弱土层的固结，提高其强度，避免地基土塑性破坏。

4. 防止土的冻胀

因砂垫层和砂石垫层等垫层材料的孔隙大，不易产生毛细管现象，因此可防止寒冷地区中结冰造成的冻胀。此时，砂垫层的底面应满足当地冻结深度的要求。

5. 消除特殊地基土的危害

对于湿陷性黄土、膨胀土、季节性冻土等特殊土，其处理的目的主要是为了消除或部分消除地基土的湿陷性、膨胀性和冻胀性。例如在膨胀土地基上可选用砂、碎石、块石、煤渣、二灰等材料作为垫层，以消除胀缩作用，但垫层厚度应根据变形确定，一般不少于0.3m，且垫层宽度应大于基础宽度，而基础两侧宜用与垫层相同的材料回填。换填垫层法的主要作用为前三种。例如采用砂垫层，既能提高地基承载力，也能减小沉降量，同时能加速排水固结作用。

9.4　预　压　法

预压法即在建筑物建造之前，在建筑场地进行加载预压，使地基的固结沉降基本完成和提高地基土强度的方法。预压法地基又可称为排水固结法地基，是利用天然地基土层本身的透水性或设置在地基中的竖向排水体，通过预先在地表进行加载预压或利用建筑物自身重量使土体中孔隙水逐渐排出，土体逐渐固结，地基土逐渐密实，强度逐步提高的方法，或利用井点抽水降低地下水位，利用插入土中的通电电极使土中水发生渗流以达到区域土体自重应力增加，从而使土体逐渐压密的方法。

9.4.1 预压法的加固机理

饱和软黏土地基在荷载作用下，孔隙中的地下水被慢慢排出，孔隙体积慢慢减小，地基发生固结变形，同时，随着静水压力逐渐消散，有效应力逐渐提高，土的强度逐渐增长。一般采取超载预压的方法，使土层的固结压力大于使用荷载作用下的固结压力，原来正常固结的黏土层处于超固结状态，而使土层在使用荷载作用下的变形大大减小。同时应保证恰当的排水方法，保证其固结效果。

9.4.2 预压法的适用范围

对于在持续荷载作用下，体积会发生很大的压缩，且强度会增长的土，而又具有足够时间进行压缩时，这种方法特别适用。为了加速压缩过程，可采用比建筑物质量更大的超载预压法进行压缩。当预压时间过长时，可在地基中设置砂井、塑料排水带等竖向排水井，以加速土层的固结，缩短预压时间。

预压法适用于处理淤泥质土、淤泥土和冲填土等饱和黏性土地基。无机质黏土的次固结沉降一般很小，这种土的地基采用竖向排水井预压很有效。真空预压法特别适合软弱黏性土地基的加固。预压法已成功地应用于码头、堆场、道路、机场跑道、油罐、桥台等对沉降和稳定性要求比较高的建（构）筑物的地基处理中。常见预压法类型见表 9-2。部分预压法施工如图 9-4 所示。

表 9-2 常 见 的 预 压 法 类 型

预压法类型		加压系统	排水系统		备 注
			竖向	水平	
堆载预压法	堆载法	堆载	无	砂垫层	一般适用于土体渗透系数较大的地基
	砂井法	堆载	普通砂井	砂垫层	
	袋装砂井法	堆载	袋装砂井	砂垫层	
	塑料排水带法	堆载	塑料排水带	砂垫层	
真空预压法		真空预压	普通砂井、袋装砂井、塑料排水带	砂垫层	
堆载与真空组合预压法		真空与堆载预压联合应用	普通砂井、袋装砂井、塑料排水带	砂垫层	
降低地下水位法		降低地下水位，增加自重应力	一般无排水系统，也可辅以各种形式的排水通道	砂垫层	
电渗法		无	无	无	在地基中设置正负电极，形成电场，促使土中水流动
超载预压法		堆载超过设计荷载	普通砂井、袋装砂井、塑料排水带	砂垫层	

（a）　　　　　　　　　　（b）　　　　　　　　　　（c）

图 9-4　部分预压法施工

（a）塑料排水板插板机；（b）真空预压土工膜铺设；（c）出膜管与真空泵连接

9.5 夯 实 法

夯实法是通过外加压力使土体中孔隙压缩，改变土体的松散状态，使土体孔隙或裂隙减少，密实度增大，强度提高，透水性降低，抗水稳定性增强，改善土体抗振动能力及提高地基承载力的方法。根据处理部位和采用手段不同，可分为表层压实法和深层密实法。表层压实法有机械碾压法、振动压实法和重锤夯实法；深层夯实法有强夯法和强夯置换法。强夯法施工如图 9-5 所示。

（a）　　　　　　　　　　（b）

图 9-5　强夯法施工

（a）夯锤起吊；（b）夯锤下落

9.5.1　强夯法与强夯置换法

强夯法是利用起重设备反复将 80～400kN 的重锤（最重可达 2000kN）起吊到 8～25m 高处（最高达到 40m），然后利用自动脱钩释放荷载或带重锤自由落下，利用其动能在土中形成强大的冲击波和高应力，对地基土施加很大的冲击能，以达到提高地基土的强度，降低压缩性，改善其抵抗振动液化能力，消除黄土湿陷性，提高土的均匀程度，降低可能出现的沉降差异的目的。

强夯置换法是采用在夯坑内回填块石、碎石等粗粒材料，用夯锤夯击形成连续的强夯置换墩，具有加固效果显著、施工周期短和施工费用低的优点。

当前，强夯法和强夯置换法处理的工程范围越来越广，大量工程实践证明：砂土、碎石土、低饱和度的粉土与黏性土、湿陷性黄土、杂填土和素填土等地基采用强夯法或强夯置换法处理的效果均比较好。但是，对于饱和度较高的黏性土，处理效果不显著，尤其是淤泥和淤泥质土地基，处理效果更差，应慎用。总之，强夯法在某种程度上比机械的、化学的和其他力学加固方法更为有效和广泛。

9.5.2 重锤夯实法

重锤夯实法适用于地下水位距地表 0.8m 以上稍湿的黏性土、砂土、湿陷性黄土、杂填土及分层填土等。因饱和软黏性土在瞬间冲击力作用下孔隙水不易排出，很难夯实，故在有效夯实深度内夹有软黏土层时，不宜采用。

重锤夯实法即用起重机械将夯锤提升到一定的高度，然后使重锤自由下落，并重复夯击，使浅层土体形成均匀密实的硬壳层，从而提高地基承载力，减少地基变形。重锤夯实法既是一种独立的地基浅层处理方法，也是换土垫层法压实的一种手段。其夯实效果与土的含水量密切相关，只有在最优含水量条件下，才能取得最佳夯实效果。另外，锤重、锤底直径、落距、夯击遍数以及土质条件等也会影响夯实效果。

9.5.3 孔内强夯法

孔内强夯法又称孔内强夯技术，简称 DDC，是新近发明的一种地基处理技术，它的作用机理是把渣土（碎砖瓦、石、砂、土、碎混凝土块、工业废料、灰土以及它们的混合物等）用于地基处理，能大量消耗建筑及工业垃圾，利用各种无机固体废料进行地基加固处理，减少环境污染，变废为宝，还可消除深厚黄土地基的湿陷性，大幅度提高承载力，降低地基压缩性，地基处理效果显著，在满足上部建筑物对地基承载力要求的同时，可节约钢材、水泥等，能降低工程造价。

孔内强夯法作用机理：把强夯重锤的重力通过自由落体转化为"高压强动能"，瞬间潜入地基的孔道深层领域内，对地基进行高动能，高压强，挤密的冲、砸、挤、压的强夯。具体施工工艺是：通过机具成孔（钻孔或冲孔），在地基处理的深层部位进行填料，再用高动能的持续重力夯击进行冲、砸、挤压的高强、强挤密的夯击作业，从而达到加固地基的目的。该技术具有广泛的适用性，如用于大厚度的黄土、杂填土、液化土、各类软弱土、湿陷性土，以及有酸、碱、盐腐蚀的地基，具有硬夹层的不均匀地基、石料及废料回填垃圾地基及地下人防工事等各种复杂建筑地基的处理。

9.6 加 筋 法

加筋法是在土中加入条带、成片纤维织物或网格片等抗拉材料，依靠它们限制土的侧移，改善土的力学性能，提高土的强度和稳定性的方法，常用的有土钉、加筋土挡墙、锚定板和土工合成材料等加筋技术。

加筋法的基本原理：土的抗拉强度很低，甚至为零，抗剪强度也很有限，在土中放置筋材后，构成筋材—土复合体，当受外力作用时，将会产生体变，引起筋材与其周围土之间产生相对位移趋势，但两种材料的界面上有摩擦阻力和咬合力，相当于给土体施加一个侧压力增量，从而使土的强度和承载力有所提高，限制了土的侧向位移。

加筋法主要特点如下：

（1）加筋法可以筑造很高的垂直填土，也可以是倾斜坡面的填土，可用于各类地基和边坡的加固。

（2）减少占地面积，特别适用于不允许开挖的地区施工。

（3）加筋的土体及结构属于柔性，对各种地基都有良好的适用性，因而对地基的要求比其他结构的建筑物低。遇到软弱地基，常不需要采用深基础。

（4）加筋法支挡墙、台等结构，墙面变化多样。

（5）加筋土结构既适用于机械化施工，也适用于人力施工。

（6）加筋土的抗震性能好，耐寒性能好。

（7）造价低。

加筋法也有一些缺点，即采用金属筋材时，必须采取防锈措施；采用聚合筋材时，应考虑其衰化及材料的长期蠕变性能。

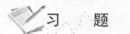 习　　题

9-1　选择地基处理方案时，应考虑哪些因素？

9-2　哪些地基可归属于复合地基？为什么？

9-3　简述换填垫层法加固地基的机理及适用范围。

9-4　简述强夯法与强夯置换法在加固地基和应用范围的异同。

9-5　预压法有哪些类型？加固机理分别是什么？适用条件分别是什么？

第 10 章　特殊土与区域性地基

　　以特殊土及特殊地质环境为显著特征的区域性地基主要包括：特殊土质（膨胀土、湿陷性黄土、红黏土、多年冻土等）地基、山区地基及地震区地基等。由于不同的地理环境、气候条件、地质历史及物质成分等原因，使它们具有不同于一般地基的特征，分布也存在一定的规律，表现出明显的区域性。

　　本章仅介绍膨胀土、湿陷性黄土、红黏土三种特殊土地基，以及山区地基、地震区地基在我国的分布特征、特殊的工程地质性质以及，为防止其危害应采取的工程措施。另外随着非饱和土强度理论的不断发展，以非饱和土理论为基础的地基处置方法逐渐成为一个较完整的分支体系，因此本章对非饱和土地基应用与实践也作了介绍。

10.1　膨　胀　土　地　基

　　膨胀土是指土中黏粒主要由亲水矿物组成，同时具有显著的吸水膨胀和失水收缩特性，其自由膨胀率大于或等于40%的黏性土。膨胀土在我国分布广泛，以黄河以南地区较多，常常呈岛状分布。

　　由于膨胀土具有明显的膨胀和收缩特征，因而在工程建设中如不采取一定的工程措施，很容易导致土体的变形、开裂及建筑物倒塌等严重的工程事故。目前，我国对膨胀土地基在勘察设计、施工和维护等方面已经积累了不少经验，并颁布《膨胀土地区建筑技术规范》（GB 50112—2013）（以下简称《膨胀土规范》），对保证膨胀土地基建筑物的质量具有重要作用。

10.1.1　膨胀土的特性

　　膨胀土多出现于二级或二级以上阶地、山前和盆地边缘丘陵地带。膨胀土所处地形平缓，无明显自然陡坎。其分布地区常见浅层塑性滑坡、地裂，新开挖的路堑、边坡、基槽易发生坍塌。在自然条件下膨胀土呈坚硬或硬塑状态，结构致密，裂隙发育，常有光滑面和擦痕，风干时出现大量的微裂隙，遇水则软化。土内常含有钙质结核和铁锰结核，呈零星分布，有时也富集成层。膨胀土一般呈灰白、灰绿、灰黄、棕红、黄等颜色。具有上述工程地质特征的场地，且自由膨胀率大于或等于40%的土，可初步判定为膨胀土。通过详细调查，当拟建场地或其邻近有膨胀岩土损坏的工程时，应判定为膨胀岩土。

　　膨胀土是一种特殊的黏性土，其黏粒含量很高，塑性指数 $I_P > 17$，且多为 22～35。天然含水量接近或略小于塑限，液性指数常小于零。表现为压缩性低、强度高，因此易被误认为是良好的天然地基。云南地区典型灰白色膨胀土如图 10-1 所示。

图 10-1　云南地区典型灰白色膨胀土

【小贴士】
----------------------------○

　　膨胀土在我国的分布范围很广，如广西、云南、河南、湖北、四川、陕西、河北、安徽、江苏等地均有不同范围的分布。我国膨胀土形成的地质年代大多数为第四纪晚更新世（Q3）及其以前，少量为全新世（Q1）。由于不同的风化条件和地质环境，造成了多种颜色的膨胀土，其中一般数灰白色与灰绿色膨胀土膨胀性较为明显，土块浸水后搓捻时滑腻感很强。因其红白相间形似五花肉，西南某些地区的农民还把它称作"五花土"（不同于考古学中相应术语）。

10.1.2　膨胀土地基的勘察与评价

　1. 地基勘察的要求

　　膨胀土地基勘察除应符合国家现行的一般土地区的勘察要求外，尚应着重下列内容：

　　（1）取原状土样的勘探点应根据地基基础设计等级、地貌单元和地基土胀缩等级布置，其数量不应少于勘探点总数的 1/2；详细勘察阶段，地基基础设计等级为甲级的建筑物，不应少于勘探点总数的 2/3，且不得少于 3 个勘探点。

　　（2）勘探点的布置及控制性钻孔深度应根据地形地貌条件和地基基础设计等级确定，钻孔深度不应小于大气影响深度，且控制性勘探孔不应小于 8m，一般性勘探孔不应小于 5m。

　　（3）采取原状土样应从地表下 1m 处开始，在地表下 1m 至大气影响深度内，每 1m 取土样 1 件；土层有明显变化处，宜增加取土数量；大气影响深度以下，取土间距可为 1.5～2.0m。

　2. 膨胀土的工程特性指标

　　对膨胀土进行室内试验，除了一般的物理、力学性质指标的试验外，尚应进行下列特有的工程特性指标的试验。

　　（1）自由膨胀率（δ_{ef}）。将人工制备的烘干土浸泡于水中，在水中经过充分浸泡后增加的体积与原体积之比，称为自由膨胀率，按下式计算

$$\delta_{ef} = \frac{v_w - v_0}{v_0} \tag{10-1}$$

式中　v_w——土样在水中膨胀稳定后体积，mL；

　　　v_0——土样原有的体积，mL。

　　自由膨胀率是一个重要指标，它可用来初步判定是否是膨胀上。由于试验简单、快捷，可用于初步判别。但由于它不能反映原状土的胀缩变形，因此，不能用它来评价地基土的胀缩性。

　　（2）膨胀率（δ_{ep}）。在一定压力下，处于侧限条件下的原状土样浸水膨胀稳定后，试样增加的高度与原高度之比，称为膨胀率。试验方法仿压缩试验，将原状土置于压缩仪中，按工程实际需要确定对试样施加的最大压力。对试样逐级加荷至最大压力，待下沉稳定后，注水使其膨胀并测得稳定值，然后按加荷等级逐级卸荷至零，测定各级压力下膨胀稳定后的土样高度。按下式计算不同压力下的膨胀率

$$\delta_{ep} = \frac{h_w - h_0}{h_0} \tag{10-2}$$

式中　h_w——土样在提水状态下压力为 p 时膨胀稳定后的高度，mm；

h_0——土样的原始高度，mm。

膨胀率可以用来评价地基的胀缩等级，计算膨胀土地基的变形量以及测定膨胀力。

（3）线缩率 δ_s 和收缩系数 λ_s。线缩率是指原状土样的垂直收缩变形与土样原始高度之比，用百分数表示。试验叫把土样从环刀中推出，置于 20℃ 恒温条件下干缩，按规定时间测读试样高度，并同时测定其含水量。按下式计算土的线缩率

$$\lambda_s = \frac{h_0 - h}{h_0} \times 100\%　　　　　　　　　　（10\text{-}3）$$

式中　　h_0——试样开始时的高度，mm；

　　　　h——试验过程中某时刻测得的土样收缩后的高度，mm。

收缩系数 λ_s 是指不扰动土试样在直线收缩阶段，含水量减少 1% 时的竖向线缩率。按下式计算

$$\lambda_s = \frac{\Delta\delta_s}{\Delta w}　　　　　　　　　　　　　（10\text{-}4）$$

式中　　$\Delta\delta_s$——收缩过程中直线变化阶段与两点含水量之差对应的竖向线缩率之差，%；

　　　　Δw——收缩过程中直线变化阶段两点含水量之差，%。

收缩系数可用来评价地基的胀缩等级和计算膨胀土地基的变形量。

（4）膨胀力 P_e。膨胀力为原状土样在体积不变时，由于浸水膨胀产生的最大内应力，由膨胀力试验测定。

膨胀土的工程特性指标包括自由膨胀率、不同压力下的膨胀率、膨胀力和收缩系数四项。其中，自由膨胀率是判定膨胀土时采用的指标，不能反映原状土的胀缩变形，也不能用来定量评价地基土的胀缩幅度。不同压力下的膨胀率和收缩系数是膨胀土地区设计计算变形的两项主要指标。膨胀力较大的膨胀土，地基计算压力也可相应增大，在选择基础形式及基底压力时，膨胀力是很有用的指标。以上指标的试验方法及技术要求，可参考《膨胀土规范》。

3. 膨胀土场地与膨胀土危害

（1）膨胀土的建筑场地。根据地形地貌条件，膨胀土的建筑场地可分为平坦场地和坡地场地两类。符合下列条件之一者应划为平坦场地：

当地形坡度小于 5°，或地形坡度为 5°～14° 且距坡肩水平距离大于 10m 的坡顶地带，应为平坦场地；

当地形坡度大于等于 5°，或地形坡度小于 5° 且同一建筑物范围内局部地形高差大于 1m 的场地，应为坡地场地。

（2）膨胀土的危害。一般黏性土都具有胀缩性，因其变形较小，对工程没有太大的影响。而膨胀土的膨胀—收缩—膨胀的周期性变形特性非常显著。建造在膨胀土地基上的建筑物，随季节气候变化会反复不断地产生不均匀的抬升和下沉，而使建筑物破坏，破坏具有下列规律：

1）建筑物的开裂破坏具有地区性成群出现的特点，建筑物裂缝随气候变化不停地张开和闭合。而且以低层轻型、砖混结构损坏最为严重，因为这类房屋重量轻、整体性较差，且基础埋深浅，地基土易受外界环境变化的影响而产生胀缩变形。

2）房屋在垂直和水平方向都受弯和受扭，故在房屋转角处首先开裂，墙上出现对称或不对称的正、倒八字形裂缝和 X 形裂缝。外纵墙基础由于受到地基土膨胀过程中产生的竖

向应力和侧向水平应力的作用，造成基础移动而产生水平裂缝和位移。室内地坪和楼板发生纵向隆起开裂。

3）边坡上的建筑物不稳定，地基产生压直和水平向的变形，故损坏比平坦场地更严重。

4. 膨胀土地基的计算

膨胀土地基的变形量。膨胀土地基的计算变形量应不超过《膨胀土规范》提出的建筑物地基容许变形值。

膨胀土地基的变形量可按下列变形特征分别计算：

（1）场地天然地表下 1m 处土的含水量等于或接近最小值时，或地面有覆盖且无蒸发可能时，以及建筑物在使用期间经常有水浸湿的地基，可按膨胀变形量计算。

（2）场地天然地表下 1m 处地基土的天然含水量大于 1.2 倍塑限含水量时，或直接受高温作用的地基，可按收缩变形量计算；

（3）其他情况下可按胀缩变形量计算。膨胀土地基的膨胀变形量、收缩变形量、胀缩变形量可按《膨胀土规范》提出的方法来进行计算。

10.1.3　膨胀土地基工程措施

1. 设计措施

（1）场址选择及总平面设计。场址应选择在排水通畅、地形条件简单、土质较均匀、胀缩性较弱以及坡度小于 14°并有可能采用分级低挡土墙治理的地段，避开地裂、冲沟发育、地下水变化剧烈和可能发生浅层滑坡等地段。

总平面设计时，要求同一建筑物地基土的分级变形量之差不宜大于 35mm；对变形有严格要求的建筑物，应布置在埋深较深、胀缩等级较低或地形较平坦的地段，竖向设计宜保持自然地形，避免大挖大填；场地内应设可靠的排水系统，其绿化应根据气候条件、膨胀土等级并结合当地经验采取相应的措施。

（2）基础埋深。膨胀土地基上建筑物基础埋深不应小于 1m，具体埋深的确定应根据以下条件综合考虑：场地类型；膨胀土地基胀缩等级；大气影响急剧层深度、建筑物结构类型；作用在地基上的荷载大小和性质，建筑物用途，有无地下室、设备基础和地下设施；基础形式和构造；相邻建筑物的基础埋深。对于以基础埋深为主要防治措施的平坦场地上的砖混结构房屋，基础埋深应取大气影响急剧层深度或通过变形计算确定。

（3）地基处理。膨胀土地基处理可采用换土、土性改良砂石或灰土垫层等方法，也可采用桩基。确定处理方法应根据土的胀缩等级、地方材料以及施工工艺等，进行综合技术经济比较。

换土可采用非膨胀性土、灰土或改良土，换土厚度可通过变形计算确定。膨胀土土性改良可采用掺和水泥、石灰等材料，掺和比和施工工艺应通过试验确定。

平坦场地上胀缩等级为Ⅰ级、Ⅱ级的膨胀土地基宜采用砂、碎石垫层。垫层厚度不应小于 300mm。垫层宽度应大于基底宽度，两侧宜采用与垫层相同的材料回填，并应做好防水、隔水处理。

2. 施工措施

膨胀土地基上的施工措施宜采用分段快速作业法。进行开挖工程时，应在达到设计开挖标高以上 1.0m 处采取严格保护措施，防止长时间曝晒或浸泡。基坑（槽）挖土接近基底设计标高时，宜在上部预留 150～300mm 土层，待下一步工序开始前挖除。验槽后，应及时浇混凝土垫层或采取措施封闭坑底。封闭方法可选用喷（抹）1∶3 水泥砂浆或土工塑料膜覆盖。基础施工出地面后，基坑（槽）应及时分层回填并夯实。填料可选用非膨胀土、弱膨胀土及掺有石灰或其他材料的膨胀土。

10.2　湿陷性黄土地基

10.2.1　黄土的特征与分布

黄土是一种在第四纪地质历史时期干旱条件下产生的沉积物，其内部物质成分和外部形态特征均不同于同时期的其他沉积物，地理分布上具有一定的规律性。黄土颗粒组成以粉粒为主，富含碳酸钙盐类等可溶性盐类、孔隙比较大，外观颜色主要呈黄色或褐黄色。

黄土在天然含水量状态下，一般强度较高，压缩性较小，能保持直立的陡坡。仅在一定压力下受水浸湿后，结构迅速破坏，并发生显著的附加下沉（其强度也随着迅速降低），这种现象称为湿陷性。具有湿陷性的黄土，称为湿陷性黄土；而不具湿陷性的黄土，则称为非湿陷性黄土，非湿陷性黄土地基的设计与施工与一般黏性土地基无差别。

湿陷性黄土又分为自重湿陷性和非自重湿陷性两种，在土自重应力下受水浸湿后发生湿陷的黄土称为自重湿陷性黄土；在大于土自重应力下（包括土的自重应力和附加应力）受水浸湿后发生湿陷的黄土称为非自重湿陷性黄土。

黄土在我国分布广泛，面积达 64 万 km²，其中湿陷性黄土约占 3/4，主要分布在陕西、甘肃、山西地区，青海、宁夏、河南也有部分分布，此外，河北、山东、新疆、内蒙古、东北三省等地也有零星分布。陕西某地区黄土地貌如图 10-2 所示。

图 10-2　陕西某地区黄土地貌

10.2.2　黄土湿陷性发生的原因和影响因素

黄土的湿陷现象是一个复杂的地质、物理、化学过程，对其湿陷的原因和机理，有多种不同的理论假说，至今尚无大家公认的理论能够充分解释所有的湿陷现象和本质。归纳起来，可分为外因和内因两个方面。外因，即黄土受水浸湿和荷载作用；内因，即黄土的物质成分及结构特征。

黄土发生湿陷性的影响因素主要有以下几点。

1. 物质成分的影响

在组成黄土的物质成分中，黏粒含量对湿陷性有一定的影响。一般情况下，黏粒含量越多湿陷性越小。在我国分布的黄土中，其湿陷性存在着由两北向东南递减的趋势，这与自西北向东南方向砂粒含量减少而黏粒增多的情况相一致。另外，黄土中盐类及共存在的状态对湿陷性有着更为直接的影响。例如，起胶结作用而难溶解的碳酸钙含量增大时，黄土的湿陷性减弱；而中溶性石膏及其他碳酸盐、硫酸盐和氯化物等易溶盐的含量越多，则湿陷性越强。

2. 物理性质的影响

黄土的湿陷性与孔隙比和含水量的大小有关。孔隙比越大，湿陷性越强；而含水量越高，则湿陷性越小；但当天然含水量相同时，黄土的湿陷变形随湿度增长程度的增加而增大。饱和度 $S_r > 80\%$ 的黄土，称为饱和黄土，其湿陷性已退化，进而成为压缩性很大的软土。

除以上两项因素外，黄土的湿陷性还受外加压力的影响，外加压力越大湿陷量也将显著增加，当压力超过某一数值时，再增加压力，湿陷量反而减少。

10.2.3　黄土湿陷性评价

黄土是否具有湿陷性，可用湿陷系数 δ_s 值进行判定。湿陷系数 δ_s 是利用现场采集的原状土样，通过室内浸水压缩试验在一定压力下求得的，计算公式如下

$$\delta_s = \frac{h_p - h_p'}{h_0} \tag{10-5}$$

式中　h_p——保持天然的湿度和结构的土样，加压至一定压力 p 时，下沉稳定后的高度，mm；

　　　h_p'——上进加压稳定后的土样，在浸水作用下，下沉稳定后的高度，mm；

　　　h_0——土样的原始高度，mm。

按式（10-5）计算的湿陷系数 δ_s，对黄土湿陷性判定如下：

$\delta_s < 0.015$，非湿陷性黄土；

$\delta_s \geqslant 0.015$，湿陷性黄土。

测定湿陷系数的压力 p 应自基础底面算起，若为初步勘察时，自地面下 1.5m 起算。10m 以内的土层应取 200kPa；10m 以下至非湿陷土层顶面，应取其上覆土的饱和自重压力（当大于 300kPa 时，取 300kPa）。当基底压力大于 300kPa 时，宜按实际压力测定的湿陷系数值判定黄土混陷性。

10.2.4　湿陷性黄土地基的工程措施

在湿陷性黄土地区进行建设，除了必须遵循——般地基的设计和施工原则外，还应针对黄土湿陷性的特点和要求，因地制宜采取必要的工程措施，确保建筑物的安全和正常使用。

1. 地基处理措施

地基处理的目的在于破坏湿陷性黄土的大孔结构，以便消除或部分消除黄土地基的湿陷性，从根本上避免或削弱湿陷现象的发生。《湿陷性黄土地区建筑规范》（GB 50025—2004）根据建筑物的重要性、地基受水浸湿可能性的大小，以及在使用上对不均匀沉降限制的严格程度，将建筑物分为甲、乙、丙、丁四类。对甲类建筑物要求消除地基的全部湿陷量，或穿透全部湿陷土层；对乙、两类建筑物则要求消除地基的部分湿陷性；丁类为次要建筑物，地基可不做处理。

常用的地基处理方法有垫层法、重锤夯实法、强夯法、挤密法、顶浸水法、化学加固法（单液硅化或碱液加固法）等，也可采用将桩端进入非湿陷性土层的桩基础。

2. 防水措施

防水措施是在建筑物施工和使用期间，防止和减少水浸入地基，从而消除黄土产生湿陷性的外在条件。需综合考虑整个建筑场地以及单体建筑物的排水、防水。防水措施包括：

（1）基本防水措施。在建筑物布置、场地排水、地面防水、散水、排水沟口等方面，采取措施防止雨水或生产、生活用水的渗漏。

（2）检漏防水措施。在基本防水措施的基础上设置检漏塑料检查井。

（3）严格防水措施。对防护范围内的地下管道，增设检漏管沟。

在检漏防水措施的基础上，提高防水地面、排水沟、检漏管沟和枪漏井等设施的材料标准，如增设卷材防水层、采用钢筋混凝土排水沟等。具体要求见《湿陷性黄土地区建筑规范》（GB 50025—2004）。

3. 结构措施

结构措施的目的是为了减小建筑物的不均匀沉降，或使结构适应地基的变形，它是对前两项措施非常必要的补充。如选择适宜的结构体系和基础形式，加强结构的整体性和空间刚度，基础预留适当的沉降净空等。

在上述措施中，地基处理是主要的工程措施，防水措施和结构措施应根据实际情况采用适当措施增强建筑物适应或抵抗不均匀沉降的能力。

10.3　红 黏 土 地 基

10.3.1　红黏土的特征与分布

红黏土是指碳酸盐系的岩石经过红土化作用（即成土化学分化作用）形成的棕红、褐黄等颜色的高塑性黏土，其液限一般大于 50%，具有表面收缩、上硬下软、裂隙发育的特征。红黏土经再搬运之后仍保留其基本特征，液限大于 45% 的土称为次生红黏土。

红黏土的形成均分布与气候条件密切相关。一般气候变化大、潮湿多雨地区有利于岩石的风化，易形成红黏土。因此，在我国以贵州、云南、广西分布的最为广泛和典型，其次在安徽、川东、粤北、鄂西和湘西也有分布。

10.3.2　红黏土的工程地质特征

红黏土的矿物成分以石英和高岭石（或伊利石）为主。红黏土中较高的黏土颗粒含量（55%～70%）使其具有高分散性和较大的孔隙比（1.1～1.7）。常处于饱和状态（$S_r >$ 85%），它的天然含水量（30%～60%）几乎与塑限相等。但液性指数较小（−0.1～0.6），这说明红黏土中的水以结合水为主。因此，红黏土的含水量虽高，但土体一般仍处于硬塑或坚硬状态，而且具有较高的强度和较低的压缩性。在孔隙比相同时，它的承载力约为软黏土的 2～3 倍。从土的性质来说，红黏土是建筑物较好的地基，但也存在一些问题：

（1）有些地区的红黏土受水浸泡后体积膨胀，干燥失水后体积收缩而具有胀缩性。

（2）红黏土厚度分布不均，其厚度与下卧基岩面的状态和风化深度有关。常因石灰岩走向和石芽、溶沟等的存在，使上覆红黏土的厚度在小范围内相差悬殊，造成地基的不均匀性。

（3）红黏土沿深度从上向下含水量增加、土质有由硬至软的明显变化。接近下卧基岩顶面处，土常呈软塑或流塑状态，其强度低、压缩性较大。

（4）红黏土地区的岩溶现象一般较为发育。由于地表水和地下水的运动引起的冲蚀和潜蚀作用，在隐伏岩溶上的红黏土层常有土洞存在，因而影响场地的稳定性。

10.3.3　红黏土地基的工程措施

红黏土上部常呈坚硬至硬塑状态，设计时应根据具体情况，充分利用它作为天然地基的持力层。当红黏土层下部存在局部的软弱土层或岩层起伏过大时，应考虑地基不均匀沉降的影响，采取相应措施。

红黏土地基，应按它的特殊性质采取相应的处理方法。需注意的是，从地层的角度这种地基具有不均匀的特性，故应按照不均匀地基的处理方法进行处理。为消除红黏土地基中存在的石牙、土洞或土层不均匀等不利因素的影响，应对地基、基础或上部结构采取适当的措施，如换土、填洞、加强基础和上部结构的刚度或采取桩基础等。

施工时，必须做好防水排水措施，避免水分渗透进地基中。基槽开挖后，不得长久暴露使地基干缩开裂或浸水软化，应迅速清理基槽修筑基础，并及时回填夯实。出于红黏土的不均匀性，对于重要建筑物，开挖基槽时，应注意做好施工验槽工作。

对于天然土坡和开挖入下边坡或基槽时，必须注意土体中裂隙发育情况，避免水分渗入引起滑坡或崩塌事故。应防止破坏坡面植被和自然排水系统，坡面下的裂隙应填塞，应做好建筑场地的地表水、地下水及土体和生活用水的排水、防水措施，以保证土体的稳定性。

10.4　山　区　地　基

山区地基覆盖层厚薄不均，下卧基岩面起伏较大，有时出露于地表，并且地表高差悬殊，常见有大块孤石或石芽出露，形成了山区不均匀的土岩组合地基。另外，山区山高坡陡，地表径流大，如遇暴雨极易形成滑坡、崩塌、泥石流以及岩溶、土洞等不良地质现象。这些特征说明山区地基的均匀性和稳定性都很差。根据《地基规范》中的规定，山区地基的设计应考虑下列因素：

（1）建设场区内，在自然条件下，有无滑坡现象，有无影响场地稳定性的断层、破碎带。

（2）在建设场地周围，有无不稳定的边坡。

（3）施工过程中，因挖方、填方、堆载和卸载等对山坡稳定性的影响。

（4）地基内岩石厚度及空间分布情况、基岩面的起伏情况、有无影响地基稳定性的临空面。

（5）建筑地基的不均匀性。

（6）岩溶、土洞的发育程度，有无采空区。

（7）出现危岩崩塌、泥石流等不良地质现象的可能性。

（8）地面水、地下水对建筑地基和建设场区的影响。

10.4.1　土岩组合地基

在山区建筑地基（或被沉降缝分隔区段的建筑地基）的主要受力层范围内，如遇下列情况之一者，属于土岩组合地基：

（1）下卧基岩表面坡度较大的地基。

（2）石芽密布并有出露的地基。

（3）大块孤石或个别石芽出露的地基。

对于下卧基岩面坡度大于 10% 的地基，当建筑地基处于稳定状态，下卧基岩面为单向倾斜且基岩表面距基础底面的土层厚度大于 300mm 时，如果结构类型的地质条件符合表 10-1 要求，可以不做变形验算，否则，应做变形验算。当变形值超出建筑物地基变形容许值时，应调整基础的宽度、埋深或采用褥垫等方法进行处理。对于局部为软弱土层的，可采用基础梁、桩基、换土或其他方法进行处理。

表 10-1   下卧基岩表面允许坡度值

上覆土层承载力标准（kPa）	四层和四层以下的砌体承重结构，三层和三层以下的框架结构	配设 15t 和 15t 以下吊车的一般单层排架结构	
		靠墙的边柱和山墙	无墙的中柱
≥150	≤15%	≤15%	≤30%
≥200	≤25%	≤30%	≤50%
≥300	≤40%	≤50%	≤70%

对于石芽密布并有出露的地基，当石芽间距小于 2m，其间为硬塑或坚硬状态的红黏土时，对于当房屋为六层或六层以下的砌体承重结构、三层或三层以下的框架结构或配设 15t 和 15t 以下吊车的单层排架结构，其基底压力小于 200kPa，可以不做地基处理。如不能满足上述要求，可利用经检验稳定性可靠的石芽作为支墩式基础，也可在石芽出露部位做褥垫（图 10-3）。当石芽间有较厚的软弱土层时，可用碎石、土夹石等压缩性低的土料进行置换。

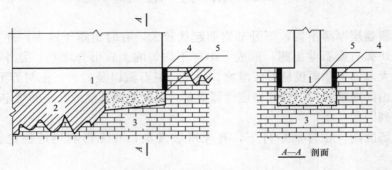

图 10-3 褥垫构造图
1—基础；2—土层；3—基岩；4—沥青；5—褥垫

对于大块孤石或个别石芽出露的地基，容易在软硬交界处产生不均匀沉降，导致建筑物开裂。因此，地基处理的目的应使地基局部坚硬部位的变形与周围土的变形相适应。当土层的承载力标准值大于 150kPa，房屋为单层排架结构或一、二层砌体承重结构时，宜在基础与岩石的接触部位采用褥垫进行处理；对于多层砌体承重结构，应根据土质情况，适当调整建筑物平面位置，也可采用桩基或梁、供跨越等处理措施。在地基压缩性相差较大的部位，宜结合建筑平面形状、荷载条件设置沉降缝。沉降缝宽度宜取 30~50mm 在特殊情况下可适当加宽。

10.4.2 岩溶

岩溶（又称喀斯特）是指可溶性岩石在水的溶（侵）蚀作用下，产生沟槽、裂隙和空洞，以及由于空洞顶板塌落使地表出现陷穴、洼地等类现象和作用的总称（图 10-4 为岩溶岩层剖面示意图）。可溶岩包括碳酸盐类岩石（如石灰岩、白云岩），以及石膏、岩盐等其他可溶性岩石。由于可溶岩的溶解速度快，因此，评价岩溶对工程的危害不但要评价其现状，更要着眼于工程使用期限内溶蚀作用对工程的继续影响。

可溶性岩石在我国分布很广泛，尤其是碳酸盐类岩石，无论在北方或南方都有成片或零星的分布，其中以贵州、广西、云南分布最广。

1. 岩溶区地基稳定性评价

在岩溶地区首先要了解岩溶的发育规律、分布情况和稳定程度，查明溶洞、暗河、陷穴

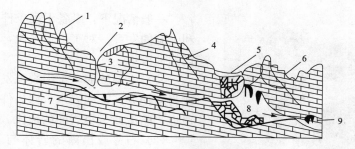

图 10-4 岩溶岩层剖面示意图

1—石芽、石林；2—漏斗；3—落水洞；4—溶蚀裂隙；5—塌陷洼地；6—溶沟、溶槽；7—暗河；8—溶洞；9—钟乳石

的界限，以及场地内有无出现涌水、淹没的可能性，以便作为评价和选择建筑场地、布置总图时参考。下列地段属于工程地质条件不良或不稳定的地段：

(1) 地面石芽、溶沟、溶槽发育，基岩起伏剧烈，其间有软土分布。

(2) 有规模较大的浅层溶洞、暗河、漏斗、落水洞。

(3) 溶洞水流通路堵塞造成涌水时，有可能使场地暂时被淹段。在一般情况下，应避免在上述地区从事建筑，如果一定要利用这些地段作为建筑场地时，应采取必要的防护和处理措施。

在岩溶地区，如果基础底面以下的土层厚度大于 3 倍独立基础底宽，或大于 6 倍条形基础底宽，且在使用期间不具备形成土洞的条件时，或基础位于微风化的硬质岩表面，对于宽度小于 1m 的竖向溶蚀裂隙和落水洞近旁地段，可以不考虑岩溶对地基稳定性的影响。当溶洞顶板与基础底面之间的土层厚度小于 3 倍独立基础底宽，或小于 6 倍条形基础底宽时，根据洞体大小、顶板形状、厚度、岩体结构及强度、洞内充填情况，以及岩溶地下水活动等因素进行洞体稳定性分析。如地基的地质条件符合下列情况之一时，对三层及三层以下的民用建筑或具有 5t 及 5t 以下吊车的单层厂房，可以不考虑溶洞对地基稳定性的影响：

(1) 溶洞被密实的沉积物填满，其承载力超过 150kPa 且无被冲蚀的可能性。

(2) 洞体较小，基础尺寸大于溶洞的平面尺寸，并有足够的支承长度。

(3) 微风化的硬质岩石中，洞体顶板厚度接近或大于洞跨。

2. 地基处理措施

对地基稳定性有影响的岩溶洞隙，应根据其位置、大小、埋深、围岩稳定性和水文地质条件综合分析，因地制宜采取下列处理措施：

(1) 对洞口较小的洞隙，宜采取镶补、嵌塞与跨盖等方法处理。

(2) 对洞口较大的洞隙，宜采用梁、板和拱等结构跨越，跨越结构应有可靠的支撑面。梁式结构在岩石上的支撑长度应大于梁高 1.5 倍，也可采用浆砌块石等堵塞措施。

(3) 对于围岩不稳定、风化裂隙破碎的岩体，可采用灌浆加固和清爆堵塞等措施。

(4) 对规模较大的洞隙，可采用洞底支撑或调整柱距等方法处理。

10.4.3 土洞

土洞是指埋藏在岩溶地区可溶性岩层的上覆土层内的空洞，如图 10-5 所示。它是岩面以上的土体在特定的水文地质条件下，遭到流失迁移而形成的。土洞继续发展即形成地表塌陷。它是岩溶地区的一种不良地质现象。由于土洞发育速度快、分布密，因而对建筑物场地或地基的危害远大于溶洞。

图 10-5　土洞

一般情况下，具备下列条件的部位，可能有利土洞的发育。对于工程来说，应视为不利于建设的地段：

（1）土层较薄，土中裂隙发育，地表无植被或为新挖方区，地表水入渗条件好，其下基岩有通道、暗流或呈页岩面的地段。

（2）石芽或出露的岩体与上覆土层的交接处，岩体裂隙通道发育且为地面水经常集中入渗的部位。

（3）土层下岩体中两组结构面交汇，或处于宽大裂隙带上。

（4）隐伏的深入溶沟、溶槽、漏斗等地段，邻近基岩面以上有软弱土层分布。

（5）人工降水漏斗的中心，如岩溶导水性相对均匀，在漏斗中地下水流向的上游部位。

（6）地势低洼，地面水体近旁。

对建筑场地和地基范围内存在的土洞和塌陷应采取如下处理措施：

1. 地表水形成的土洞

地表水形成的土洞，应认真做好地面水截留、防渗、堵漏等工作，杜绝地表水渗入土层。对已形成的土洞可采用挖填及梁板跨越等措施。

2. 地下水形成的土洞

对浅埋土洞，全部清除困难时，可以在余土上抛石夯实，其上做反滤层，层面用黏土夯填。由于残留的土可能发生压缩变形以及地下水的活动，可在其上做梁、板或拱跨越。

对直径较小的深埋土洞，其稳定性较好，危害性小，可不处理洞体，仅在洞顶上部采取梁板跨越即可。

对直径较大的深埋土洞，可采用顶部钻孔灌砂（砾）或灌碎石混凝土，以充填空洞。

对重要建筑物，可采用桩基进行处理。

3. 人工降水形成的土洞

人工降水形成的土洞与塌陷，可在极短时间内成群出现，一旦发生即使处理了，由于并未改变其水动力条件，仍可再生。因此，工程措施的原则应以预防为主。预防措施包括下述几方面：

（1）选择地势较高的地段及地下水静动水位均低于基岩面的地段进行建筑。

（2）建筑场地应与取水点中心保持一定距离。建筑物应设置在降落漏斗半径之外，如在降落漏斗半径范围之内布置建筑物时，需控制地下水降深值，使动水位不低于上覆土层底部或稳定在基岩面以下，即使其不在土层底部上下波动。

（3）塌陷区内不应把土层作为基础持力层，一般多采用桩（墩）基。

10.5　非饱和土地基

与前文所述几种特殊地基不同的是，非饱和土是地基土分类中一个较为宽泛的分类，当土壤空隙被水填充的比例为百分之百时该土壤称之为饱和土。反之，土壤孔隙由水和空气填充，即饱和度小于 100 时但大于 0 时，该土壤为非饱和土。对于非饱和的人工地基，非饱和状态的建筑地基土、堤坝填筑土或者边坡土而言，为了准确地了解这些非饱和土的力学特性，以及其上建筑物、堤坝或边坡的运行状态，必须了解非饱和土的应力—应变关系或强度特性。由于经典土力学不能确定非饱和土的变形和强度随有效应力及时间发展变化的准确关系，不能建立准确的强度理论和固结变形理论。为了真正了解非饱和土的力学行为，对非饱和土的研究在岩土工程界不断发展起来。

膨胀土和黄土是两类特殊的非饱和土，膨胀土遇水膨胀，失水收缩，膨胀变形和收缩变形是逆向的；相反，黄土遇水产生湿陷变形，但失水后并不出现膨胀变形。因此，膨胀土和黄土的变形行为差别很大，用经典土力学理论无法解释变形行为的差别，只有建立真正的非饱和土土力学理论，才能认识膨胀土与黄土变形行为的差别。

与冻土有关的工程问题也是经典土力学理论无能为力的，而如果在非饱和土固结理论的控制方程中增加热平衡方程以后，就有可能同时算出温度变化、水分迁移以及随之而产生的土体变形，这对冷库建设及寒冷地区的工程建设无疑有重大指导意义。即使对于沿海软土地区，非饱和土土力学同样也有广阔的应用前景。软土表面普遍存在一层硬壳，硬壳的形成过程可以用非饱和土土力学理论来分析。硬黏土边坡的开挖过程中，边坡吸水软化，边坡的稳定性同样可以用非饱和土土力学理论进行分析。

建立非饱和土土力学理论无疑是对土力学理论的发展和补充，非饱和土土力学理论有着广阔的应用前景。与建立其他理论一样，建立非饱和土土力学理论也同样遵循着试验—理论—实践的途径。

浅层（填土）地基承载力：在地下水位以上，土体处于非饱和状态，地基承载力与非饱和土的强度有关。饱和土与非饱和土强度差别在于非饱和土基质吸力对强度的贡献，即非饱和土的负孔隙水压的贡献。负孔隙水压力并不是保持长久不变的，当地基水分变化时，孔隙水压也会变化，因此，负孔隙水压力不稳定。特别是对于膨胀土，负孔隙水压不仅会引起强度变化，同时也会产生胀缩变形，进一步引起强度衰减。对于非饱和膨胀土地基，计算承载力时要充分考虑到负孔隙水压的不稳定性，采用较大的安全系数。与膨胀土相反，湿陷性土同样具有负孔隙水压力，孔隙水压力变化也引起了土体积和强度的变化。湿陷性土遇水体积收缩，失水体积并不膨胀，其体积变化是不可逆的。湿陷性土强度与膨胀土强度有何不同，是否仍可以用非饱和土强度公式描述，仍有待研究。

海洋土（含大气泡生物气土）地基：海洋近岸土中含有生物气或有机气体。气体是由生物腐烂产生的，以大气泡形式存在。气泡中的气体有时可以流动，即从一个气泡扩散到另一个气泡中。含大气泡地基土的强度与普通非饱和土的强度不同，含大气泡地基承载力和离岸工程桩基的承载力仍是套用饱和土地基承载力，没有考虑大气泡对桩基承载力的影响。很显然，地基土中大气泡对桩的端承力和侧摩阻力都是有影响的。因此，在近（离）岸海洋工程中，应该考虑大气泡对桩基承载力的影响，准确估算桩基的侧摩阻力。有一点是可以肯定的，即含大气泡地基的承载力应该比饱和土地基承载力大，至少两者数值接近。因此目前已有工程中，按饱和土地基承载力设计，工程稳定性是没有问题的。

冻土地基承载力：在寒冷地区，土粒与孔隙中的水冻结在一起，形成一种非均质的团体，此时无孔隙可言，更谈不上孔隙压力，以及孔隙压力对强度的影响。常用的非饱和土强度公式并不适用冻土强度应该是温度和时间的函数，即

$$\tau = F(T, t) \tag{10-6}$$

式中　T——温度；

　　　t——时间；

　　　F——函数。

在同一温度下，冻土强度随时间增加而减小，随温度增加而减小。温度应该有一个阈值，在一定温度以上，温度变化不影响冻土强度；当温度超过阈值后，温度增加会引起冻土强度降低。临时加固饱和软土地基的冻结法就是利用了冻土强度随温度的变化规律。冻结法在上海市政工程中已有多处成功实例。

边坡稳定性：挖方边坡的稳定性与非饱和土的强度有关。挖方边坡和填筑边坡，负孔隙水压都存在增加→减小的过程。挖方开始时，孔隙水流失，负孔隙水压增加，随着开挖过程稳定后，地下水孔隙水回流，负孔隙水压降低。填筑过程中，边坡体内含水量也存在先小后大的过程。因此与非饱和土负孔隙水压有关的土坡稳定性除了与土坡的高度、土的种类、饱和度、裂隙发育程度有关外，与时间也密切相关。非饱和土边坡滑动预报实质就是揭示非饱和土边坡稳定性的时间效应。

路基（土坝）稳定性：原地面高程达不到高速公路路基顶面设计高程时，需要镇筑路基，填筑路基是从地面逐层碾压填筑而成的梯形均质土坝，路基的边坡坡率一般为 1：1，1：1.5，1：1.75，最缓可达 1：2，视土质情况和路基填筑高度而定。路基填筑土体初始饱和度在 80% 左右。对于过湿土，要进行掺灰或晾干处理，以便碾压到规定的压实度。

碾压路基土中的孔隙气压与大气压接近，孔隙水压为负值。路基填筑过程中，每填一层均造成土坝中总应力增加，加压引起孔隙水压力和孔隙气压力变化。在较快的填筑速度下，路基土基本上是在不排水条件下校压实。

路基在填筑及其后的运行过程中，孔隙气会与大气相通，造成孔隙气消散，孔隙水压和孔隙气压的变化直接影响了路基稳定性，因此对路基中孔隙气压和孔隙水压变化对高速公路路基稳定性的影响应予以重视，并需进行深入研究。

10.6　地震区地基基础

10.6.1　概述

1. 地震的概念

地震是地壳表层因弹性波传播所引起的振动作用和现象，是地壳运动的一种特殊形式。按其成因可分为构造地震、火山地震、激发地震和陷落地震。其中构造地震为最常见，约占地震总数的 90%。已经发生的灾难性地震多为构造地震、给人类带来巨大的灾害。从工程地质观点看，构造地震是主要研究对象。

地震时，地壳中震动发生处为震源。震源在地面上的铅直投影称为震中。震源到震中的距离称为震源深度。震源深度 0～70km 的为浅源地震，70～300km 的为中源地震，大于 300km 的称为深源地震。其中分布最广、破坏性最强的是浅源地震。

2. 震级和烈度

地震的震级是指一次地震释放的能量大小，是表示地震本身大小的尺度。烈度是指某一地点在该次地震时所受到的影响程度，是表示地震时某一地点地面震动强弱的尺度。一次地震在不同地点可表现出不同的烈度，但只会有一个震级。

【小贴士】

--------------------------------◎

我国位于世界两大地震带——环太平洋地震带与欧亚地震带之间，受太平洋板块、印度板块和菲律宾海板块的挤压，地震断裂带十分发育。

"青藏高原地震区"是我国最大的一个地震区，也是地震活动最强烈、大地震频繁发生的地区。据统计，这里 8 级以上地震发生过 9 次；7～7.9 级地震发生过 78 次，均居全国之首。该地震区包括兴都库什山、西昆仑山、阿尔金山、祁连山、贺兰山—六盘山、龙门山、喜马拉雅山及横断山脉东翼诸山系所围成的广大高原地域。涉及青海、西藏、新疆、甘肃、宁夏、四川、云南全部或部分地区，以及原苏联、阿富汗、巴基斯坦、印度、孟加拉、缅甸、老挝等国的部分地区。

3. 抗震设防烈度、设防分类和设防标准

根据《抗震规范》的定义，抗震设防烈度指的是按国家规定的权限批准作为一个地区抗震设防依据的地震烈度。本书涉及的地震烈度均指抗震设防烈度。常见的抗震设防烈度为 6 度、7 度、8 度、9 度，它与设计基本地震加速度值之间的对应关系见表 10-2。该表中带括号的指尚存在地震加速度为 0.15g 和 0.30g 的区域。在这两个区域内建筑抗震设计要求，除有专门规定外，0.15g 的区域与 7 度相当，0.30g 的区域与 8 度相当。所谓"专门规定"的例子，如建筑场地为Ⅲ、Ⅳ类时，对设计基本加速度为 0.1g 和 0.30g 的地区，宜分别按抗震设防烈度 8 度（0.20g）和 9 度（0.40g）时各类建筑的要求采取抗震构造措施。抗震设防的另一重要指标是设计特征周期。特征周期依据建筑所在地的设计地震分组和场地类别共同确定。我国主要城镇的抗震设防烈度、设计基本地震加速度和设计地震分组见《抗震规范》附录 A。

表 10-2　　　　　抗震设防烈度和设计基本地震加速度值的对应关系

抗震设防烈度	6	7	8	9
设计基本加速度	0.05g	0.10(0.15)g	0.20(0.30)g	0.40g

注　g 为重力加速度。

设防分类指的是建筑根据其使用功能的重要性分为甲类、乙类、丙类和丁类四种抗震设防类别。甲类建筑应属于重大建筑工程和地震时可能发生严重次生灾害的建筑，乙类建筑应为属于地震时使用功能不能中断或需尽快恢复的建筑，丙类建筑应为除甲、乙、丁类外的建筑，丁类建筑应为抗震次要建筑。类别的划分执行《建筑工程抗震设防分类标准》（GB 50223—2008）的规定。对于建筑工程中占绝大多数的丙类建筑，地震作用和抗震措施均按本地区的抗震设防烈度的要求确定。对类别高于或低于丙类的建筑物，其设防标准和相应的地震作用和抗震措施，则根据规范规定和工程的具体情况分别予以适当的提高或降低。

10.6.2　地基的震害现象

地基的震害包括振动液化、滑坡及震陷等方面。这些现象的表现特征各不相同，但产生的条件是相互依存的。某些防治措施亦可通用。

1. 饱和砂土和粉土的振动液化

饱和砂上受到振动后趋于密实，导致孔隙水压力骤然上升，相应地减小了土粒间的有效应力，从而降低了土体的抗剪强度。在周期性的地震荷载作用下，孔隙水压力逐渐累积，甚至可以完全抵消有效应力，使土粒处于悬浮状态，而接近液体的特性，这种现象称为液化。表现的形式近似于流砂，产生的原因在于振动。

砂土液化的出现标志是：在地表裂缝中喷水冒砂，地面下陷，建筑物产生巨大沉降和严重倾斜，甚至失稳。例如唐山地震时，液化区喷水高度可达 8m，厂房沉降达 1m。

《抗震规范》规定了饱和砂土和饱和粉土（不含黄土）的液化判别和地基处理要求。6度时，一般情况下可不进行判别和处理，但对液化沉陷敏感的乙类建筑可按 7 度的要求进行判别和处理。7～9 度时，乙类建筑可按本地区抗震设防烈度的要求进行判别和处理。

(1) 判为不液化土的条件。根据《抗震规范》，地基土的液化判别可分两步进行。

1) 初步判别。地质年代为第四纪晚更新世（Q_3）及其以前时，可判为不液化土；

粉土的黏粒含量百分率，7 度、8 度和 9 度分别不小于 10%、13% 和 16% 时，可判为不液化土。

采用天然地基的建筑，当上覆非液化土层厚度和地下水位深度符合规范有关规定时，可不考虑液化影响。详细规定见《抗震规范》第 4.3.3 第 3 条。

2) 由标准贯入试验进一步进行液化判别。当饱和砂土、粉土的初步判别认为需要进一步进行液化判别时，应采用标准贯入试验判别法判别地面下 20m 范围内土的液化。当饱和土标准贯入锤击数（未经杆长修正）小于或等于液化判别标准贯入锤击数临界值时，应判为液化土。当有成熟经验时，尚可采用其他判别方法。

在地面下 20m 深度范围内，液化判别标准贯入锤击数临界值可按下式计算

$$N_{cr} = N_0\beta\left[\ln(0.6d_s + 1.5) - 0.1d_w\right]\sqrt{3/\rho_c} \tag{10-7}$$

式中　N_{cr}——液化判别标准贯入锤击数临界值；

N_0——液化判别标准贯入锤击数基准值，可按表 10-3 采用；

d_s——饱和土标准贯入点深度，m；

d_w——地下水位，m；

ρ_c——黏粒含量百分率，当小于 3 或为砂土时，应采用 3；

β——调整系数，设计地震第一组取 0.80，第二组取 0.95，第三组取 1.05。

表 10-3　　　　　　　　　　　液化判别标准贯入锤击数基准值 N_0

设计基本地震加速度（g）	0.10	0.15	0.20	0.30	0.40
液化判别标准贯入锤击数基准值	7	10	12	16	19

(2) 等级的定量评定。液化危害程度用液性指数 I_{lE} 度量。I_{lE} 值根据地面下各可液化土层代表性钻孔的地质柱状图和标准贯入试验资料，按下式计算

$$I_{lE} = \sum_{i=1}^{n}\left(1 - \frac{N_i}{N_{cri}}\right)d_i w_i \tag{10-8}$$

式中　I_{lE}——液化指数；

　　　　n——在判别深度范围内每一个钻孔标准贯入试验点的总数；

N_i、N_{cri}——i 点标准贯入锤击数的实测值和临界值，当实测值大于临界值时应取临界值；当只需要判别 15m 范围以内的液化时，15m 以下的实测值可按临界值采用；

　　　　d_i——i 点所代表的土层厚度，m，可采用与该标准贯入试验点相邻的上、下两标准贯入试验点深度差的一半，但上界不高于地下水位深度，下界不深于液化深度；

　　　　w_i——i 土层单位土层厚度的层位影响权函数值（单位为 m^{-1}）。当该层中点深度不大于 5m 时应采用 10，等于 20m 时应采用零值，5～20m 时应按线性内插法取值。

　　按式（10-8）计算出建筑物地基范围内各个钻孔的 I_{lE} 值后，即可参照表 10-4 确定地基液化等级，进而依据不同建筑物的抗震设防类别，选择抗液化措施。

表 10-4　　　　　　　　　　　　　液化等级与液化指数的对应关系

液化等级	轻微	中等	严重
液化指数 I_{lE}	$0 < I_{lE} \leq 6$	$6 < I_{lE} \leq 18$	$I_{lE} > 18$

【小贴士】

饭锅里的液化

　　相对松散的饱和砂土正如日常的饭锅里放入小米，然后加入水并接近饱和，将鸡蛋放在米上，这好比建在饱和砂土上的建筑物。没有震动时建筑物安然无恙，像饭锅不动鸡蛋也不会下沉。用双手托起饭锅水平快速摇晃，会发现米中的水溅起来，米漂浮在水中，同时鸡蛋陷入米中，这便是砂土液化（地基抗剪强度完全丧失，地基承载力也完全丧失，地基土成为流体不能传递剪应力，建筑物如海上覆舟失稳倾倒）的形象比喻。

　　2. 地震滑坡和地裂

　　我国历史上几次最大的滑坡都是由地震引起的。1920 年，宁夏海原发生 8.5 级地震，黄土地带出现了连续流滑，摧毁了上百个城镇，20 余万人丧生。地震导致滑坡的原因，一是由于地震时边坡滑楔承受了附加惯性力，下滑力加大；二是因为土体受震趋于密实，孔隙水压力增高，有效应力降低，甚至产生液化，从而减小阻止滑动的内摩擦力。这两种因素对边坡稳定都是不利的。地质测查表明：凡发生过地震滑坡的地区，地层中几乎都有夹砂层。黄土中夹有砂层或砂透镜体时，由于砂层振动液化及水分重新分布，抗剪强度将显著降低而引起流滑。在均质黏性土内，尚未有过关于地震滑坡的实例。

　　此外，在地震后，地表往往出现大量裂缝，称为"地裂"。地裂可使铁轨移位、管道扭曲，甚至可拉裂房屋。地裂与地震滑坡引起的地层相对错动有密切关系。例如路堤的边坡滑动后，坡顶下陷将引起沿线的纵向地裂。因此，河流两岸、深坑边缘或其他有临空自由面的地带往往地裂较为发育，也有由于砂土液化等原因使地表沉降不均引起地裂的。

　　3. 土的震陷

　　地震时，地面的巨大沉陷称为"震陷"或"震沉"。此现象往往发生在砂性土或淤泥质上中。1960 年智利地震后，有一个岛因震陷而局部沉没。天津地震后也出现地面变形现象，导致建筑物产生差异沉降而倾斜。

震陷是一种表观现象，原因有多种：

（1）松砂经震动后趋于密实而沉缩。

（2）饱和砂土经震动液化后涌向四周洞穴中或从地表裂缝中逸出而引起地面变形。

（3）淤泥质黏土经震动后，结构受到扰动而强度显著降低，产生附加沉降。振动三轴试验表明，振动加速度越大则震陷量也越大。为减轻震陷，只能针对不同土质采取相应的加密实或其他加固措施。

10.6.3　场地及地基的评价

在地震基本烈度相同的地区内，经常会发现房屋的结构类型和建筑质量基本相同，但各建筑物的震害程度却有很大的差别。发生这种现象的主要原因是场地条件所造成的。

1. 场地及其地质条件

震害调查表明，地形对震害有明显的影响，如孤立突出的小丘和山脊地区，山地的斜坡地段，陡岸、河流，湖泊以及沼泽洼地的边缘地带等，均会使震害加剧、烈度提高。断层是地质构造上的薄弱环节，多数浅源地震均与断层活动有关。一些具有潜在地震活动的发震断层，地震时会出现很大错动，对工程建设的破坏很大。一些与发震断层有一定联系的非发震断层，由于受到发震断层的牵动和地震传播过程中产生的变异，也可能造成高烈度异常现象。为反映此类因素对地震效应的影响，《抗震规范》从地质、地形、地貌角度将地段分为对抗震有利、一般、不利和危险四种，见表 10-5。

表 10-5　　　　　　　　　　有利、一般、不利和危险地段的划分

地段类别	地质、地形、地貌
有利地段	稳定基岩，坚硬土，开阔、平坦、密实、均匀的中硬土等
一般地段	不属于有利、不利和危险的地段
不利地段	软弱土，液化土，条状突出的山嘴，高耸孤立的山丘，陡坡，陡坎，河岸和边坡的边缘，平面分布上成因、岩性、状态明显不均匀的土层（含古河道、疏松的断层破碎带、暗埋的塘浜沟谷和半填半挖地基），高含水量的可塑黄土，地表存在结构性裂缝等
危险地段	地震时可能发生滑坡、崩塌、地陷、地裂、泥石流等及发震断裂带上可能发生地表位错的部位

2. 场地土的类型

场地土是指在较大和较深范围内的土和岩石。场地土质对震害的影响是很明显的，主要是基岩上面覆盖上层的土质及其厚度。观测、研究证明，震害程度随覆盖土层厚度的增加而加重。根据日本在东京湾及新宿布置的四个不同深度的钻孔观测资料表明：地面的水平最大加速度大于地表下深度 110～150m 处的水平最大加速度。土层的放大系数与土层的土质密切帽关，其比值为：岩土为 1.5，砂土为 1.5～3.0，软黏土为 2.5～3.5。填土层对地表运动有较大的放大作用。此类研究结果表明，有必要对场地土进行分类。

建筑所在场地土的类型，根据实测的土层剪切波速划分（表 10-6）。对丁类建筑及层数不超过 10 层且高度不超过 30m 的丙类建筑，也可根据岩土性状估计并土层的剪切波速。

表 10-6 土的类型划分和剪切波速范围

土的类型	土的名称和性状	土层剪切波速范围（m/s）
岩石	坚硬、较硬且完整的岩石	$v_s > 800$
坚硬土或软质岩石	破碎和较破碎的岩石或软和较软的岩石，密实的碎石土	$800 \geqslant v_s > 500$
中硬土	中密、稍密的碎石土，密实、中密的砾、粗、中砂，$f_{ak} > 150$ 的黏性土和粉土，坚硬黄土	$500 \geqslant v_s > 250$
中软土	稍密的砾、粗、中砂，除松散外的细、粉砂，$f_{ak} \leqslant 150$ 的黏性土和粉土，$f_{ak} > 130$ 的填土，可塑新黄土	$250 \geqslant v_s > 150$
软弱土	淤泥和淤泥质土，松散的砂，新近沉积的黏性土和粉土，$f_{ak} \leqslant 130$ 的填土，流塑黄土	$v_s \leqslant 150$

注 f_{ak} 为由载荷试验等方法得到的地基承载力特征值（kPa）；v_s 为岩土剪切波速。

3. 建筑场地类别

场地类别是根据场地土类型和场地覆盖层厚度进行划分的，见表 10-7。

表 10-7 各类建筑场地的覆盖层厚度   m

岩石的剪切波速或土的等效剪切波速（m/s）	场地类别				
	I_0	I_1	II	III	IV
$v_s > 800$	0				
$800 \geqslant v_s > 500$		0			
$500 \geqslant v_s > 250$		<5	$\geqslant 5$		
$250 \geqslant v_s > 150$		<3	$3 \sim 50$	>50	
$v_s \leqslant 150$		<3	$3 \sim 15$	$15 \sim 50$	>80

注 表中 v_s 系岩石的剪切波速。

10.6.4 地基基础抗震设计要点

1. 一般原则

工程技术人员必须要建立一个明确的概念：建筑物是由上部与基础两部分组成的不可分隔的整体。当其置于地基上，又与地基连成整体。所以，有上部、基础与地基三者共同确保建筑物的安全与正常使用；进行地基基础勘察设计必须充分体现这一原则。

（1）选择有利的建筑场地。选择建筑场地时，应根据工程需要、工程地质条件和地震地质的有关资料，对抗震有利、不利和危险地段作出综合评价。对不利地段，应力求避开。当无法避开时，应采取有效措施。不应在危险地段建造甲、乙、丙类建筑。

为避免共振，力求建筑物的自振周期宜远离地层的卓越周期。

（2）加强基础和上部结构的整体性。建筑设计应符合抗震概念设计的要求，不应采用平面和竖向严重不规则的设计方案，并按规范规定采取抗震构造措施，必要时设置防震缝。

（3）加强基础的抗震性能。由于基础本身的震害总是较轻，所以加强基础的抗震性能的目的主要是减轻上部结构的震害。常见的措施如下：

1）合理加大基础的埋置深度。加大基础埋深可以增加基础侧面土体对振动的抑制作用，从而减少建筑物的振幅。条件允许时，可结合建造地下室以加大埋深。唐山地震后，凡有地下室的房屋，上部结构破坏均较轻。开滦煤矿地下车库和地下水电系统在震后仍可照常使用，在救灾工作中发挥了巨大的作用。

2）正确选择基础类型。软土上宜采用整体性好的交梁基础、筏形基础和箱形基础。这些基础刚度大，能减轻震陷引起的不均匀沉降。例如，天津地震时，建在筏形基础上的五层砖混结构保存完好，而相距 30m 建在条基上的四层砖混结构却发生严重裂损。

（4）地下结构物抗震的设计措施。原则上与上部结构相同。跨度较大时，应适当增加内隔墙以增加刚度，并沿纵向每隔一定距离设置一道防震缝。

2. 天然地基和基础抗震验算要点

（1）下列建筑可不进行天然地基及基础的抗震承载力验算：

1）砌体房屋。

2）地基土承载力标准值分别大于 80kPa（7 度）、100kPa（8 度）、120kPa（9 度）的一般单层厂房和单层空旷房屋，不超过 8 层且高度在 24m 以下的一般民用框架和框架—抗震墙房屋，以及荷载相当的多层框架厂房。

3）《抗震规范》规定可不进行上部结构抗震验算的建筑。

（2）天然地基竖向承载力的抗震验算要点。验算天然地震作用下竖向承载力时，按地震作用效应标准组合的基础底面平均压力和边缘最大压力应符合式（10-9）、式（10-10）、式（10-11）的要求

$$p \leqslant f_{aE} \tag{10-9}$$
$$p_{max} \geqslant 1.2 f_{aE} \tag{10-10}$$
$$f_{aE} = \zeta_a f_a \tag{10-11}$$

式中　f_{aE}——调整后的地基抗震承载力；

　　ζ_a——地震抗震承载力调整系数，应按表 10-8 采用；

　　f_a——深宽修正后的地基承载力特征值，应按现行国家标准《地基规范》采用；

　　p——地震作用效应标准组合的基础底面平均压力；

　　p_{max}——地震作用效应标准组合的基础边缘的最大压力。

表 10-8　　　　　　　　　　地基土抗震承载力调整系数

岩土名称和性状	ζ_a
岩石，密实的碎石土，密实的砾、粗、中砂，$f_{ak} \geqslant 300$ 的黏性土和粉土	1.5
中密、稍密的碎石土、中密、稍密的砾、粗、中砂，密实和中密的细、粉砂，150kPa$\leqslant f_{ak}<$300kPa 的黏性土和粉土，坚硬黄土	1.3
稍密的细、粉砂，100kPa$\leqslant f_{ak}<$150kPa 的黏性土和粉土，可塑黄土	1.1
淤泥，淤泥质土，松散的砂，杂填土，新近堆积黄土及流塑黄土	1.0

高宽比大于 4 的高层建筑，在地震作用下基础底面不宜出现拉应力；其他建筑，基础底面与地基土之间零应力区面积不应超过基础底面面积的 15%。

3. 桩基抗震设计计算要点

承载力竖向荷载为主的低承台桩基，当地面下无液化土层，且桩承台周围无淤泥、淤泥质土和地基承载力特征值不大于 100kPa 的填土时，下列建筑可不进行桩基抗震承载力验算。

（1）不进行桩基抗震承载力验算的建筑：

1）砌体房屋。

2）7 度和 8 度时的下列建筑：

① 一般的单层厂房和单层空旷房屋。

② 不超过 8 层且高度在 25m 以下的一般民用框架房屋。

③ 基础荷载与②项相当的多层框架厂房。

（2）地基抗震验算。执行《抗震规范》第 4.4 条有关规定。

4. 地基基础抗震措施

（1）软弱黏性土地基。置于软黏土地基上的浅基础，基底压力不宜过大，以保证留有足够的安全储备。可采取的措施包括扩大基础底面积、加设地基梁、加大基础埋深、减轻荷载、增强结构整体性和均衡对称性等。桩基是抗震的良好基础形式，但一般竖直桩抵抗地震水平荷载的能力较差，必要时可置斜桩或加大承台埋深并回填紧密。

（2）非均匀地基。非均匀地基指的是土质明显不均、有古河道或暗沟通过及半挖半填地带。土质软弱部分可参照前文采取措施。可能出现地震滑坡时，应预先采取防滑措施。鉴于大部分地裂是由于地层错动引起的，单靠加强基础或上部结构是难以奏效的。地裂发生的关键是存在临空面，所以要尽量填平不必要的残存沟渠。对明渠两侧适当设置支挡，或代以排水暗渠。

（3）可液化地基。对可液化地基采取的抗液化措施应根据建筑的重要性、地基的液化等级，结合具体情况综合确定。可选择全部或部分消除液化沉陷、基础和上部结构处理等措施，或不采取措施等。

 习　　　题

10-1　如何判定膨胀土？

10-2　如何处理湿陷黄土地基？

10-3　什么是红黏土？对红黏土地基应采取哪些措施？

10-4　什么是土岩组合地基、岩溶以及土洞？对土岩组合地基设计时应注意哪些问题？在岩溶和土洞地区进行建筑时，应采取哪些措施？

10-5　什么是震级，地震烈度以及抗震设防烈度？

10-6　地基的常见震害有哪些？判别地基土是否可能产生液化以及液化等级的步骤有哪些？

第 11 章　土力学与岩土工程师

本章将首先以实用为主线，对前面土力学的内容进行总结并构建起知识体系；接下来对我国的岩土工程师执业制度进行介绍，并讨论岩土工程师如何应用土力学解决工程问题；最后将以问答的形式对本课程一些具有较高实用性的疑难点进行释疑。

11.1　土力学主要内容回顾

教材前五章是土力学的基本理论，后五章是土力学在地基基础方面的应用。接下来将从多维度对土力学理论部分进行总结和阐述，加深读者的理解，并将其运用到工程实际。

为了进一步了解土力学的重要性、研究对象的特点、任务与内容，应理解和记住如下几个基本观点。

1. 世间绝无空中楼阁

由于任何工程建筑最终必须与岩土体发生密切的联系，它必须建于岩土体之上（一般建筑）、之侧（挡土墙）、之间（沟渠）或者之内（隧道等地下工程）。既然工程建筑依赖于岩土体，那么作为土木工程工作者必须了解土在变形、强度以及渗透方面的工程特性，以确保工程在土体变形、强度和渗透等诸方面满足相应的稳定性。

2. 土是一种多孔、多相、松散介质

土是由固相矿物颗粒构成骨架，其间的孔隙由液相、气相等流体所全部或部分充填的一种特殊介质。它不仅有一般多孔介质的特点，而且更有多相介质、松散介质的特点。因此，从总体上看，土总是具有低强度、高压缩、易透水等基本特性，而且这些特性均具有显著的时空变异性（土是地质历史长期演化的产物），从而构成了土材料的特殊性和复杂性。多孔、多相、松散应该是考察土的特性以及建立土力学理论的根本出发点。

3. 研究土和土体变形强度特性规律及其工程应用问题是土力学的学科根本任务

土的工程材料的基本特性规律和工程载体的土体稳定性评价是各类土力学的两个必须研究的部分。由对土变形强度特性规律的认识到对土体变形强度稳定性的评价是土力学解决工程实际问题的必经之路。

4. 认识土、利用土和改造土都是土力学的重要目标

为了确保土体之上、之间、之侧和之内的各类建筑结构物，在施工期、使用期的各种不同可能工况下，能够满足他们与土共同作用时所要求的变形、强度和渗透稳定性，不仅需要主动深入地认识实际土的基本特性，充分利用不同的土类，而且在很多情况下，还需要能动地利用土力学的基本知识对原来土性进行改造，使其能够安全地为工程建设服务。这不仅是土力学所需面对的根本任务，也是一个土力学工作者值得骄傲的地方。具有良好工程性质的土体正如一个生命力旺盛的生命体，岩土工程总在致力于充分挖掘和利用这种生命力，必要的时候需要人为地增强这种生命力。例如，基坑支护中的土钉墙方案，地下工程中的新奥法理念等，都是在充分挖掘和利用岩土体自身生命力，以减少额外的支护材料，必要时通过土

钉、锚杆等对其生命力进行加强。这些都体现出利用土力学理论处理实际问题的艺术。

5. 通过问题驱动构建课程知识体系

既然世间没有空中楼阁，那么建筑物建于地基之上，必然对地基有某些方面的基本要求。具体主要是三方面要求：

（1）地基承载力的要求，地基承载力问题的本质是土的强度问题；其二是变形的要求，关于变形需要弄清两个问题，一是总变形量（沉降量）。

（2）变形随时间的变化规律。前者又需要弄清地基中附加应力的分布规律，以及表征土体压缩变形性质的一些参数。后者便是土的渗流固结理论。

（3）渗流问题，因为渗流造成的渗透变形会造成堤坝溃决、基坑倒塌、隧道矿井失事的主要原因。

在确保满足以上三方面基本要求的前提下进行地基基础设计。一般情况下，优先考虑采用天然地基浅基础，当不适于做天然地基浅基础时，可综合技术经济等因素考虑采用地基处理或者以桩基础为代表的深基础方案。当然在进行地基基础设计之前，需要通过工程勘察以掌握土层性质。因此本书通过五章分别介绍了土体的基本性质、工程勘察、天然地基浅基础、地基处理以及桩基础等方面的知识。

在进行建筑物基础施工时，还将遇到哪些与土力学理论相关的问题呢？主要是基坑边坡的稳定性问题、基坑支护问题以及降水问题。这些问题与土力学中边坡稳定性分析、土压力理论和渗流理论密切相关。

通过以上问题的思考可以基本建立起该门课程的知识体系。

6. 土力学中的三大理论

土的强度、变形和渗流是土的三大工程问题。解决土的三大工程问题的理论基础是三个重要定律，它们组成了土力学的核心内容。

强度理论是揭示土的破坏机理的理论，莫尔—库伦强度理论描述了剪切面上剪应力与该面上正应力间的关系，表现了土作为散体材料的摩擦强度的基本特点，是一个简明实用的强度理论。

在地基沉降中，人们更关心的是黏性土的压缩和渗流固结引起的沉降。1923 年，太沙基提出了土力学中最重要的理论——有效应力原理，才建立起量化的分析计算方法。紧接着他总结了前人关于土的性状的研究成果，结合他创建的一维渗流固结理论，于 1925 年发表了他的题为《土力学和地基基础》的著作。人们把该书的出版看成是土力学学科的诞生，可见这一理论在土力学中的重要地位。

达西定律是关于土中渗流的理论。它揭示了单位面积渗流量与水头坡降成正比，比例常数为渗透系数。这是达西从试验出发得到的规律，是解决土工问题和渗流分析的基础理论。

可见这三个理论构成了土力学的骨架，是目前解决工程问题的理论基础，也是土力学教学的重点。

11.2　岩土工程师如何让土力学走向实用的道路

古代中外都没有工程师，只有工匠。工匠关心的只是实用技术而不是其中的科学原理，因此他们的创造性和解决问题的能力是有限的。古希腊、罗马时代虽然有科学家，但那时科学家和工匠是分离的，他们只知探索未知，不关心如何应用。到了 18 世纪，由于科学家和工匠的结合，实践经验及其背后科学原理的结合，大大推动了科学的发展和技术的进步，并由此造就了近代工程技术，诞生了一代新的职业群体——工程师。工程师不同于工匠，他们不但有丰富的实践经验，而且懂得其中的科学道理。工程师也不同于科学家，他们关心的是如何按使用要求，科学、经济地把工程建造起来。没有深厚的理论或者没有丰富的经验，都称不上是真正的工程师。

土力学的奠基人太沙基曾经这样说："无论天然土层结构怎样复杂，也无论我们的知识与土的实际条件有多么大的差距，我们必须利用处理问题的艺术（art），在合理造价的前提下，为土工结构和地基基础寻求满意的答案。"太沙基是科学家，更是一位广泛涉猎工程领域的工程师。正因为他的广泛实践活动，才创建了一门新的学科，因此土力学是从实践中产生的。基于此，土力学走向实用当是土力学最根本的方向。在岩土工程这门半艺术、半科学的学科中，丰富的工程经验和良好的判断能力与土力学的理论同等重要。

任何土木工程的设计、建造和正常使用都离不开力学理论的指导，而如何有效地应用土力学理论是刚毕业的学生和青年岩土工程师们所关注的问题。在我们工科大学中，学生从中学到大学学习了系统的普通物理和力学知识，也使他们有一种误解，即认为可以完全精确地解析、认知和预测世界，可以通过一台计算机准确无误地解决一切实际问题。因而在他们学习土力学时就陷入了迷惘，如此多的假设、近似和经验公式，使科学的严密性和精确性受到质疑，计算的误差使他们的自信受到打击。同济大学俞调梅先生有句名言，"沉降计算如果有 50％ 的准确性已经很好了。"显然这是他基于对土力学这门特殊力学深刻理解的基础上提出来的至理名言。土跟其他建筑材料（一般建筑材料的力学性质和质量是可控制的）不同，它不是人工制造的，而是长期自然风化与沉积的产物；它一般是不均匀的；它又是三相体，其物理和力学性质非常复杂，不确定性非常大。由于土的这种不确定性，从钢、钢筋混凝土过渡到土，设计过程和方法不再像钢结构或钢筋混凝土结构那样灵验和准确了。其原因在于：

（1）自然形成的土一般都是非均匀的。

（2）土的物理力学性质太复杂，难以准确地用数学模型描述。另外，靠少数样本点难以真实描述整个场地的物理力学性能。

（3）土的边界条件难以确定，室内试验难以准确描述现场的实际情况。

（4）难以高质量地获取土的参数。

基于上述原因，土力学中的因果关系或规律性并不像其他力学或其他土木工程结构中那样准确和简明。对土力学公式也不能像其他力学公式那样去认识和理解。在土力学中，任何公式或计算机程序的计算结果的准确性从来不会超过粗略或大致的估计。在进行计算时需要用到哪些参数，通过钻孔取样并进行室内试验可以得到这些参数；但由于取土的扰动，土的性态已经发生了变化，而这种变化对实验结果和计算结果的影响也只能由经验得知。因此，理论与现实的差距只能通过经验来估计和判断。

那么岩土工程师到底如何让土力学走向实用的道路呢？下面的一些工程案例说明，只依靠计算而没有正确的土力学概念判断是不行的，不做必要的计算也是不行的。要在正确的土力学概念基础上进行计算，在得到了计算结果以后还要经过工程判断审视。

如果能采用放坡的方法开挖基坑，那是比较经济的。按照一般的概念是坡面越平缓，土坡就越稳定。在软土地区，将坡度放到 1∶3 或 1∶2，认为是比较安全的，这样的概念对不对？这样的看法是没有错的，但不全面，不是完整的概念。例如，有一个开挖深度为 10m 的基坑，在 10m 以下为深厚的淤泥质黏土。边坡从上而下的坡度分别是 1∶1.5、1∶2 和 1∶3，边坡处设 1m 的马道。这样的放坡开挖是否安全呢？相信是经过了圆弧滑动法的计算，安全系数也是允许的。但事实上这个土坡发生了大滑坡，近 5000m³ 的土滑向基坑，坑底隆起了 6m，发生了很大的伤亡事故。类似这样的缓坡滑动的事故还不止这一个，为什么放了那么缓的坡度还会发生滑动呢？计算为什么不起作用呢？

其实，在土力学中很早就注意到这种现象，并且做出了判断。泰勒曾经说过，当土坡的倾角大于 53° 时，土坡滑动可能是坡面圆，即土坡坡面下滑。但当倾角小于 53° 时，土坡滑动的形式与深层土的性质有关，很可能是以中点圆的形式破坏，即深层滑动破坏。上面所举的例子，正符合第二种情况，是以深层滑动的形式发生了大滑坡，造成了很大的工程事故。如果对滑动计算的结果用土力学的基本原理进行了判断，考虑到了深层滑动的可能性，就可能会采取措施来防范事故的发生。由于盲目地相信计算的结果，这个工程连最简单的边桩位移观测都没有布置，可见一点预警的思想都没有，最终成为突发事件。

软土地基挖方与填方的稳定性分析有什么原则的区别，这又是土力学的一个基本概念。分析填方的稳定性时，最危险的时刻是在填方结束时，此时的稳定安全系数最小，如果此时不发生滑动，那么随着时间的推移，稳定安全系数越来越大，土坡越来越安全。但挖方却正好相反，基坑开挖到底的时候，如果土坡没有发生滑动，并不说明土坡就一定是不会滑动了。如果挖方土坡是不稳定的，那它的滑动时间不是在挖方完成之时，而是在挖方完成以后经理一定时间才发生。为什么会滞后一定时间呢？这是因为挖方是一种卸载，卸载使土体产生负的孔隙水压力。根据有效应力原理土的抗剪强度可以下式表示

$$\tau = c' + (\sigma - u)\tan\varphi' \tag{11-1}$$

当土体中产生了负的孔隙水压时，即使在总应力不变的条件下有效应力也得到了提高，从而提高了土的抗剪强度，其结果是提高了土坡的稳定安全系数。但这种提高抗剪强度的效应是暂时的，在卸载结束时达到最高值，随后因负的孔隙水压力的消散，这部分提高了的抗剪强度逐渐消失，如果抗力不足以抵抗滑动力，滑动虽然滞后，但终于还是发生了。软土地基中开挖产生的滞后滑坡，验证了土力学这一原理的正确性，也说明了土力学所提供的工程判断原理是很管用的。如果判断土坡具有滞后滑动的可能性时，在没有充分依据的条件下就不应该贸然安排工人下坑作业，以避免人身伤亡事故。

前面提到，对于岩土工程总在致力于充分认识岩土体的性质，充分挖掘其自身的潜力，改造并利用其潜力，进而提高工程的经济性。基坑支护中的土钉墙便是典型的例子。岩土工程师必须清楚土钉墙的加固机理，才能有效利用好这一经济可靠且施工快速简便的支护方式。否则在不经意间又会发生事故。由于土钉是全长注浆，没有预应力张拉，土钉发挥作用需要一定的土体变形，使土达到接近主动土压力状态。达到这种状态，本身就在发挥土体的自稳能力（利用其抗剪强度），往土体中打入土钉，就是在改造并利用其自稳的潜力。基于以上加固机理，至少需要认识到以下两点：其一土钉墙支护结构在使用过程中会有一定变形，边坡附近存在对变形敏感的建筑物时应当慎用；其二任何导致土体抗剪强度减小的因素都可能导致土钉墙可靠度降低。在众多导致土体抗剪强度减小的因素中，最突出的因素当属水的影响。一般使用土钉墙支护的基坑或者位于稳定的潜水位以上，或者采用人工降低地下

水，所以由于水引起的土钉墙失事主要由于降雨、局部滞水、地下管线漏水和局部水源等。其原因主要是由于土的强度降低。所以称土中水是土钉墙的灾星似不为过。如果岩土工程师对土钉支护有以上的概念性判断，这似乎比仅仅依靠岩土工程勘察报告进行支护结构设计要来得更加完美一些。

以上的例子告诉我们工程师需要经验，经验多少是衡量工程师能力的主要尺度。但他们的经验必须与理性的概念结合，分散的非理性的经验没有生命力。概念不是事物的现象，事物的片面，不是它们的外部联系，而是抓住了事物本质，事物的总体，事物的内在联系，是认识过程的理性阶段。概念不清的人，他们的经验是表面的，片面的，非理性的，往往是只见现象，不见本质，凭直观的局部经验处理问题，容易犯原则性的错误；概念清楚的人获得的经验是全面的、理性的、系统的，遇到工程问题时，能透过现象，看到本质，举一反三，有很强的洞察能力和判断能力，能自觉地运用理论和经验。经验应上升到理论层面上去总结，只有植根于理论的经验才有生命力。

工程师解决工程问题需要掌握方法，如勘探方法、测试方法、计算方法、施工方法、检测方法和监测方法等。但方法和经验只是工程师的肢体，合理应用这些方法必须有个灵魂来统帅，这个灵魂就是正确的科学理论，正确的科学概念。有了机智的灵魂，强健的肢体才能发挥出能力。

下面借用土力学专家谢定义教授关于土力学走向实用道路的阐述来作一总结。

1. 注意通过土工试验认识对象

土工试验是土力学走入实用的基石。没有土工试验为分析计算或判断提供可靠的土性参数，土力学的一切分析和计算只能是一种纸上谈兵的游戏。不重视土工试验就等于关闭了土力学通往应用的大门。由于土的时空变异性，用资料文献中参考性的土性参数，也只能为一般性工程的初步设计提供方便。

土工试验的灵魂应该是尽量模拟土性参数应用的实际条件。为了解土的基本特性的土工试验应该遵循土工试验规程的方法与要求；为获取本构模型参数或专门研究的土工试验，需要根据问题作出相应的试验方案。虽然工程应用的土工试验，其主要目的是测定土的基本物理参数（粒度、密度、湿度、结构等的特性参数）和力学参数（压缩、剪切、渗透、击实等的特性参数），但它控制条件的确定、甚至试验方法的选择，仍然离不开对应用对象和应用条件的具体分析。

土工试验可分为室内试验（包括模型试验）和现场试验（包括原体观测试验）。室内试验可靠性的立足点是采取具有代表性的原状土样与制备符合试验条件的试样，但它也需与严格的试验操作、准确的试验设备以及正确的资料分析结合在一起，而且必须有一定的平行测试量，否则它仍难给出土这个复杂对象的真实面目。

所以说，土力学走向实用必须注意通过土工试验认识自己工作的对象。

2. 注意通过简化假定建立理论

土力学虽然已经有了几十年的历史，但它仍然是一门年轻的学科。如果考虑到它研究对象的特殊性与复杂性，土力学就显得更加年轻。无论在理论上还是在实践上，都还存在着一系列值得深入探讨的问题。土力学没有也不可能有包揽各种复杂因素的理论或方法。但是，由于经验只能解决具体问题，而理论才能揭示本质问题，因此，土力学必须重视建立自己的理论。土力学如果不作出适当的简化假定，它就难以迈出攀登科学高峰的起步；应用土力学的任何理论，千万不能忽视与理论相伴随的简化假定。单纯的理论或公式本身是毫无意义的。

所以说，土力学走向实用必须注意通过简化假定来寻求理论和正确应用自己的理论。

3. 注意利用综合判断辨别安危

在目前，正确地解决土力学与岩土工程领域内的任何问题，都必须走多元化的道路，就是要努力对各种可能获得的信息和资料做出认真的分析，进行综合地判断。综合判断既离不开多角度的理论计算，更离不开丰富的实践经验与现场或原型的观测信息。计算时必需的，但它是有条件的；经验是实在的，但它是有局限的。它们之间的互相补充与合理修正是非常重要的。对涉及土力学的问题，建立上述的基本观点尤其重要。因此，有人说，"解决土工问题，与其说是一门技术，倒不如说是一种艺术"，至少在一个相当长的时间里是有道理的。

所以说，土力学走向实用必须注意通过综合判断，全面、多角度地做出关于工程安危的结论。

4. 注意通过土体改善保证稳定

土力学的知识，不仅给人们以认识土和土体变形强度特性的能力，也同时给人们以改善土和土体变形强度特性的武器。如果说揭示土质是土力学的本能，那么改善土质就是土力学的骄傲。能动地改造世界要比积极地认识世界更加重要。因此，利用土力学知识、技能和方法，在原来并不宜于工程利用的土体上建造起宏伟的建筑，这才是土力学与岩土工程威力之所在。在这里，所谓土体改善使原来土质改善的含义大大地扩展了。它不仅包含了土质并无明显变化，但由于采用了一定的措施而使土体的整体性能得到改善的内容。这些措施如打桩、采用土工合成材料之类的处理方法等。只要充分发挥这方面的潜力，土力学就必将成为工程建设的得力助手。

所以说，土力学走向实用必须注意通过土体改善，确保在原来较弱土层上兴建工程的稳定性。

5. 注意做好方案比较寻求优化

任何的设计都要提出几个可能的方案，并通过对它们进行的技术经济比较来寻求出最优化的设计方案。这一点对土工问题显得更加有意义，因为一个土工问题必须把它看作是地基、基础、上部结构的共同工作的系统。这个系统各部分的合理改变，甚至它们的合理施工，都会影响到整个系统的工作。因而方案设计比较具有广阔前景，蕴藏着很大的潜力。

所以说，土力学走向实用必须通过方案比较，用地基、基础、上部结构共同工作的观点寻求技术可行、经济合理的最优方案。

6. 注意加强深化研究解决难题

土力学已经为一般情况下处理土体的变形强度问题提供了基本的理论与方法。但是，对于复杂情况下的工程或重要、重大的工程对象来说，土力学仍然有不少尚难应付的疑难问题，解决它们的方法只有深化土力学的研究。高等土力学就是对基础力学既有知识的进一步加深、加宽。它既瞄准发展本门学科的需要，又瞄准解决实际复杂问题的需要，立足理论与实际的前沿发展，并为理论与实际在更高层次上和更大范围内的紧密结合打好必要的知识基础。所以，深化研究首先要应该深化学习，让自己接近前沿，再瞄准前进道路上的问题去创新。对于一些难题的研究，需要有理论、试验和计算三个方面的互相促进和互相配合；需要有解决问题前的良好基础与合理方案、解决问题中的细心分析与检测控制和解决问题后的跟踪研究与及时总结等一系列工作的互相促进和互相配合。这样一条新的路就有可能被有心的人们走出来。

所以说，土力学走向实用必须注意通过深化研究，用新的汗水和心血使土力学的活动天地不断扩大，为解决实际中遇到的难题开辟出新的途径。

11.3　我国的注册岩土工程师执业制度

我国岩土工程师的注册考试于 1998 年底开始准备，成立了试题设计与评分专家组，召开了第一次会议，讨论了岩土工程专业的定位、命题原则，决定了草拟考试大纲的分工以及起草各种文件，同时开始了命题的各项准备工作。

2002 年，原人事部和原建设部发布了《注册土木工程师（岩土）执业资格制度暂行规定》和《注册土木工程师（岩土）执业资格考试实施办法》，成立了考试专家组。

自 2002 年公布注册土木工程师（岩土）执业资格考试大纲，并正式开始实行第一次考试，至 2013 年，已经有 11000 多人取得注册岩土工程师资格。

在筹备岩土工程师注册考试的过程中，岩土工程专家分析了我国的岩土工程被分隔到各个行业领域的现状，提出了"大岩土"的概念，强调岩土工程师不仅需要具某个特定行业服务的能力，而且在工作需要时，能够适应其他行业的要求，具备解决各类岩土工程技术问题的能力因此注册岩土工程师考试不分行业。我国注册土木工程师（岩土）的专业考试之所以考虑设置比较宽的专业面，也是吸取了国际上的经验，与我国扩大专业范围的教育改革要求相适应，同时也为了有利于国际间注册工程师资格的互认。注册岩土工程师的专业覆盖面包括建筑工程、公路和铁路工程、水利工程、桥梁工程、港口和海洋工程、隧道和地下工程、冶金工程等不同行业，包括勘察、设计、治理、监测和监理等不同阶段的工作。

根据专业考试大纲，岩土工程师需要通过 8 个科目的专业考试，包括岩土工程勘察，浅基础，深基础，地基处理，土工建筑物、边坡、基坑与地下工程，特殊地质条件下的岩土工程，地震工程和工程经济与管理。

我国注册土木工程师（岩土）的专业考试在岩土工程界激发了学习的高潮，极大地推动了工程师们的岩土工程知识的总结与学习，各行业之间加强了交流。由于注册岩土工程师每年有继续教育的要求，对岩土工程师的继续教育有了较大推动，提高了他们的整体技术水平。

11.4　疑 难 点 释 疑

本节主要收集了作者近年来教学中与学生交流中的一些有关土力学与地基基础在概念原理方面的释疑，以及工程实践中一些同行提出的与该门课程相关的一些问题的讨论。

1. 定义了含水量指标，黏性土为何还要定义液性指数来反映其稠度状态？定义了孔隙比，无黏性土为何还要定义相对密度来反映其密实度？

讨论：含水量对黏性土的状态有很大影响，也是影响黏性土工程性质最重要的因素。对同一种黏性土，用含水量表征其稠度状态当然没有问题，但对于不同的土，即使具有相同的含水量，也未必处于同样的状态。也就是是说，仅用含水量的绝对数值，还不能说明土处在什么状态。因为含不同黏土矿物的土在同一含水量下显示出不同的稠度。在一定的含水量下，一种土可能处于塑性状态，而含有不同黏土矿物的另一种土可能处于流动状态，而两种土可能具有很不相同的塑限和液限。因此，黏性土还需要一个能够表示含水量与界限含水率之间相对关系的指标，以此来进行不同土之间的稠度状态比较。这个指标就是液性指数 I_L，其表达式为 $I_L = \dfrac{w - w_P}{I_P} = \dfrac{w - w_P}{w_L - w_P}$。应当指出，由于塑限和液限目前都是用扰动土进行测定的。土的结构已彻底破坏，而天然土一般在自重作用下已有很长的历史，它获得了一定的结构强度，所以即便土的天然含水量大于它的液限也未必发生流动。含水量大于液限只是意味着：若土的结构遭到破坏，它将转变为黏滞泥浆。因此，用上述标准判别扰动土的软硬状态合适，而用于原状土则偏于保守了。

与此类似，用孔隙比衡量同一种无黏性土的密实度是合理的，但是针对不同级配的无黏性土仅用孔隙比来衡量就不合理了。比如土样 A 级配不良，已被压实，但其孔隙比仍大于级配良好，但未被压实的土样 B，这样若仅用孔隙比来衡量二者的密实度，便出现偏差。此时引入表征孔隙比与最大孔隙比、最小孔隙比的相对关系的指标相对密度，以此来进行不同级配无黏性土之间密实度的比较就显得合理。

2. 如何区分基底压力、基底附加压力以及地基附加应力这些概念的区别？

讨论：首先明确下压力和应力的微小异同，严格地说，压力是作用于不同介质的界面上，如基础底面作用于地基土的压力，地基土作用于基础底面的反压力；应力则是指作用于介质内部的假定截面上，如土体中某个深度的水平面上的竖向应力，基础的某个冲切面上的冲切应力。基于此，可以说在基底附加压力的作用下，地基中产生了地基附加应力。但如果把基础和土看成一个整体来分析，则在基础底面上的作用力、基底反力也可称为应力，例如基底的最大边缘应力。基底压力是基础底面与地基土之间的接触压力。精确地确定基底压力的数值与形态，是个很复杂的问题。因为地基和基础不是一种材料、一个整体，两者的刚度相差很大，变形不能协调的缘故。此外，它还受基础土性质、荷载大小、基础的平面形状、尺寸大小、埋置深度等条件的影响。在理论分析中要顾及这么多的因素是很困难的。在实践中，仅就基础刚度的影响分为柔性基础和刚性基础，来初步分析基底压力的分布情况。而在工程实际应用时，将基底压力当作（假设为）直线分布，按材料力学公式进行简化计算。这在教材中已有讨论。基底附加压力，是作用在基础底面的净压力，是引起地基变形、基础沉降的主要因素。它与基底压力虽只有二字之差，但概念不同。因为真正引起地基沉降的压力应该是基底压力减去基坑未开挖时，基础埋深范围的土的自重应力，因为这部分应力不会引起额外沉降。另外需要指出的是，地基中的附加应力也不能简单的定义为由建筑物荷载所引起，基坑开挖（负的附加应力）、人工降水（正的附加应力）、地基土的干湿和温度变化、地震等外部的作用也会引起附加应力。

3. 同样的土层，为何在不同宽度基础条件下，其附加应力的分布差别很大（图 11-1）？该问题在文中提及但未深入分析原因。

讨论：筏板基础，因为基底宽度大，所以基底附加应力较小，应力扩散不明显，应力影响深度较大。如果是无限宽的基础，或者比如大范围地面堆填土，应力就不扩散了，附加应力也不随深度变化。条形基础因为基底宽度小，所以基底附加应力较大，应力随深度快速减小，应力影响深度范围小。其极端情况便是，空间半无限体表面作用一集中力荷载，半无限

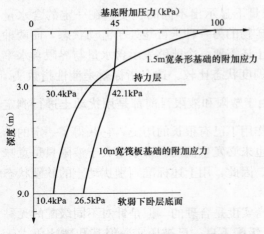

图 11-1　条形基础与筏板基础地基附加
　　　　应力分布比较

体内部应力会沿深度由无穷大迅速减小。从这里也可以看出，从技术角度讲，有时采用筏板基础未必就一定比采用条形基础好，因为采用筏板基础虽基底附加压力小，从地基承载力看肯定优于条形基础，但其影响深度大远大于条形基础，其所造成的地基沉降可能大于条形基础。

4. 深基础与浅基础的本质区别是什么？

讨论：关于深基础和浅基础的本质区别可以分别从施工和设计两个角度来区别。从施工来看，浅基础采用敞开开挖基坑的方法，浇筑基础后再回填侧面的土；而深基础采用挤压成孔或成槽的方法，然后浇筑混凝土或者采用挤压的方法将深基础直接置入土中，即使采用人工或机械挖土的方法，也是通过在形成的孔中直接浇筑混凝土这种施工方法使桩（墙）壁与侧面天然土体直接接触，侧向土层的制约作用非常明显。从设计来看，浅基础周围填土已经完全扰动了，在狭而深的施工空间中填筑的质量很难控制。因此浅基础设计时，没有考虑填土对基础侧向的摩阻力作用。而深基础的侧面土层可视为原状的土体或者比原状土的强度更强一些的土体，可以传递剪应力，可以发挥对承载力的贡献。

5. 地基承载力深宽修正的本质是什么？

讨论：地基承载力由三部分组成，第一部分为由土的内聚力提供的承载能力，第二部分是由基础侧面超载产生的埋深分量，第三项为地基土的体积产生的分量。第一项分量是由土的黏聚力在滑动面上形成的抗力，与基础的宽度及埋深都没有关系，只与土的内聚力成正比，比例系数即为内聚力项的承载力系数。第二项分量是侧向超载（即埋置深度范围内的土体重力）在滑动面上形成的摩阻力所形成的抗力，与超载成正比，比例系数即为埋深项的承载力系数。基础的埋置深度越深，这部分的抗力就越大，地基承载力也越大，这就是承载力的深度效应。第三项分量是由滑动土体的体积力在滑动面上形成的摩阻力所形成的抗力，这部分抗力与滑动土体的体积力成正比，比例系数即为宽度项的承载力系数。基础宽度越大，这部分承载力的分量就越大，这就是所谓地基承载力的宽度效应。

由于荷载试验的埋置深度为零，所测定的承载力没有包含深度的影响；同时，由于荷载试验的荷载板尺寸比基础的尺寸小很多。因此将载荷试验的结果用于实际工程时，必须按实际基础的宽度与埋深进行深宽修正。这就是地基承载力为什么要进行深宽修正的最本质的原因。《地基规范》规定"地基承载力特征值可由载荷试验或其他原位测试、公式计算，并结合工程实践经验等方法综合确定。"其中，除公式计算可以直接根据实际的基础尺寸及埋置深度进行计算外，用其余方法确定的地基承载力也都需要进行深宽修正。（深层平板载荷试验不进行深度修正）

6. 如何直观理解超固结土、正常固结土和欠固结土？

讨论：用历史的眼光来看土的固结性会容易理解些。土的沉积不是一天完成的。对于某一深度的土层来说，在沉积的初期一般是欠固结的，其在自重应力的作用下固结尚未完成，还要继续产生沉降变形。经过很长时间后，固结完成了，沉降稳定了，就可以认为是正常固结。如果这时其上又覆盖了一层土，那么它又要在上覆压力的作用下进行固结，此时它又成为了欠固结土。而超固结土指的是在土的历史形成过程中出现的最大压力值大于目前的重力压力值，可以这样理解：曾在某一时间段里，土在自重作用下已固结完成，但由于流水、冰川等剥蚀作用而形成现在的状态，导致应力减小。其本质是一种卸荷状态的土。工程实践中，我们可以通过室内压缩试验作出 e-$\lg p$ 曲线确定前期固结压力。这也似乎体现了土是有记忆力的。它能记住曾经所受的最大前期固结压力，并通过试验还原出来。当然，三种固结情况土体的沉降计算方法是有区别的，教材前面给出了正常固结的计算思路，没有给出超固结和欠固结土体沉降计算。

7. 对于压实的人工填土，如何判断固结是否完成？

讨论：压实填土是在压实功能作用下达到一定密实度的土，一般并不是饱和土，因此不存在固结是否完成的问题。这与固结问题有区别，固结是饱和状态下超静孔隙水压随着排水向有效应力转化的过程，是有效应力作用下导致土骨架的沉降变形。而压实填土，是借助于压实功能来直接将土骨架夯填密实，一般用压实系数来衡量其密实度，不属于固结范畴。也就不存在判断固结完成的问题。

8. 库伦土压力理论的计算公式也是根据滑动土体个点的应力均处于极限平衡状态而导出的吗？

讨论：朗肯土压力理论是根据土体中一点的应力达到极限平衡状态导出的。墙后一定范围内的土体全部达到极限平衡状态。

库伦土压力理论并不分析土体各点的应力，而是假设滑动土体为一个刚体，即一个不考虑应力和变形的整体滑动块，然后分析这个滑动体的整体的静力平衡条件，由此求出土压力。在各滑动面上，剪应力等于该滑动面上的抗剪强度，但计算时并不分析剪应力的大小和分布，只需按滑动面的合力计算滑动块整体的静力平衡。

9. 应力路径怎么理解？为什么提出这个概念？

讨论：应力路径是指土体中某一点的应力状态从弹性向极限状态发展的轨迹。从同一个弹性状态出发如果沿不同的应力路径发展，最终都达到极限状态，但抗剪强度是不同的，用不同应力路径的试验可以模拟这两种实际发生的不同应力路径的加载方法，以确定相应的抗剪强度。下面的例子可以解释的通俗一点：盖一栋房子，连续盖到 10 层，和盖一层停一段时间，最终也盖到 10 层，但地基的变形和破坏（如果发生的话）是不一样的。

10. 强度与承载力是一个概念吗？比如地基强度与地基承载力。

讨论：承载力表示地基或构件的某种抗力，例如地基承载力、桩的抗拔承载力、承台的抗剪承载力等。强度这个词有两种不用意义，一种是指材料的性能，如混凝土的抗压强度、土的抗剪强度；另一种是指力的分布密集程度，即单位面积的力，有时也称荷载强度、荷载集度，积分以后就是合力了。例如土压力的分布强度积分后就是土压力的合力。至于地基强度就是地基承载力的俗称，不是正规术语。

11. 何谓土的强度机理？

讨论：土的强度机理主要是研究土体抗剪强度的构成因素与来源。通过土体抗剪强度的库仑定律可以知道，土体的抗剪强度主要来自两个方面：黏聚力和内摩擦力，但是不同性质的土体其强度机理也有所不同。对于无黏性土，由于土体颗粒较粗，颗粒的比表面积较小，其抗剪强度主要来源于粒间的摩擦阻力，即所谓的内摩擦力，常用内摩擦角来表征其大小。内摩擦力包含两个方面：

（1）滑动摩擦力，即颗粒产生相互滑移时要克服由于颗粒表面粗糙不平而引起的摩擦力。滑动摩擦力的大小与作用于粒间的有效法向应力、土粒的矿物成分等因素有关。作用于粒间的有效法向应力越大，则滑动摩擦力也越大，这和任何两物体的摩擦作用原理相同。

（2）咬合摩擦力，即由于颗粒相互镶嵌、咬合及连锁作用而产生。咬合摩擦力和粒间有效法向应力有密切关系。有效法向应力越大，相互咬合的颗粒发生相对移动而上抬也越困难，也即咬合摩擦力越大。另外，咬合摩擦力还与土的密实度、原始密度、颗粒级配以及颗粒形状等因素有关。土的密实度越大，初始孔隙比越小，其咬合作用也就越大。级配良好的土，由于粒间接触多，比级配均匀的土咬合作用也就越强。另外，颗粒形状带棱角的比磨圆的咬合作用也强。

对于黏性土，其土粒较细，土粒比表面积较大，所以其抗剪强度除了有来自颗粒间的内摩擦力外，还有相当一部分来自土粒间的黏聚力。总之，土的抗剪强度包括有黏聚力和内摩擦力两部分。但是有效应力的影响不可忽视。排水条件的影响，其本质也是有效应力的影响。

12. 为什么土的强度是特指抗剪强度，土的破坏称为剪切破坏？土有没有抗压强度或者抗拉强度呢？

讨论：由于土是碎散的颗粒组成的，颗粒间的摩擦力是其强度的主要部分，所以它的强度和破坏都是剪切力控制的，这是与连续介质的固体不同的。土是没有所谓抗压强度的，即使是无侧限抗压强度，其实质也是抗剪强度，是沿着 $45°+\varphi/2$ 的方向的面上的剪切破坏。对于一个土样施加各向等压荷载或者单向压缩，只会越压越密，不会破坏，即所谓压密性。另外，土的强度实际上是土骨架的强度而不是土颗粒的强度。只与有效应力有关。此外只有存在黏聚力的黏土有抗拉强度，但由于土颗粒间的胶结和相吸引作用力不大，所以抗拉强度有限，有些土体中的裂缝就是由于拉伸破坏引起的。

13. 影响边坡稳定的因素有哪些？如何防止边坡滑动？

讨论：边坡的滑动一般是指边坡在一定范围内整体地沿某一滑动面向下和向外滑动而丧失稳定性。影响边坡稳定的主要因素有：

（1）岩土的性质及地质构造。边坡中存在软弱夹层、泥化层，掩埋有古河道、冲沟口等，岩质边坡岩层向边坡倾斜，或有平行于边坡发育的卸荷裂缝分布等，均对边坡的稳定不利。

（2）边坡的坡形与坡度。边坡的坡形呈上缓下陡时对稳定不利。坡度越陡对稳定越不利，岩质边坡当地形坡度大于同向的底层倾角时对稳定不利。

（3）边坡作用力发生变化。如在天然坡顶堆放材料或建造建筑物使坡顶受荷，或因打桩、车辆行驶、爆破、地震等引起振动而改变原有的平衡状态。

（4）土体抗剪强度降低。如受雨、雪等自然天气的影响，土中含水量或孔隙水压力增加，有效应力降低，导致土体抗剪强度降低，抗滑力减小。此外，饱和粉细砂的振动液化等，也将使土体抗剪强度急剧下降。

（5）水压力的作用。如雨水、地表水流入边坡中的竖向裂缝，将对边坡产生侧向压力；侵入坡体的水还将对滑动面起到润滑作用，使抗滑力进一步降低。此外，若地下水丰富，地下水会向地处渗流，对边坡土体产生动水力。动水力对土体稳定极为不利，严重的会引起流砂现象。

（6）施工不合理。对坡脚的不合理开挖或超挖，将使坡体的被动抗力减小。这在平整场地过程中经常遇到。不适当的工程措施引起古滑坡的复活等，均需预先对坡体的稳定性作出估计。

基于以上原因的分析，通常防止边坡滑动的措施有：

（1）加强岩土工程勘察，查明边坡地区工程地质、水文地质条件，尽量避开滑坡区或古滑坡区，掩埋的古河道、冲沟口等不良地质。

（2）根据当地经验，参照同类土体的稳定情况，选取适宜的坡形和坡度。

（3）对于土质边坡或易于软化的岩质边坡，在开挖时应采取相应的排水和坡脚、坡面保护措施，并不得在影响边坡稳定性的范围内积水。

（4）开挖土石方时，宜从上到下依次进行，并防止超挖；挖、填土宜求平衡，尽量分散处理弃土，如必须在坡顶或山腰大量弃土时，应进行坡体稳定性验算。

（5）若边坡稳定性不足时，可采取放缓坡度，设置减荷平台，分期加荷及设置相应的支挡结构等措施。

（6）对软土，特别是灵敏度较高的软土，应注意防止对土的扰动，控制加荷速率。

（7）为防止振动等对边坡的影响，桩基础施工宜采取压桩、人工挖孔桩或重锤低击、低频锤击等施工方式。

14. 如何理解"认识土、利用土和改造土都是土力学的重要目标"？

讨论：为了使土体之上、之间、之侧和之内的各类建筑结构物，确保其在施工期、运用期的各种不同可能工况下能够满足他们与土共同作用时所要求的变形、强度和渗透稳定性，不仅需要主动深入地认识实际土的基本特性，充分利用不同的土类，而且在很多情况下，还需要能动地利用土力学的基本知识来对原有土性进行改造，使其能安全地为工程建设服务。这不仅是土力学所需面对的根本任务，也是作为一个土力学工作者骄傲之所在。比如在基坑支护中，在充分认识土体工程性质的基础上，结合工程条件可以采用放坡开挖，可以利用土体的自稳能力（本质是其抗剪强度）来尽可能陡的放坡以节约成本。为了尽量减少占地，需要更陡的边坡，此时可以通过施做土钉墙来改造土的强度等特性，以获得更加经济合理的支护形式。还比如地下工程常用的新奥法理念，同样是在利用上述思想，充分利用围岩的自稳能力，并通过注浆、喷锚等主动加固措施来改造岩土体的性质，以达到提高经济技术指标，优化设计的目的。

15. 如何理解"基于土力学基本概念的工程判断"的重要性？

讨论：岩土工程注重综合判断，综合判断的前提是清楚的概念。刘建航院士在总结上海地铁的工作经验时说："理论导向，实测实量，经验判断，检验验证"。这些经验的重心便是基于基本概念的工程判断，当然为了验证这种判断尚需实测实量来验证。学习理论，主要就是理解和掌握概念。岩土工程的实践性很强，许多概念不是仅仅通过课堂学习所能完全掌握的，而要通过反复实践，反复检验，才能不断深化，使概念在大脑中扎根。举个简单的例子，黏性土的工程性质主要取决于含水量，而无黏性土的工程性质主要取决于密实度。因此，作为路基填料，一般采用碾压密实的无黏性土要比黏性土更为可靠，因为后者除了保证密实度以外，还需要做好排水设计。另外，作者曾经参与某隧道的施工，因为各种原因导致围岩及初期支护的变形已达到分米级别，有些技术人员竟然还坚持说新奥法理念就是要让岩土体有变形，以释放围岩压力。这种判断显然违背了岩土的基本理论。可以拿主动土压力理论来作一比较和解释，在没有开挖隧道时，岩土体水平方向的应力类似于静止土压力，当隧道开挖，作用于初期支护上的围岩压力，随着围岩的微小位移（一般在毫米级到厘米级）会减小，很快达到类似于主动土压力的极限平衡状态，若此时的初期支护结构尚不足以平衡围岩压力的话，初期支护也往往进入塑性状态甚至破坏不能继续承载，而岩土体也进入到破坏阶段，没有自稳能力，围岩压力进一步加大，导致变形进一步加大。最终酿成了围岩变形达到近 1m 的重大事故。以上例子说明，错误的工程判断延误了最佳的治理时机，最终酿成事故。再比如目前非常流行的土钉墙支护方案，之所以流行，是因为其经济性，之所以经济，因为该方案充分利用和发挥了土体的自稳能力。既然利用了土体的自稳能力，那么在支护结构工作期间，就要充分保护土体的自稳能力（抗剪强度），否则土钉墙就可能失效。而导致其自稳能力减弱的重要原因就是渗水。因此，土钉墙支护结构一定要做好防排水措施。实践同样表明绝大多数土钉墙失稳都与水的因素有关。这就是基于基本概念原理的工程判断。

　　综上所述，基于土力学基本概念的工程判断是理性的，是必要的。

　　16. 地基到底是按承载力还是按变形控制设计？

　　讨论：地基的承载力和变形是地基基础设计的两个主要内容。但事实上，对建筑物正常使用和上部结构设计而言，地基变形控制才是唯一要求，也即只要使基础整体及差异变形控制在上部结构安全要求所限定的范围内，一般情况下，这个变形条件下的地基不会出现强度破坏。但由于影响地基变形的因素很多，准确计算存在很大困难且不太可能通过现场试验直接测出可能发生的最终变形，而承载力是可直接检测并比较可靠的综合判定。因此地基变形计算精度小于地基承载力的计算精度。所以在目前情况下，表面上，承载力控制设计是主要的、直观的，变形控制设计是辅助的，这主要是基于二者计算精度的考虑。当然，在大部分情况下，满足承载力要求的情况下，变形基本也能满足要求。在具体设计中，关于承载力和变形相关的规范都有规定，如《地基规范》中 5.3 节对变形要求做了详细的规定，具体设计均应遵守规范的相关规定。

　　17. 影响地基变形的因素有哪些？如何减小地基变形？

　　讨论：影响地基变形的因素很多，仅靠规范给出的公式是不可能面面俱到的，因此需要尽可能掌握影响地基变形的因素和影响机理，进而寻求减小变形的方法，同时不断积累经验，以使得地基变形计算更加真实可靠。下面将主要影响因素总结如下：

　　（1）地质条件，包括土层分布、厚度及其性质。

　　（2）上部结构形式、竖向刚度、荷载分布及大小。

　　（3）基础刚度。

　　（4）基础的形状和尺寸。

　　（5）基础埋深。

　　（6）地基处理方法。

　　（7）施工因素。

　　（8）地下水变化的影响。

　　（9）周围环境的影响。

　　（10）时间因素。

当然，从本质上讲地基变形的影响因素主要是两类：其一是外因即附加应力；其二是内因即地基土自身的特性。因此，减小地基变形的基本原理就是减小地基土的附加应力和提高地基土的刚度。常用方法：

（1）减小附加应力。可以通过增加基础底面积、增大基础埋深包括增加桩的长度来实现减小附加应力的目的。

（2）采用减沉桩。因为桩土之间的摩擦力提供了主要承载力，因此桩端阻力较小，桩端土层的压缩变形就小，从而起到减沉的目的。

（3）采用灌注桩后压浆技术。

（4）对地基土进行加固处理。

18. 复合地基与复合桩基有何异同？

讨论：简而言之，前者是地基，后者是基础。复合地基是指天然地基在地基处理过程中部分土体得到增强，或被置换，或在天然地基中设置加筋材料，加固区是有基体（天然地基土体）和增强体两部分组成的人工地基。在荷载作用下，基体和增强体共同承担荷载的作用。所谓加筋增强体有竖向增强体、水平增强体和斜向增强体三种基本形式。竖向增强体以桩或墩的形式出现；水平增强体常是土工织物或其他金属杆和板带；斜向增强体如土钉等。复合地基具有两个特点：其一，加固区是由基体和增强体两部分组成，是非均质和各向异性的；其二，在荷载作用下，基体和增强体共同承担荷载的作用。前一特点使它区别于均质地基；后一特点使它区别于桩基础。

桩基在荷载作用下，由桩和承台底地基土共同承担荷载，构成复合桩基。承台下地基土分担荷载的作用随桩群相对于承台底土向下位移幅度的加大而增强。换言之，承台分担荷载是以桩基的整体下沉为前提，故只有在桩基沉降不会危及建筑物的安全和正常使用，才宜开发利用承台底土反力的潜力。《建筑桩基技术规范》（JGJ 94—2008）规定对于符合以下条件之一的摩擦型桩基，宜考虑承台效应确定其符合基桩的竖向承载力特征值：

（1）上部结构整体刚度较好、体型简单的建（构）筑物。

（2）对差异沉降适应性较强的排架结构和柔性构筑物。

（3）按变刚度调平原则设计的桩基刚度相对弱化区。

（4）软土地基的减沉复合疏桩基础。

复合地基通过褥垫层与上部基础相连，褥垫层的厚度不同可以改变下部基体和增强体各自受力的比例。褥垫层不传递弯矩和水平剪力到下部增强体。但复合桩基本质是桩基，因此桩与承台连成整体。

19. 如何利用概念优化设计？

讨论：在设计中巧妙合理的利用概念是非常重要的，如桩的承载力一般取决于桩侧和桩端土的性质和桩土结合情况，巧妙利用以上承载力的概念，可优化设计。例如通过水泥土桩等地基处理的方式改善桩侧土性质来提高桩的承载力；通过采用灌注桩后注浆的方法来改善桩土结合状态进而提高桩的承载力；通过预制管桩、沉管灌注桩等挤土桩在一定程度上消除地基土的液化；桩基变形的本质是桩侧、桩端土的变形，利用这个基本概念，可通过增加桩长减小建筑物沉降，因为桩越长，荷载传递的范围越大，桩侧、桩端土受荷水平越低，变形越小。

20. 同一建筑基础埋深不一致会带来哪些结果？

讨论：在进行基础设计时，常为满足建筑功能要求，同一基础下的埋置深度不一致。有时是基础一侧埋深大，一侧埋深小。埋深小的部分，基础附加压力大，基础沉降量相对就大；埋深大的部分基础附加压力小，基础沉降量相对就小。因此，容易造成建筑物倾斜。有时是中间埋深大，例如电梯井，此基础埋深差异对建筑物沉降的均匀性又有好处。中间部位附加应力相对较小，有利于减小中间部位的沉降，从而整体沉降趋于均匀。

21. 确定地基基础方案时，如何考虑上部结构特点和变形特征？

讨论：地基基础是整个上部结构的载体，是为上部结构服务的，因此地基基础方案的确定应考虑上部结构的形式、荷载特征、刚度特点等，这里讨论下不同结构形式带来的地基变形特征。框架结构，框架结构整体刚度小，地基变形一般呈内大外小的特征，对不均匀沉降敏感，设计时应控制相邻柱基的沉降差、总沉降量、在地质条件不均匀且采用天然地基条件下可能出现整体倾斜；剪力墙结构，剪力墙结构竖向刚度大，能利用自身的刚度调整不均匀沉降，因此地基变形均匀，地基基础设计时应控制总沉降量，避免出现整体倾斜；框架剪力墙结构，由于剪力墙部位基础荷载较大，对应部位一般沉降量较大，特别是电梯井和楼梯间部位，设计时应控制剪力墙与相邻柱基的沉降差、总沉降量，在地质条件不均匀或荷载分布严重不均且天然地基条件可能出现整体倾斜；筒体结构，由于荷载严重不均，地基变形呈内大外小的蝶形，即出现较大的差异沉降；砌体结构，砌体结构可能出现的变形特征为整体倾斜、局部倾斜，当荷载或地质条件不均时，也可能出现差异沉降。

22. 如何理解《建筑桩基技术规范》（JGJ 94—2008）中变刚度调平设计理念？

讨论：《建筑桩基技术规范》（JGJ 94—2008）引入变刚度调平的设计理念，定义如下：考虑上部结构形式、荷载和地层分布及相互作用效应，通过调整桩径、桩长、桩距等改变基桩支承刚度分布，以使建筑物沉降趋于均匀，承台内力降低的设计方法。换言之，当根据计算和经验判断地基基础可能出现不均匀沉降，影响建筑物正常使用时，应进行变刚度调平设计。其中局部改变桩长来提高基桩的刚度效果最为明显，尤其是摩擦型桩。当然，变刚度调平设计理念不仅用于桩基础，在具体设计中还可采用其他方法来控制不均匀沉降。例如局部采用地基处理；增加上部结构和基础刚度来抵抗不均匀沉降；人为地降低原本基底压力较大处的基底压力。

23. 《地基规范》为何引入回弹再压缩变形量的计算？

讨论：高层建筑由于基础埋置较深，地基回弹再压缩变形往往在总沉降中占重要地位，基础的总沉降量应由地基土的回弹再压缩量与附加压力引起的沉降量两部分组成。甚至某些高层建筑设置4~5层地下室时，总荷载有可能等于或小于该深度原来土层的自重压力，这时高层建筑的地基沉降变形将由地基回弹再压缩变形决定。在《地基规范》中提供了回弹在压缩变形量的计算方法，这也是考虑到目前建筑越来越高，埋深越来越大，出现的新问题，体现规范的与时俱进。当然，因为计算公式中涉及回弹模量等参数，这又对勘察工作提出了新的要求。

24. 建筑物各部分差异沉降的处理方法有哪些？

讨论：带裙房的大底盘高层建筑的应用已比较普遍。主楼与裙房之间的差异沉降问题便是该类建筑的突出问题。解决之道也并非仅是一味采用沉降缝。况且采用沉降缝会形成双墙、梁、柱等问题，使得建筑、结构问题复杂化，另外施工处理不当还会对主楼的抗震稳定性产生不利影响。通常，建筑物各部分沉降差大体上有三种处理思路。其一是"放"，即放任沉降，避免差异沉降所产生的附加内力。代表做法就是设置沉降缝。其二是"抗"，通过提高基础或上部结构的刚度来"硬扛",让刚度很大的基础在不均匀沉降面前担当梁的角色。其三是"调",显然前面两种情况过于极端,所以目前提倡更为中庸的介于前面两种极端之前的"调"。例如前面提到的变刚度调平设计方法。即在可能产生差异沉降的各结构单元间不设永久性沉降缝,而是在设计与施工中采取措施,调整各部分沉降,减小其差异,降低由于差异沉降产生的附加内力。代表做法包括设置后浇带、采用不同的基础形式等。

附录　土工试验指导书

前面提到没有土工试验，土力学将寸步难行。同时，土工试验是土力学走入实用的基石。因此，学生认识并掌握土工试验的方法和要求，为今后从事土木工程工作和科学试验打下良好的基础。本部分土工试验主要参考《土工试验方法标准》（GB/T 50123—1999），并结合教学需要，主要给出了含水量试验和密度试验、颗粒大小分析试验、液塑限联合试验、固结试验、直剪试验以及击实试验等试验项目的指导。试验中，要求学生正确理解试验原理；掌握规范的操作程序；了解各种仪器的实用性能参数、适用范围、实用方法和注意事项等。

试验一　含水量试验和密度试验

1. 试验目的
（1）含水量试验采用酒精燃烧法，目的是快速测定细粒土的含水量。
（2）密度试验采用环刀法，目的是测定细粒土的天然密度。
2. 试验内容
（1）用环刀取原状土。
（2）将放入称量盒内用天平称好重的湿土（原状土）倒入酒精燃烧后使其变干，再称其土重（干土重），可计算出土样的含水量和密度。
3. 仪器设备
（1）环刀：内径 6～8cm，高 2～3cm，壁厚 1.5～2mm。
（2）天平：感量 0.01g。
（3）酒精：95%。
（4）其他：调土刀、火柴、凡士林等。
4. 试验步骤
（1）环刀内壁涂一薄层凡士林，刀口朝下放在土样上取土。
（2）用修土刀削去两端余土，擦净环刀外壁。
（3）用天平称环刀与土合质量。
（4）计算湿密度和干密度。
（5）取环刀内原状土 5～10g 放入称量盒内称重。
（6）倒入称量盒内酒精燃烧后使其变干。
（7）用天平称干土质量。
（8）计算含水量。
5. 注意事项
（1）取土不要破坏原状土的结构。
（2）注意用火安全。

（3）本方法采用酒精燃烧来去除土体中的水分，操作简单易行，但若土中有机质含量较高，燃烧可能导致有机质质量的减少，进而影响试验结果。因此有条件情况下建议按《土工试验方法标准》（GB/T 50123—1999）采用烘箱烘干。

试验二　颗粒大小分析试验

1. 试验目的

采用筛分法，目的是测定分析粒径大于 0.074mm 的土。

2. 试验内容

将所称取的一定质量风干土样放在筛网孔逐级减小的一套标准筛上摇振，然后分层测定各筛中土粒的质量，即为不同粒径粒组的土质量，并计算出每一粒组占土样总质量的百分数。也可计算小于某一筛孔直径土粒的累计重量及累计百分含量。

3. 仪器设备

（1）标准筛：粗筛、细筛。

（2）天平：称量 200，感量 0.2g；称量 1000，感量 1g；称量 5000，感量 5g。

（3）摇筛机。

（4）其他：烘箱、筛刷、烧杯等。

4. 试验步骤

（1）按规定称取试样，将试样分批过 2mm 筛。

（2）将大于 2mm 的试样从大到小的次序，通过大于 2mm 的各级粗筛。将留在筛上的土分别称量。

（3）2mm 筛下的土如数量过多，可用四分法缩为分为 100～800g。将试样从大到小的次序，通过小于 2mm 的各级细筛。可用摇筛机振摇。

（4）顺序取下各筛，分别称量。

（5）计算出每一粒组占土样总质量的百分数并计算小于某一筛孔直径土粒的累计重量及累计百分含量。

5. 注意事项

（1）留在各级筛上的土样用毛刷刷净。

（2）振摇时间一般不小于 10～15min。

试验三　液限塑限联合试验

1. 试验目的

本试验目的是联合测定土的液限和塑限，为划分土的类别，计算天然稠度、塑性指数，供工程设计和施工使用。

2. 试验内容

将制备好的土样分层装入土样试杯，装满刮平，将其放到液限塑限联合测定仪可升降台座上，待锥尖与土面刚好接触时停止升降，按动下降钮，尖锥锥入土中，读出锥入深度。改变锥尖与土面接触的位置，重复上述步骤，取深度的平均值。再将同组其他两个含水量不同的土样重复上述试验，可得到 3 组不同含水量和深度数据。在双对数坐标纸上，以含水量为横坐标，锥入深度为纵坐标，连接三点应呈一条直线。在此图上锥入深度为 20mm 所对应的横坐标的含水量即为该土样的液限。再根据液限与塑限时入土深度的关系曲线查得该土样的塑限。

3. 仪器设备

(1) 液限塑限联合测定仪。

(2) 天平：称量 200，感量 0.01g。

(3) 盛土杯：直径 5cm，深度 4～5cm。

(4) 其他：筛（孔径 0.5mm）、调土刀、筛刷、凡士林等。

4. 试验步骤

(1) 取 0.5mm 筛下的土样 200g，分别放入三个盛土皿中，加不同数量的蒸馏水，土样含水量分别控制在液限、略大于液限和二者的中间状态。用调土刀调匀，盖上湿布，放置 18h 以上。

(2) 将制备好的土样分层装入土样试杯，装满刮平，将其放到液限塑限联合测定仪可升降台座上，待锥尖与土面刚好接触时停止升降，按动下降钮，尖锥锥入土中，读出锥入深度。

(3) 改变锥尖与土面接触的位置，重复上述步骤，取深度的平均值。

(4) 再将同组其他两个含水量不同的土样重复上述试验，可得到 3 组不同含水量和深度数据。

(5) 在对数坐标纸上，以含水量为横坐标，锥入深度为纵坐标，连接三点应连成一条直线。在此图上锥入深度为 20mm 所对应的横坐标的含水量即为该土样的液限。

(6) 再根据液限与塑限时入土深度的关系曲线查得该土样的塑限。

5. 注意事项

(1) 制备的土样应充分搅拌均匀。

(2) 读数应准确。

试验四 固 结 试 验

1. 试验目的

本试验目的是测定土的 $e-p$ 曲线，进一步计算可得到压缩系数、压缩模量等。

2. 试验内容

先用环刀切取原状土，连同环刀放入容器，土样上下两面均有透水石，土样受压缩时，使孔隙水可从上、下两面排出。另配有加压设备，通过传压活塞给土样施加压力，土样的变形用测微表（百分表）测量。在无侧向膨胀的条件下，对土样分级施加竖向压力，并测出在不同压力作用下，土样变形稳定时的压缩量，从而计算出相应的土的孔隙比。

整理试验结果，以孔隙比 e 为纵坐标，压应力 p 为横坐标，在直角坐标系中绘出，即可得到 $e-p$ 曲线，进一步计算可得到压缩系数、压缩模量等。

3. 仪器设备

(1) 固结仪。

（2）环刀：直径 61.8mm 和 79.8mm，高度 20mm。

（3）透水石。

（4）百分表：量程 10mm，最小分度 0.01mm。

（5）其他：天平、秒表、烘箱、刮土刀、铝盒等。

4. 试验步骤

（1）用环刀切取原状土，连同环刀放入容器内。土样上下两面均有透水石，使土样受压缩时，孔隙水可从上、下两面排出。

（2）在无侧向膨胀的条件下，对土样分级施加竖向压力，并测出在不同压力作用下，土样变形稳定时的压缩量，从而算出相应的土的孔隙比。土样的变形用测微表（百分表）测量。

（3）整理试验结果，以孔隙比 e 为纵坐标，压应力 p 为横坐标，在直角坐标系中绘出，即可得到 e-p 曲线，进一步计算可得到压缩系数、压缩模量等。

5. 注意事项

（1）试验中，应避免水分蒸发。

（2）第一级荷载可用 25kPa，余者等级规定为 50kPa、100kPa、300kPa、400kPa。

（3）读数应准确。

试验五 直 剪 试 验

1. 试验目的

本试验目的是测定土的抗剪强度线，得到其抗剪强度指标。

2. 试验内容

按要求制备试样，每组试样不得少于 4 个，用环刀仔细切取土样，并测定土的含水量，要求同组试样之间的密度差值不大于 0.03g/cm³，含水量差值不大于 2%。然后安装试样；测记初始读数；施加竖向压力；施加水平剪切荷载：同组试样竖向压力由第一个试样 100kPa，逐级增加到第二个试样变为 200kPa，第三个试样为 300kPa，第四个试样为 400kPa，分别重复上述试验步骤。每组试验不得少于四个试验数据。如其中一个试样异常，则应补做一个试样。最后绘制抗剪强度与垂直压力的关系曲线即可得到抗剪强度指标。

3. 仪器设备

（1）应变控制式直剪仪。

（2）环刀：内径 64mm，高度 20mm。

（3）天平：称量 500g，感量 0.1g。

（4）百分表：量程 5~10mm，最小分度 0.01mm。

（5）其他：滤纸、秒表、刮土刀等。

4. 试验步骤

（1）用环刀仔细切取土样，并测定土的密度与含水量，要求同组试样之间的密度差值不大于 0.03g/cm³，含水量差值不大于 2%。然后安装试样。

（2）测记初始读数。

（3）施加竖向压力（第一个试样为 100kPa）。

（4）施加水平剪切荷载，逐渐增大直到剪坏土样，记录剪坏土样时的荷载值，并由此计算出剪应力值。

（5）重复上述试验，但竖向压力第二个试样变为 200kPa，第三个试样为 300kPa，第四个试样为 400kPa。

（6）整理试验结果，以剪应力 τ 为纵坐标，压应力 σ 为横坐标，在直角坐标系中绘出四点并连接，即可得土抗剪强度线，并由此得到其抗剪强度指标。

5. 注意事项

（1）首先对准上下盒。在下盒内放洁净透水石和滤纸各一。

（2）剪后将仪器擦洗干净，在上下盒接触面上涂一层机油。

试验六 击 实 试 验

1. 试验目的

本试验目的是研究土的压实性能，测定土的最大干密度和最佳含水量。

2. 试验内容

将调制好的 6 个不同含水量土样编号，逐个分层盛入击实筒中，按一定功能进行击实，使土加密到约高于击实筒，取去上套刮平余土，脱去卡环，称土样重（m），并以击实筒的体积（V）除之，即该号土样的湿密度（ρ），然后按测定含水量的方法测出该编号土样的含水量 w，按公式 $\rho_d = \dfrac{\rho}{1+0.01w}$，求出该编号土样的干密度 ρ_d。

逐次对 6 个不同含水量的土样，按上述方法进行试验，即可得到 6 个点所相应的 ρ_d 和 w。再将其 6 个相应的坐标值点绘在以纵坐标为 ρ_d，横坐标为 w 的直角坐标系的图上，然后将 6 个点连成匀滑曲线，即得击实曲线。击实曲线上的峰值即为该土样的最大干密度 ρ_d 与之对应的含水量即为最佳含水量。

3. 仪器设备

（1）标准击实仪。

（2）台秤：称量 10 000g，感量 5g。

（3）天平：称量 500g，感量 0.01g。

（4）烘箱。

（5）其他：圆孔筛、拌和工具、刮土刀、盛土盘、推土器等。

4. 试验步骤

（1）将调制好的 6 个不同含水量土样的编号，取出一个分层盛入击实筒中，按一定功能进行击实，使土加密到约高出击实筒，取去上套刮平余土，脱去卡环，称土样重（m），并以击实筒的体积（V）除之，即该号土样的湿密度（ρ）。

（2）测定该号土样的 w，按公式 $\rho_d = \dfrac{\rho}{1+0.01w}$，求出该号土样的干密度 ρ_d。

（3）按上述方法，逐次对 6 个不同含水量的土样进行试验，即可得到 6 个点所相应的 ρ_d 和 w。

（4）将 6 个相应的坐标值点绘在以纵坐标为 ρ_d，横坐标为 w 的直角坐标系的图上，然后再将 6 个点连成匀滑曲线，即得击实曲线。击实曲线上的峰值即为该土样的最大干密度 ρ_d，与之对应的含水量即为最佳含水量。

5. 注意事项

（1）注意安全，小心砸伤。

（2）制备的土样应充分搅拌均匀。

参 考 文 献

[1]   刘颖. 土力学与地基基础. 南京：东南大学出版社，2010.

[2]   惠渊峰. 土力学与地基基础. 武汉：武汉理工大学出版社，2012.

[3]   袁聚云，汤永净. 土力学复习与习题. 上海：同济大学出版社，2010.

[4]   李广信. 岩土工程 20 讲. 北京：人民交通出版社，2007.

[5]   高大钊. 土力学与岩土工程师. 北京：人民交通出版社，2008.

[6]   陈书申，陈晓平. 土力学与地基基础. 武汉：武汉理工大学出版社，2011.

[7]   谢定义，刘奉银. 土力学教程. 北京：中国建筑工业出版社，2010.

[8]   顾晓鲁，钱鸿缙，刘慧珊，汪时敏. 地基与基础. 北京：中国建筑工业出版社，2006.

[9]   松冈元. 土力学. 罗汀，姚仰平，译. 北京：中国水利水电出版社，2010.

[10] 中华人民共和国建设部. GB 50021—2001 岩土工程勘察规范. 北京：中国建筑工业出版社，2009.

[11] 中华人民共和国住房和城乡建设部. GB 50007—2011 建筑地基基础设计规范. 北京：中国计划出版社，2012.

[12] 李智毅，等. 工程地质勘察. 2000 年，武汉：中国地质大学出版社.

[13] 蒋爵光. 铁路（公路）工程地质学. 中国铁道出版社，1991 年 10 月第 1 版.

[14] 张力霆. 土力学与地基基础. 2 版. 北京：高等教育出版社，2007.

[15] 肖明和. 地基与基础. 北京：北京大学出版社，2009.

[16] 陈希哲. 土力学与地基基础. 4 版. 北京：清华大学出版社，2004.

[17] 中国建筑科学研究院. JGJ 94—2008. 建筑桩基技术规范. 北京：中国建筑工业出版社，2008.

[18] 中华人民共和国建设部. GB 50025—2004 湿陷性黄土地区建筑规范. 北京：中国建筑工业出版社，2004.

[19] 中华人民共和国住房和城乡建设部，中华人民共和国国家质量监督检验检疫总局. GB 50011—2010 建筑抗震设计规范. 北京：中国建筑工业出版社，2010.

[20] 中华人民共和国建设部. GB 50324—2001 冻土工程地质勘察规范. 北京：中国计划工业出版社，2001.

[21] 王奎华. 岩土工程勘察. 北京：中国建筑工业出版社，2005.

[22] 王贵荣. 岩土工程勘察. 西安：西北工业大学出版社，2007.

[23] 周德泉，彭柏兴，等. 岩土工程勘察技术与应用. 北京：人民交通出版社，2008.

[24] 龚晓南. 地基处理. 北京：中国建筑工业出版社，2005.

[25] 巩天真，邱晨曦. 地基处理. 北京：科学出版社，2008.

[26] 代国忠，齐宏伟. 地基处理. 重庆：重庆大学出版社，2010.

[27] 赵成刚，白冰，等. 土力学原理. 北京：清华大学出版社，北京交通大学出版社，2004.

[28] 孟祥波. 土质与土力学. 北京：人民交通出版社，2011.

[29] 刘金波，李文平，等. 建筑地基基础设计禁忌及实例. 北京：中国建筑工业出版社，2013.